"十二五"职业教育国家规划教材
经全国职业教育教材审定委员会审定

畜禽生产技术实训教程

XUQIN SHENGCHAN JISHU
SHIXUN JIAOCHENG

第二版

潘琦 主编

U03376889

化学工业出版社

·北京·

本书内容突出生产类职业岗位的特点，按照"理论学习→技能训练→素质培养→职业引导"的主线组织内容。全书共分猪生产、家禽生产、牛生产、羊生产四个模块，每个模块内容又分为基本技能和综合实训两个单元：基本技能对应课堂实训；综合实训对应教学实习和生产实习（或顶岗实习），在内容组织上偏重于饲养繁殖技术和综合实训。本书各技能训练项目的调整修改符合畜牧兽医专业主要岗位群的综合技能需求和畜牧行业生产需求，以岗位技能为核心，培养学生在养殖企业实际环境中应掌握的专业技能和职业综合能力，结构新颖，图文并茂。

　　本教材有丰富的数字化资源，相关课程资源可以从 http://www.icourses.cn/coursestatic/course_2500.html 查阅或下载。

　　本书可作为畜牧兽医类专业学生教学和顶岗实习的实践教学参考书，也可作为畜牧兽医类中高级职业工种技能鉴定培训教材，同时适用于岗位培训以及畜禽生产行业技术人员参考。

图书在版编目（CIP）数据

畜禽生产技术实训教程/潘琦主编. —2版. —北京：
化学工业出版社，2017.1（2025.1重印）
"十二五"职业教育国家规划教材
ISBN 978-7-122-28755-7

Ⅰ.①畜… Ⅱ.①潘… Ⅲ.①畜禽-饲养管理-高等
职业教育-教材 Ⅳ.①S815

中国版本图书馆 CIP 数据核字（2016）第 314894 号

责任编辑：迟　蕾　梁静丽　张春娥　　　　　装帧设计：史利平
责任校对：王　静

出版发行：化学工业出版社（北京市东城区青年湖南街 13 号　邮政编码 100011）
印　　刷：北京云浩印刷有限责任公司
装　　订：三河市振勇印装有限公司
787mm×1092mm　1/16　印张 15¼　字数 389 千字　　2025 年 1 月北京第 2 版第 5 次印刷

购书咨询：010-64518888　　　　　　　　售后服务：010-64518899
网　　址：http://www.cip.com.cn
凡购买本书，如有缺损质量问题，本社销售中心负责调换。

定　　价：45.00 元　　　　　　　　　　　　　　　版权所有　违者必究

《畜禽生产技术实训教程》（第二版）编写人员

主　　编　潘　琦

副 主 编　赵毅牢　何东洋

编写人员　（按照姓名汉语拼音排列）

何东洋　淮安生物工程高等职业学校

黄小国　江苏康乐农牧有限公司

雷建伟　昆明学校

刘海霞　江苏农牧科技职业学院

刘　强　辽宁职业学院

潘　琦　江苏农牧科技职业学院

张　玲　江苏农牧科技职业学院

赵毅牢　乌兰察布职业学院

前　　言

畜禽生产技术是高等职业教育畜牧兽医类专业的重要专业技术。《畜禽生产技术实训教程》的编写，依据高等职业教育培养高素质技能型人才的目标要求，围绕畜禽生产岗位群的需要，以关键技术为基础，以先进技术为导向，以"工学结合"、"顶岗实习"为主要特点，以职业能力训练项目为驱动，以科学性、先进性、实用性、系统性和可操作性为目标，深化校企结合人才培养模式改革，满足社会对专业技能型人才的需要。

本教材是编者在多年的教学和生产实践中不断总结、改进、充实畜禽生产技术内容的基础上合作完成的。借鉴国内外的畜禽养殖技术成果，按照畜禽生产技术教学的要求组织实训内容，完善畜禽生产技术体系。根据行业生产实际，将猪、家禽、牛、羊生产实训内容设计成四个项目，教材内容采取"教、学、做"理实一体化的形式，将基础知识与实践教学融为一体。将每一项目分成基本技能和综合实训两个单元：基本技能对应实践教学，综合实训对应教学实习、生产实习和顶岗实习，体现了"以就业为导向、能力为本位"的高等职业教育理念。教材内容与结构的设置充分考虑了各职业院校课程设置形式与教学内容的差异，在教学中，可根据本地区畜禽生产发展的实际情况，选择相关的实训内容，灵活安排。

本教材自 2009 年出版以来，在全国多所高职高专院校畜牧兽医类专业使用，并于 2011年被评为"江苏省高等学校精品教材"。第二版《畜禽生产技术实训教程》突出了畜牧兽医专业主要岗位群的综合技能，体现了高等职业技术教育的实践性、职业性、综合性和先进性，具有教学目标明确、内容丰富、重点突出、图文并茂、简洁清晰、技术实用等特点。本教材既适用于高职高专畜牧兽医及相关专业课程的实践教学，也适用于畜牧行业职业工种技能鉴定等教学环节，亦可供从事畜牧兽医类的生产经营和技术人员参考。

本教材有丰富的数字化资源，相关课程资源可以从 http://www.icourses.cn/coursestatic/course＿2500.html 查阅或下载。

由于编者水平所限，书中不妥之处在所难免，恳请广大读者及同行批评指正。

编者
2017 年 4 月

前　言

第一版前言

　　高等职业教育肩负着培养面向生产、建设、服务和管理第一线需要的高技能人才的使命。大力提高人才培养的质量，增强人才对于就业岗位的适应性已成为高等职业教育自身发展的迫切需要。《畜禽生产技术实训教程》的编写，严格按照教育部高职高专教材建设要求，紧紧围绕培养高等技术应用性专门人才，即培养适应生产、建设、管理、服务第一线需要的，德、智、体、美全面发展的高等技术应用性专门人才。本实训教程以职业岗位技能为核心，以教学目标和生产应用为目的，力求体现其职业特点和可操作性。意在引导学生利用所学的知识分析解决畜牧生产中的实际问题，强调学生创新能力、团队精神和解决实际问题能力的培养。

　　本实训教程根据畜禽的种类，按照猪、禽、牛、羊分成四个模块。将每一模块分成基本技能和综合实训两个单元：基本技能对应课程实践教学，综合实训对应教学实习和生产实习（或顶岗实习）。较好地体现了高职教材"以应用为主旨、以能力培养为主线"的特色。在编写中，编者对内容与结构的设置充分考虑到了兄弟院校课程设置形式与内容的差异，在教学中，各院校可根据本地区畜禽生产发展的实际情况，选择相关实训内容和适宜季节，灵活安排。

　　本教程既适用于农业高等职业技术学院畜牧兽医、动物医学、动物科学等专业的学生进行课程实践教学、教学实习、生产实习和毕业实习的需要，也可作为畜牧行业中、高级职业工种技能鉴定培训教材，对从事动物生产的技术人员也有很好的参考价值。

　　由于编者水平有限，书中不妥之处在所难免，恳请广大师生及同行批评指正。

编者

2009 年 1 月

目 录

模块二　家禽生产

模块三　牛生产

模块四　羊生产　　　　　　　　　　　　　　197

模块一 猪 生 产

单元一 基 本 技 能

实训一 猪的外貌部位识别与外形鉴定

【实训目标】 掌握猪体的主要部位名称，熟悉每一部位的特点及其重要性。了解猪外形鉴定的程序和方法，并掌握猪的一般外形鉴定标准。

【实训材料】 牧场种猪若干头，猪品种外形鉴定评分标准表。

【实训内容与操作步骤】 首先了解猪体外形各部位名称，进一步比较不同经济类型、品种和个体猪的外形特点，具体步骤和方法如下所述。

1. 猪体各部位名称的认识

利用活猪，按图1-1顺序认识猪的外部名称。猪体各部位特点和重要性的识别，包括一般的、有缺陷的和理想的部位。

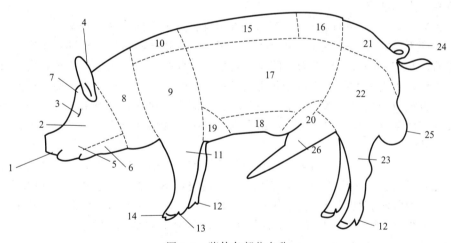

图 1-1 猪体各部位名称

1—嘴；2—面；3—眼；4—耳；5—颊；6—下颚；7—额顶；8—颈；9—肩胛；10—鬐甲；11—前肢；12—副蹄；13—系；14—蹄；15—背；16—腰；17—体侧；18—腹；19—前肋；20—后肋；21—臀；22—大腿；23—后肢；24—尾；25—睾丸；26—包皮

2. 猪的外形鉴定

（1）猪体各部位特点的识别　猪体可分为头颈、前躯、中躯、后躯、四肢等部分，依次比较各部分特点。

① 头颈部

头：头部骨占比例多，肉质差，因此，猪的头部不宜过大，俗语有"头大脖子细，越看越生气"的说法，头部是品种特征表现最显著的部位，要求合乎品种特征。

鼻嘴：鼻嘴的长短与形状可以表明猪的经济早熟性及品种特征，同一品种的猪鼻嘴过短，面侧过凹，是早熟的特征。理想的鼻嘴应稍长而微凹。嘴筒是重要的采食器官，应宽大，特别是口叉要深，保证能大口采食，嘴筒的肌肉应发达，采食行动灵活。鼻孔应大，显示较强的呼吸功能，上下唇接合整齐，显示咀嚼有力。

耳：耳的大小和形状需符合品种的特征。

眼：要圆，大而明亮又有神，没有内凹或外凸，对外界事物反应灵敏，这是健康猪的标准。额部两眼及两耳间的距离要宽，额的宽度一般与前躯的宽度呈正相关，额宽则前躯也比较宽。

② 前躯部。由肩端和肩胛骨后角作两条与体轴相垂直的线所构成的中间部分。

胸：要求宽深而开阔，表示心脏、肺器官发育良好。胸宽可从两前肢间的距离来判断，距离大，表示胸部发达，则功能旺盛，食欲良好。胸部在公猪更为重要，对公猪胸部的要求应较母猪严格。

前肢：要求正直，左右距离宜宽，无"X"形或其他不正肢势。系宜短而坚强，与水平面微有倾斜，过长、倾斜过大等均属缺点。蹄大小适中，形状端正。蹄壁角质坚滑，无裂纹，行走时两侧前后肢在一条直线上前进，不宜左右摆动。

③ 中躯部。由肩胛骨后角和腰角各作一条与体轴垂直的线，两条直线的中间部位。

背：要宽平、直而长，要求其前与肩、后与腰的衔接良好，没有凸部。在发育良好的情况下，国外品种弓背是正常的，但如此部很窄或部分凸起（鲤背），以及形成凹背的都属缺陷。凹背乃是脊柱或体质软弱的象征，表示与邻近脊柱相连的韧带松弛，这是一个重要的缺点。但年龄较大的猪尤其是母猪，背部允许稍凹，我国南方一些地区的猪，成年时背呈微凹，不应视为大的缺点。

腰：要平、宽、直、肌肉充实，与背、臀结合自然而无凹陷者为较好。

腰、腹部不仅容纳消化器官，也容纳了母猪的主要生殖器官，要求其容积广大，腹不下垂也不卷缩，与胸部结合处自然而无凹陷，要求腹线较平。我国的地方猪种，由于长期喂给大量青粗饲料，更需庞大的消化器官和相应发育的腹部，这与以精料为主而育成的国外猪不同，我国猪腹线应为弧形，略呈下垂，即要求腹部深广，保证腹部有最大的容积，但仍应注意腹部要结实而富有弹性，和其他部位结合良好，不应片面强调容积而过分松弛，造成腹部拖地的不良外形。

乳头和乳房：乳头应分布均匀，特别是前后排列应间隔稍远，最后一对乳头要分开，以免仔猪哺乳时过挤，左右两侧的乳头应平行，中间间隔不能过狭或过宽，过狭时不仅背腰也相应较狭，且哺乳时容易引起仔猪争执；过宽时，则一侧乳房常常躺卧时压在身下，影响泌乳。乳头数不少于 12 个（高产仔品种要求更多），我国华北型和华中型猪种应有 16 个以上乳头，有假乳头和没有泌乳孔的乳头都属缺点。

乳房应发育良好，在乳头的基部宜有明显的膨大部分，形成"莲蓬状乳房"或"葫芦状乳房"最为理想（图 1-2）。

发育良好的乳房泌乳时乳房胀大，其间分界清楚，干乳时，收缩完全。排列良好的乳头左右间隔适当宽，每个乳头间隔均匀，后腹部的乳头间隔较前面的略宽。

④ 后躯部。包括腰角以后的各部位。

臀部：要求宽、平、长、微倾斜。臀长表示大腿发育良好，臀宽表示后躯开阔，骨盆发育良好，这部分不仅肌肉多，而且和母猪生殖器官的发育密切相关。臀部过斜，则大腿的发育受影响。

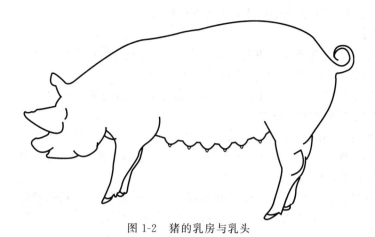

图 1-2 猪的乳房与乳头

大腿：这是猪肉价值最高的部位之一，是制造火腿的原料，应宽、广、深、厚而丰满，一直至飞节处仍有大量的肌肉着生。

后肢：从后方观察后肢的宽度，要距离宽且姿势直立，曲飞节、软系是后肢的缺点。

⑤ 其他

皮肤和毛：皮肤不过薄、有弹性、无皱纹；被毛稀密适中，毛要求柔软、坚韧。

生殖器官：生殖器发育正常，形态质良好。公猪睾丸均匀，大小一致对称，无单睾、隐睾、大小不一或疝气等缺点。母猪阴户发育良好，阴蒂不上翘。

（2）外形鉴定 猪的外形鉴定是根据品种特征和育种的要求，对猪体的各部位规定一定的分数值，分数值的高低按部位的相对重要性而定，各部位分数值总计为 100 分（表1-1）。

表 1-1 猪品种外形鉴定评分标准表

序号	项目	结构良好的特征	结构不良的特征	最高评分	实际评分
1	品种特征及体质	品种特征明显,体躯结构良好,发育匀称,体质结实	品种特征不明显,体躯结构不良,体质过粗或过于细弱。行动不自然	22	
2	头颈部	头符合品种特征(公猪头雄壮而粗大),嘴筒齐,上、下唇吻合良好,眼大而明亮,颈中等长,肌肉丰满,颈肩结合良好	头不符合品种特征,头过大或过小,嘴、唇结合不良,眼小而无神,颈细、颈肩结合不良	8	
3	前躯部	肩背较平、肩宽;胸宽、胸深,发育良好;肩背结合良好,肩后无凹陷	肩窄,胸窄,胸浅,肩背结合不良,肩后凹陷	12	
4	中躯部	背腰平、宽、长,母猪腹略大,肋拱圆,乳头排列整齐,间距适当宽,呈对称,无瞎乳头,外国猪种不少于12个,一般中国地方猪种不少于14个	背腰凹陷、过窄,前后结合不良,缩腹或垂腹拖地,乳头排列不均匀,间隔过密或过稀,有瞎乳头、小乳头,乳头数过少,母猪最后一对乳头挨在一起	26	
5	后躯部	臀平、宽、长,大腿宽、圆、长而肌肉丰满;公猪睾丸发育匀称;母猪外阴正常	臀斜、窄,飞节过曲,两腿靠紧;公猪单睾、隐睾,阴囊松垂;母猪外阴不正常	24	
6	四肢	四肢结实,开张直立,系正直,蹄坚实	四肢细弱,肢势不正,卧系,蹄质松裂	8	
合计				100	

综合评定种猪时，种猪的外形是主要选种指标之一。

【注意事项】

1. 鉴定的场所，应选择在一块儿面积约为 $9m^2$ 较平坦的地方，以避免地形不平、姿势不正，导致鉴定时产生错觉，影响鉴定的准确性。

2. 猪的外形是适应于当地的生产条件的，故鉴定以前应先了解其产地的农作制度、积肥和饲养管理方法等外界环境条件。

3. 猪的外形特征亦随品种的不同而有所差异，鉴定以前，应先熟悉被鉴定品种是属于哪一经济类型的品种，必须了解该品种的外形特征，如属于新培育的品种则应了解其培育目标，掌握其应具有的外形特征。

4. 有机体是统一的整体，各部分是相互联系的，鉴定时应先观察整体，看各部分结构是否协调匀称、体格是否健壮，而后观察各部分，鉴定时应抓住重点，各个部位不可等同对待。

5. 应在种猪体况适中时鉴定，避免体况过肥或过瘦时鉴定。鉴定时，不仅观察其外形，还要注意其机能动态，特别是采食、排粪、排尿等行为，有病态表现的猪不予鉴定。

【实训报告】

1. 画出猪体各部位名称图。

2. 鉴定四头成年种猪的外形，按鉴定评分标准评分并记入评分表内。

实训二　猪的品种识别

【实训目标】　根据猪的体型外貌，识别我国优良地方品种、培育品种和引进品种猪，掌握其产地及经济类型。

【实训材料】　幻灯机、猪品种的幻灯片、播放设备、猪品种录像资料、猪品种相关资料。

【实训内容与操作步骤】

1. 猪品种识别的方法

(1) 通过放映幻灯片或猪品种录像资料，以及教师讲解，使学生对国内外猪的品种具有初步的感性认识，总结出每个品种的突出外貌特征及经济类型。

(2) 由学生识别各品种猪的图片，并说出主要特征与生产性能，教师补充说明并进行点评。

(3) 在猪场实习时，根据猪场现场情况，讲解所在场猪群结构特点、品种特征，并比较不同品种的优、缺点。

2. 我国地方猪种的种质特性

(1) 性成熟早，繁殖力强。

(2) 耐粗饲，抗逆性强。

(3) 肉质好，瘦肉率低。

(4) 早熟易肥，性情温驯。

(5) 矮小特性。

(6) 生长速度较慢，饲养周期长。

3. 我国地方品种猪的识别

我国地方猪种按其外貌体型、生产性能、当地农业生产情况、自然条件和移民等因素，大致可以划分为六个类型，分别是华北型、华中型、华南型、江海型、西南型和高原型。

(1) 华北型　东北民猪（黑龙江）、八眉猪（西北）、河套大耳猪（内蒙古）。

(2) 华南型 小耳黑背猪（广东）、滇南小耳猪（云南）、陆川猪（广西）。

(3) 华中型 金华猪（浙江）、宁乡猪（湖南）、皖南花猪（安徽）。

(4) 江海型 梅山猪（江苏）、姜曲海猪（江苏）、安康猪（陕西）。

(5) 西南型 内江猪（四川）、荣昌猪（四川）、大河猪（云南）。

(6) 高原型 藏猪（西藏）、合作猪（甘肃）。

4．我国培育品种猪的识别

三江白猪（黑龙江）、哈尔滨白猪（黑龙江）、上海白猪（上海）、湖北白猪（湖北）、北京黑猪（北京）、苏姜猪（江苏）、苏太猪（江苏）。

5．国外引进品种猪的识别

约克夏猪（英国）、长白猪（丹麦）、杜洛克猪（美国）、汉普夏猪（美国）、皮特兰猪（比利时）。

【实训报告】

1．我国地方品种猪分为哪六大类型？各类型写出两个代表品种的名称和产地。

2．简述我国地方优良猪种的种质特性。

3．总结引进品种大约克夏猪、长白猪、杜洛克猪的产地、外貌特征及生产性能。

实训三 猪经济杂交方案的制订

【实训目标】 掌握制订猪经济杂交方案的方法。

【实训材料】 本地区已有的猪经济杂交试验的相关资料。

【实训内容与操作步骤】

1．杂交组合的选择

杂交猪是指不同品种或品系间杂交所生产的杂种猪。经有目的的筛选，由不同品种、品系间杂交所得到的杂种猪，具有较明显的杂种优势。

2．严格选择杂交亲本

杂交亲本应严格选择：用本地优良品种作母本，选择引进品种猪作父本。原因是父母本之间遗传差异较大，杂种优势明显。

(1) 对母本品种的选择 应选择分布广、数量多、适应性强、繁殖力强的品种作杂交母本品种。一般用我国地方猪品种。

(2) 对父本品种的选择 应选择生长速度快、饲料利用率高、胴体品质好的品种作杂交父本品种。国内外优良品种均可作父本。

3．灵活选择杂交方式

(1) 两品种杂交 即两品种或两品系间杂交，一代杂种无论公母均可用作商品育肥猪，这种杂交方式简单易行。如本地种母猪与良种杜洛克公猪的杂交：

也可利用杜洛克、长白、大白等优良瘦肉型猪进行二元杂交，生产"杜长"、"杜大"、"长大"、"大长"等二元杂交猪，这种猪通常被养殖户称之为"洋二元"。

其杂交模式如下：

$$杜洛克 \male \times 长白（或大白）\female \qquad 长白（或大白）\male \times 大白（或长白）\female$$
$$\downarrow \qquad\qquad\qquad\qquad\qquad \downarrow$$
$$杜长（或杜大）\qquad\qquad\qquad 长大（或大长）$$

(2) 三品种杂交 先用两个品种猪杂交，将生产繁殖性能具有显著杂种优势的母猪，再与第三个品种作父本杂交生产商品猪。常用的三元组合主要有："杜大长"、"杜长大"、"杜大本"、"杜长本"、"大长本"、"长大本"。

利用杜洛克、长白、大白等优良瘦肉型猪进行三元杂交，生产"杜长大"、"杜大长"等三元杂交猪，这种猪通常被养殖户称之为"洋三元"。

其杂交模式如下：

$$长白(或大白)♂×大白(或长白)♀$$
$$\downarrow$$
$$杜洛克♂×长大(或大长)♀$$
$$\downarrow$$
$$杜长大(或杜大长)$$

利用杜洛克、长白、大白等优良瘦肉型公猪与本地猪进行三元杂交，生产"杜长本"、"杜大本"等三元杂交猪，这种猪通常被养殖户称为"两洋一土三元猪"。在进行此类型杂交时，一般都是以本地母猪作为第一母本，第一父本和终端父本均为外来公猪。

其杂交模式如下：

$$长白(或大白)♂×本地♀$$
$$\downarrow$$
$$杜洛克♂×长本(或大本)♀$$
$$\downarrow$$
$$杜长本(或杜大本)$$

【实训报告】

1. 根据本地区猪的品种资源，制订猪的经济杂交方案。
2. 我国常用的三元杂交组合有哪些？

实训四　猪的体尺测量和体重估计

【实训目标】　熟悉猪体尺测量的主要部位，掌握猪的体尺测量和体重估计方法，从而为猪的选种工作、猪种普查及生长发育鉴定奠定基础。

【实训材料】　测杖，卷尺，6月龄、10月龄和成年种猪若干，记录本等。

【实训内容与操作步骤】

1. 测量部位和方法

（1）体长　从两耳根中点连线的中部起，将卷尺紧贴皮肤，沿背中线量到尾根为止。

（2）体高　由鬐甲到地面的垂直高度。

（3）胸围　将卷尺沿右侧肩胛后缘垂直放下，绕猪胸围一周，即胸围长度。

（4）胸深　用测杖上部卡于猪肩胛部后缘背线，下部卡于胸部，上下之间的垂直距离即胸深。

（5）胸宽　左右肩胛骨后缘切线间的宽度。

（6）背高　背部最凹部到地面的垂直距离。

（7）腿臀围　自左后膝关节前缘，经肛门绕至右侧膝关节前缘的距离。

猪的体尺测量部位见图1-3和图1-4。

2. 体重估计

无论大、小猪都以直接称重为准，称重时间应在早晨喂饲前进行，如不能直接称重，可根据以上体尺测量的数据，根据下列公式来估计猪的体重。

$$猪的体重(kg)=\frac{胸围(cm)×体长(cm)}{A}$$

式中，A 值在营养优良者取 142，营养中等者取 156，营养不良取 162。

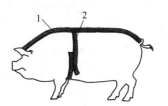

图 1-3 猪体尺测量（一）

1—体长；2—胸围

图 1-4 猪体尺测量（二）

1—体高；2—尾长

【注意事项】

① 校正测量工具；测量场地要求平坦，猪的头颈、四肢应保持自然平直站立的姿势，下颌与胸腹应基本在一条水平线上。

② 种猪在 6 月龄、10 月龄和成年时，早晨喂饲前或喂饲后 2h，各测量 1 次。

③ 测量时应保持安静，切忌追赶鞭打，造成猪群紧张，影响测量效果。

④ 同一部位最好重复测量 2～3 次，尽量减少误差。

⑤ 注意动作温和，防止猪只因测定而损伤，同时注意人的安全。

【实训报告】

1. 每组现场实际测量 2～4 头猪，将测量结果记录下来。

2. 根据现场实际测量结果，计算两头猪的体重。

实训五 现代养猪场的工艺流程设计

【实训目标】 使学生对工厂化养猪的生产模式有一个更加深刻的认识，能根据生产规模设计合理的养猪场生产工艺流程。

【实训材料】 万头商品猪场工艺参照数据（表 1-2）、万头猪场猪群结构（表 1-3）、不同规模猪场猪群结构（表 1-4）、万头猪场各饲养群猪栏配置数量（表1-5）。

表 1-2 某万头猪场工艺参数

项 目	参 数	项 目	参 数
妊娠期/天	114	每头母猪年产活仔数	
哺乳期/天	28	出生时/头	19.8
保育期/天	42	35 日龄/头	17.8
断奶至受胎/天	7～10	36～70 日龄/头	16.9
繁殖周期/天	159～163	71～170 日龄/头	16.5
母猪年产胎次/次	2.4	每头母猪年产肉量(活重)/kg	1575.0
母猪窝产仔数/头	10	平均日增重/g	
窝产活仔数/头	9	出生至 35 日龄	194
成活率/%		36～70 日龄	486
哺乳仔猪	90	71～160 日龄	722
断奶仔猪	95	公母猪年更新率/%	33
生长育肥猪	98	母猪情期受胎率/%	85
出生至目标体重/kg		公母比例	1：25
初生重	1.2～1.5	圈舍冲洗消毒时间/天	7
21 日龄	6.0	生产节律/天	7
28 日龄	7.5	周配种次数	1.2～1.4
70 日龄	25～30	母猪临产前进产房时间/天	7
160～170 日龄	90～100	母猪配种后原圈观察时间/天	21

表 1-3 万头猪场猪群结构

猪群种类	饲养期/周	组数/组	每组头数/头	存栏数/头	备注
空怀配种母猪群	5	5	30	150	配种后观察 21 天
妊娠母猪群	12	12	24	288	—
泌乳母猪群	6	6	23	138	—
哺乳仔猪群	5	5	230	1150	按出生头数计算
保育仔猪群	5	5	207	1035	按转入头数计算
生长育肥猪群	13	13	196	2548	按转入头数计算
后备母猪群	8	8	8	64	8 个月配种
公猪群	52	—	—	23	不转群
后备公猪群	12	—	—	8	9 个月使用
总存栏数	—	—	—	5404	最大存栏头数

表 1-4 不同规模猪场猪群结构（参考）

猪群种类	存栏数量/头					
生产母猪	100	200	300	400	500	600
空怀配种母猪	25	50	75	100	125	150
妊娠母猪	51	102	156	204	252	312
泌乳母猪	24	48	72	96	126	144
后备母猪	10	20	26	39	46	52
公猪(含后备公猪)	5	10	15	20	25	30
哺乳仔猪	200	400	600	800	1000	1200
保育仔猪	180	360	540	720	900	1080
生长育肥猪	445	889	1334	1778	2223	2668
总存栏	940	1879	2818	3757	4698	5636
全年上市商品猪	1696	3391	5086	6782	8477	10173

表 1-5 万头猪场各饲养群猪栏配置数量（参考）

猪群种类	猪群组数/组	每组头数/头	每栏饲养量/(头/栏)	猪栏组数/组	每组栏位数/栏	总栏位数/栏
空怀配种母猪群	5	30	4～5	6	7	42
妊娠母猪群	12	24	2～5	13	6	78
哺乳母猪群	6	23	1	7	24	168
保育仔猪群	5	207	8～12	6	20	120
生长育肥群	16	196	8～12	17	20	340
公猪群(含后备)	—	—	1	—	—	28
后备母猪群	8	8	4～6	9	2	18

【实训内容与操作步骤】 先由教师讲解，确定工艺参数，然后由学生进行计算设计。

1. 根据生产需要，确定生产规模。

2. 进行猪场的猪群结构设计。根据目前工厂化养猪能达到的生产指标，计算猪场需要的公猪、后备猪数量，及在一个生产节律内分娩母猪的数量、断奶仔猪数量、转入育成舍的数量、转入肥育猪舍数量及出栏肥育猪数量。

例：

1. 五阶段养猪生产工艺流程：空怀配种期→妊娠期→泌乳期→仔猪保育期→生长肥育期。

2. 生产节律：一般猪场采用 7 天制生产节律。

3. 确定工艺参数：为了准确计算猪群结构即各类猪群的存栏数、猪舍及各猪舍所需栏位数、饲料用量和产品数量，必须根据养猪的品种、生产力水平、技术水平、经营管理水平和环境设施等，实事求是地确定生产工艺参数。

(1) 繁殖周期

　　繁殖周期＝母猪妊娠期（114 天）＋仔猪哺乳期＋母猪断奶至受胎时间

一般采用 21～35 天断奶；母猪断奶至受胎时间包括两部分：一是断奶至发情时间7～10天，二是配种至受胎时间，决定于情期受胎率和分娩率的高低，假定分娩率为100%，将返情的母猪多饲养的时间平均分配给每头猪，其时间是：21×（1－情期受胎率）天。所以，繁殖周期＝114＋35＋10＋21×（1－情期受胎率）。

当情期受胎率为 70%、75%、80%、85%、90%、95%、100% 时，繁殖周期为 165 天、164 天、163 天、162 天、161 天、160 天、159 天。情期受胎率每增加 5%，繁殖周期减少 1 天。

（2）母猪年产窝数

$$母猪年产窝数 = \frac{365 \times 分娩率}{繁殖周期} = \frac{365 \times 分娩率}{114 + 哺乳期 + 21 \times （1-情期受胎率）}$$

3. 猪群结构

根据猪场规模、生产工艺流程和生产条件，将生产过程划分为若干阶段，不同阶段组成不同类型的猪群，计算出每一类群猪的存栏量就形成了猪群结构。

以年产万头商品肉猪的猪场为例，介绍一种简便的猪群结构计算方法。

（1）年产总窝数

$$年产总窝数 = \frac{计划年出栏头数}{窝产仔数 \times 哺乳仔猪成活率 \times 保育成活率 \times 育肥成活率}$$

$$= \frac{10000}{10 \times 0.9 \times 0.95 \times 0.98} = 1193 （窝/年）$$

（2）每个节拍转群头数　以 7 天为一个节拍。

① 产仔窝数＝1193÷52＝23 头，一年 52 周，即每周分娩泌乳母猪数为 23 头；

② 妊娠母猪数＝23÷0.95＝24 头，分娩率 95%；

③ 配种母猪数＝24÷0.80＝30 头，情期受胎率 80%；

④ 哺乳仔猪数＝23×10×0.9＝207 头，成活率 90%；

⑤ 保育仔猪数＝207×0.95＝197 头，成活率 95%；

⑥ 生长肥育猪数＝197×0.98＝193 头，成活率 98%。

（3）各类猪群组数　生产以 7 天为一个节拍，即：猪群组数等于饲养的周数。

（4）猪群结构　即各猪群存栏数＝每组猪群头数×猪群组数。

生产母猪的头数为 576 头，公猪、后备猪群结构的计算方法为：

① 公猪数　576÷25≈23 头，公母比例 1∶25；

② 后备公猪数　23÷3≈8 头。若半年一更新，实际养 4 头即可；

③ 后备母猪数　576÷3÷52÷0.5≈8 头/周，选种率 50%。

4. 猪栏配备

各饲养群猪栏分组数＝猪群组数＋消毒空舍时间（天）/生产节拍（7 天）

$$每组栏位数 = \frac{每组猪群头数}{每栏饲养量} + 机动栏位数$$

各饲养群猪栏总数＝每组栏位数×猪栏组数

【实训报告】　设计一个年出栏量 2 万头肉猪的五阶段生产工艺流程。

实训六　猪的屠宰测定

【实训目标】　通过实验，掌握猪屠宰测定的项目及其方法，学会对胴体进行测量，对骨、肉、皮、脂进行分离，会计算瘦肉率。

【实训材料】 90～100kg 体重的肥育猪。刀具、吊架、桶、盆、秤、求积仪、钢卷卡尺、硫酸纸等。

【实训内容与操作步骤】

1. 屠宰

（1）称宰前体重 供测猪达到规定体重后进行屠宰，宰前活体重为猪宰前停食 12h 的体重。

（2）放血、烫毛和脱毛 放血时进刀部位是在颈后第一对肋骨水平线下方，稍偏离颈中线右侧，猪一般经电麻后仰卧，刀由上前方向后下方刺入，割断颈动脉放血。屠体在 60～68℃热水中浸烫 3～8min 进行脱毛。

（3）开膛 用刀自肛门起沿腹下中线至咽喉处平分剖开体腔，取出内脏。

（4）去头 沿耳根后缘及下颌第一条自然横褶切下，断离寰枕关节。

（5）去蹄 前蹄于腕关节、后肢于跗关节处切下。

（6）去尾 于尾根处切断。

（7）劈半 用刀先沿脊柱划开背部皮和脂肪，然后沿背中线劈成左右两半。

（8）胴体分割 科学研究时要求进行肉、脂、骨、皮分离，将皮下、肌肉上的脂肪剥离干净，骨上不带肌肉，肌间脂肪随同肌肉，皮脂随同脂肪，肉、脂、骨、皮分别称重。

2. 胴体测定

（1）胴体重 屠宰后去头、蹄、尾和内脏（保留板油和肾脏），劈半，分别称量左、右半胴体，两侧半胴体的总重量即为胴体重。

（2）空体重 宰前体重减去胃肠道和膀胱的内容物重量。

（3）屠宰率（有两种计算方法）

$$屠宰率 = \frac{胴体重}{宰前体重} \times 100\%$$

$$屠宰率 = \frac{胴体重}{空体重} \times 100\%$$

（4）胴体长 从耻骨联合前缘中心点至第一肋骨与胸骨结合处的长度为胴体斜长；从耻骨联合前缘中心点至第一颈椎底部前缘的长度为胴体直长。在胴体吊挂状态下量取，以 cm 表示。

（5）背膘厚和平均背膘厚 背膘厚指背部皮下脂肪的厚度。于第 6 和第 7 胸椎接合处测量垂直于背部的皮下脂肪厚度。平均背膘厚指肩部最厚处、背腰结合处和腰荐结合处的 3 点皮下脂肪厚度（沿背中线处测量），取其平均值。

（6）眼肌面积 指最后肋骨处背最长肌横断面的面积。可先用硫酸纸蒙上，用自来水沿肌肉边缘描下眼肌面积，然后再用求积仪测出眼肌面积。也可用尺子量出眼肌的高度和宽度，然后用下列公式求出眼肌面积。

$$眼肌面积(cm^2) = 眼肌高(cm) \times 眼肌宽(cm) \times 0.7$$

（7）腿臀比例 即沿倒数第一、二腰椎间垂直切下的后腿质量，占整个胴体质量的比例。其计算公式为：

$$腿臀比例 = \frac{腿臀质量}{胴体质量} \times 100\%$$

（8）胴体瘦肉率 瘦肉质量占肉、脂、骨、皮总质量的百分率。其计算公式为：

$$胴体瘦肉率 = \frac{瘦肉质量}{骨骼质量 + 皮肤质量 + 脂肪质量 + 瘦肉质量} \times 100\%$$

【实训报告】

1. 记录实测的数据，并计算屠宰率和胴体瘦肉率。

2. 填写屠宰测定记录，根据记录对胴体品质做出评价。屠宰测定记录于表 1-6 中。

表 1-6　猪的屠宰测定记录

1	品　　种				
2	耳号				
3	宰前体重/kg				
4	空体重/kg				
5	胴体重/kg				
6	屠宰率/%				
7	胴体长	胴体直长/cm				
		胴体斜长/cm				
8	眼肌	高/cm				
		宽/cm				
		面积/m²				
9	第 6、7 胸椎	膘厚/cm				
		皮厚/cm				
10	左半胴体的物理组成	骨重/kg				
		皮重/kg				
		肉重/kg				
		脂重/kg				
		合计/kg				
		骨组成质量分数/%				
		皮组成质量分数/%				
		肉组成质量分数/%				
		脂组成质量分数/%				

实训七　猪肉的品质测定

【实训目标】　肉质的优劣直接影响畜牧业、肉类食品加工业、商业以及消费者的切身利益，肉质的评定已引起国内外的普遍重视。通过实验了解猪的肉质评定的重要性，掌握肉质评定的方法和标准。

【实训材料】　猪肉、标准肉色板、猪肉用酸度计、数显式肌肉嫩度计、采样器及刀具、铝蒸锅、电炉、电子分析天平、吸水纸、滤纸、烘箱、冰箱等。

【实训内容与操作步骤】

1. 肉色

肉色为肌肉颜色的简称。以最后 1 个胸椎处背最长肌的新鲜切面为代表。于宰后 2～3h，在一般室内正常光度下用目测评分法评定，避免在阳光直射或室内阴暗处评定肉色。其评定方法如表 1-7。

表 1-7　肉色评分标准

肉色	评分	结果	肉色	评分	结果
灰白色	1	劣质肉	微暗红色	4	正常
微红色	2	不正常	暗红色	5	不正常
正常鲜红色	3	正常			

2. 肌肉 pH 值

肌肉 pH 值是反映猪屠宰后肌糖原酵解速率的重要指标，也是判定生理正常肉质或异常肉质的依据。在停止呼吸后 45min 内，直接用酸度计测定背最长肌的酸碱度（应先用金属棒在肌肉上刺一个孔）。以最后胸椎部背最长肌中心处的肌肉为代表，直接记录指针所指示的 pH 值。在猪停止呼吸后 45min 内量取的 pH 叫作 pH_1，正常 pH 为 $6.0\sim6.4$。pH_1 若低于 5.9，并伴有肉色灰白、质地松软和汁液外渗等现象，可判为"PSE 肉"。

在猪停止呼吸 24h 量取的 pH 叫作 pH_{24}。依品种不同其变化范围在 $5.3\sim5.7$。pH_{24} 若大于 6.5，并伴有肉色暗红、质地坚硬和肌肉表面干燥等现象，可判为"DFD 肉"。或用肉糜 10g 加水 100mL 混匀，浸渍 15min，如样液无油脂，可直接测定，否则需经过滤再测定。

3. 大理石纹

大理石纹是一块肌肉范围内可见的肌肉脂肪的分布情况，也以最后胸椎处背最长肌横断面为代表，用目测评分法评定。在 $0\sim4℃$ 冰箱中保存 24h，与肉色评分同时进行。

目前，暂用大理石纹评分标准图评定。脂肪呈痕迹量分布评为 1 分，脂肪呈微量分布评为 2 分，脂肪呈少量分布评为 3 分，脂肪呈适量分布评为 4 分，脂肪呈过量分布评为 5 分。

4. 熟肉率

取左、右两侧的腰大肌样并称重，将腰大肌置于盛沸水的铝蒸锅的蒸屉上，加盖，加热蒸煮 30min，取出蒸熟肉样品，吊挂于室内无风阴暗处，冷却 30min 后再称重。两次称重的比例即为熟肉率。其计算公式为：

$$熟肉率=\frac{蒸煮后肉样重}{蒸煮前肉样重}\times100\%$$

5. 品味鉴定

肉的味道、香味、颜色的浓淡和好坏，目前是不能用仪器测量的。品味鉴定是一种简便、易行、快速和节省药械的可靠的肉质鉴定方法，能综合反映出肉质优劣，可请品味专家评定。

【实训报告】

1. 掌握肉色评分、肉的 pH、熟肉率的操作方法和计算公式。

2. 根据实验记录填写表 1-8。

表 1-8　猪肉品质测定记录表

测定项目	肉色评分	肉的 pH	熟肉率/%	大理石纹等级	品　　味
结果					

实训八　（讨论）如何提高肉猪的出栏率和商品率

【实训目标】　通过撰写发言提纲和课堂讨论，能全面归纳出提高肉猪出栏率和商品率的措施，培养学生运用基本理论知识分析和解决生产实践中具体问题的能力，同时锻炼学生的语言和文字表达能力。

【实训材料】　养猪场相关的资料、课堂笔记、参考书及有关杂志。

【实训内容与操作步骤】

1. 讨论内容

（1）在明确肉猪出栏率和商品率概念的基础上，分析总结出提高肉猪出栏率和商品率的具体措施。

（2）讨论要结合本地区当时养猪生产实际，针对本地区育肥猪的饲养管理水平、仔猪培育技术等具体问题，提出切实有效的管理措施。

2. 讨论步骤

（1）讨论材料的搜集　开展讨论之前，应事先做好准备，查阅有关杂志与参考书，广泛搜集资料，如教材中的相关知识、本地区养猪生产情况、仔猪培育的新技术等，进行综合思考，撰写发言提纲。应认真调查了解本地区养猪生产现状，最好在养猪现场调查，请教技术员和饲养员，掌握肉猪生产的实际情况，复习课堂所学的知识。

（2）讨论分组　根据班级学生人数分成几个讨论小组，由任课教师任命或学生推荐讨论小组长。

（3）小组讨论　采取学生自由发言、互相补充、互相交流、开展辩论的形式进行，教师应进行引导、启发，激励学生大胆说出自己的看法和见解，鼓励创新意识。教师根据预先掌握的情况进行引导和启发：哪些因素对肉猪出栏率和瘦肉率有影响？在任课教师的组织指导下，由讨论小组长主持进行讨论，记录发言并归纳讨论结果。

（4）讨论总结　分组讨论结束，由小组长代表本组向全班同学汇报本组讨论结果。先由教师对小组的讨论和发言做出评价，再进行总结，全面阐述提高肉猪出栏率和商品率的综合措施。

3. 肉猪出栏率的概念与计算方法

肉猪出栏率指当年出栏（出售、屠宰）肥育猪头数占年初（或上年末）存栏数的比例（％）；或期内出栏（出售、屠宰）肥育猪头数占期初存栏数的比例（％）。其计算公式如下。

$$出栏率 = \frac{当年出栏（出售、屠宰）肥育猪头数}{年初（或上年末）存栏数} \times 100\%$$

出栏率是衡量一个国家或一个地区养猪生产水平的一个重要指标，是反映母猪年生产力、肉猪肥育力和经济效益的重要指标。

4. 肉猪商品率的概念与计算方法

肉猪商品率是指年内出售的肉猪头数占年内出栏肉猪头数的比例（％）。其计算公式如下。

$$商品率 = \frac{年内出售的肉猪头数}{年内出栏肉猪头数} \times 100\%$$

商品率是一个综合性指标，它反映了一个猪场养猪生产的发展水平。

【实训报告】

1. 肉猪的出栏率和商品率有何不同？
2. 影响肉猪出栏率和商品率的因素有哪些？
3. 如何降低养猪成本，从而提高养猪生产的经济效益？

单元二　综合实训

实训一　猪场的设计和规划

【实训目标】　掌握猪场场址选择、功能区规划和设计的基本要求；熟悉猪舍类型的划分及各类型猪舍的优点和缺点，能够根据企业实际情况合理规划设计猪场。

【实训材料】　与当地养猪有关的资料，国家和地方有关养猪的法律法规、规范，当地市场资料。

【实训内容与操作步骤】

1. 猪场总体布局

猪场内所有建筑物按性质相同、功能相同、联系密切、有利防疫、对环境要求一致的原则，分为不同功能区域，总体布局上至少应包括饲养生产区、生产管理区、生活区、隔离区。

（1）饲养生产区　饲养生产区是猪场的主要建筑区，一般建筑面积约占全场总建筑面积的 70%～80%，包括各类猪群的猪舍、饲料准备库、人工授精室等生产场所。

各种猪舍要严格按照饲养工艺流程安排，种猪舍位于上风向，育肥舍是养猪场生产最后一个环节，设在场的一端，在靠近围墙处设置装猪台，禁止任何外来车辆进入猪场。

（2）生产管理区　生产管理区包括猪场生产管理必需的附属建筑物，如办公室、接待室、会议室、资料室、饲料加工车间、饲料仓库、修理车间、变电房、锅炉房、水泵房、水塔、淋浴消毒间、兽医化验室等。

（3）生活区　生活区与外界社会往来密切，主要包括职工宿舍、食堂、文化娱乐室、汽车库、传达室等。考虑到职工的工作和生活环境不受恶臭和粉尘的污染，故设在生产区的上风向，距离 300m 以上。

（4）隔离区　隔离区包括新购入种猪的饲养观察室、兽医室和隔离猪舍、尸体剖检和处理设施、积肥场及贮存设施等。该区是卫生防疫和环境保护的重点，应设在整个猪场的下风或偏风方向、地势低处，以避免疫病传播和环境污染。

2. 猪舍的形式

（1）按屋顶形式划分　猪舍有单坡式、双坡式、不等坡式、平顶式、拱式、钟楼式和半钟楼式等（图 1-5）。

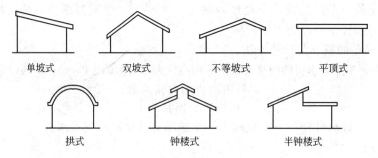

图 1-5　猪舍不同样式的屋顶

单坡式一般跨度小，结构简单，造价低，光照和通风好，适合小规模猪场。双坡式一般跨度大，双列猪舍和多列猪舍常用该种形式，其保温效果好，但投资较多。猪舍规格一般深度 8～8.5m，长度 50～70m，沿口高度 3.2～3.5m。

钟楼式和半钟楼式猪舍在屋顶两侧或一侧设有天窗，利于采光和通风，夏季凉爽，防暑效果好，但冬季不利于保温和防寒，故在猪舍建筑中较少采用，但在以防暑为主的地区以及肥猪舍可考虑采用此种形式。

（2）按墙壁结构和窗户划分　猪舍有开放式、半开放式和封闭式，封闭式猪舍又可分为有窗式和无窗式。

① 开放式猪舍（图 1-6）　猪舍三面有墙，一面无墙，通风透光好，不保温，其结构简单，造价低，但受外界影响大，较难解决冬季防寒。

② 半开放式猪舍　猪舍三面有墙，一面半截墙，保温稍优于开放式，冬季若在半截墙以上挂草帘或钉塑料布，能明显提高其保温性能。

③ 有窗封闭式（图 1-7）。猪舍四面设墙，窗设在纵墙上，窗的大小、数量和结构可依当地气候条件而定。寒冷地区，猪舍南窗大，北窗要小，以利于保温。为解决夏季有效通风，夏季炎热的地区还可在两纵墙上设地窗，或在屋顶设风管、通风屋脊等。有窗封闭式猪

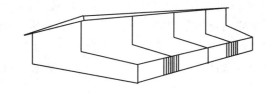

图1-6 开放式猪舍

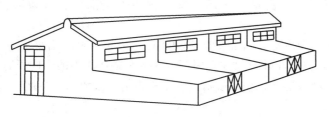

图1-7 有窗封闭式猪舍

舍保温隔热性能较好，根据不同季节启闭窗扇，调节通风和保温隔热。

（3）**按猪栏排列划分** 猪舍可分为单列式、双列式和多列式（图1-8）。

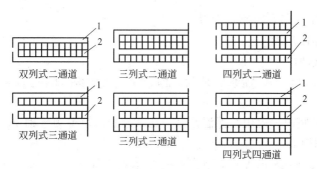

图1-8 双列式和多列式猪舍
1—走道；2—猪栏

① 单列式。猪舍猪栏排成一列，靠北墙一般设饲喂走道，舍外可设或不设运动场，跨度较小，结构简单，建筑材料要求低，省工、省料，造价低。

② 双列式。猪舍内猪栏排成两列，中间设一走道，或在两边设清粪通道。这种猪舍建筑面积利用率较高，管理方便，保温性能好，便于使用机械设备。但北侧猪栏采光性较差，舍内易潮湿。

③ 多列式。猪舍中猪栏排成三列或四列，这种猪舍建筑面积利用率高，猪栏集中，容纳猪只多，运输线短，管理方便，冬季保温性能好；缺点是采光差，舍内阴暗潮湿，通风不良。这种猪舍必须辅以机械，人工控制其通风、光照及温湿度，其跨度多在10m以上。

（4）**按猪群类型划分**

① 公猪舍。公猪舍一般为单列半开放式，舍内温度要求15～20℃，风速为0.2m/s，内设走道，外有小运动场（与舍内大小基本一样），一舍一头，单舍建筑面积为8～10m²。

② 空怀、妊娠母猪舍。空怀、妊娠母猪最常用的一种饲养方式是分组大栏群饲，每栏饲养空怀母猪4～5头、妊娠母猪2～4头。猪舍布置多为单通道双列式。猪舍面积一般为7～9m²，地面坡降不要大于3°，地表不要太光滑，以防母猪跌倒。也有用单舍饲养的，一舍一头，或者用限位栏，但母猪淘汰率较高，夏季不利于降温。

③ 分娩哺育舍。多为两列式，有高床和地面分娩栏两种形式，现在大多数规模场采用网上分娩栏。网上分娩栏主要由母猪限制栏、仔猪围栏、钢筋编织的漏缝地板网、保温箱、支腿等组成。母猪限位架的前方是前门，前门上设有食槽和饮水器，供母猪采食、饮水，限位架后部有后门，供母猪进入及清粪操作。可在栏位后部设漏缝地板，以排除栏内的粪便和污物。

④ 仔猪保育舍。采用网上保育栏，1～2 窝一栏，网上饲养，用自动落料食槽，自由采食。仔猪保育栏主要由钢筋编织的漏缝地板网、围栏、自动落食槽以及连接卡等组成。

⑤ 生长、育肥舍和后备母猪舍。这三种猪舍均采用大栏地面群养方式，自由采食，其结构形式基本相同，只是在外形尺寸上因饲养头数和猪体大小的不同而有所变化。

【实训报告】 结合实训猪场，试拟定一个规模为年出栏 200 头肥猪的养猪场建设方案，并附相关说明。

实训二 猪舍建筑设计与常用设备的构造

【实训目标】 了解猪舍基本结构，掌握不同猪舍类型的设计要求；熟悉猪场常用机械设备的构造与使用。

【实训材料】 猪场猪舍，测量工具。

【实训内容与操作步骤】

1. 猪舍的基本结构

完整的猪舍主要由墙壁、屋顶、地面、门、窗、粪尿沟、隔栏、走道、运动场等部分构成。

（1）墙壁 要求坚固、耐用，保温性好。比较理想的墙壁为砖砌墙，要求水泥勾缝，离地 0.8～1.0m 水泥抹面。

（2）屋顶 较理想的屋顶为水泥预制板平板式，并加 15～20cm 厚的土，以利于保温、防暑。

（3）地面 地面要求坚固、耐用，渗水良好。比较理想的地面是水泥勾缝平砖式，其次为夯实的三合土地面，三合土要混合均匀，湿度适中，砌实。

（4）粪尿沟 开放式猪舍要求设在前墙外面；全封闭、半封闭式猪舍可设在距南墙 40cm 处，并加盖漏缝地板。粪尿沟的宽度应根据舍内面积设计，至少有 30cm 宽。漏缝地板的缝隙宽度要求不得大于 1.5cm。

（5）门、窗 开放式猪舍运动场前墙应设有门，高 0.8～1.0m，宽 0.8m；半封闭猪舍则在运动场的隔墙上开门，高 0.8m，宽 0.6m；全封闭猪舍仅在饲喂通道一侧设门，高 0.8～1.0m，宽 0.6m。通道的门高 1.8m，宽 1.0m。无论哪种猪舍都应设后窗。开放式、半封闭式猪舍的后窗长与高皆为 40cm，上框距墙顶 40cm；半封闭式中隔墙窗户及全封闭猪舍的前窗要尽量大，下框距地应为 1.1m。

（6）隔栏 除通栏猪舍外，在一般封闭猪舍内均需建隔栏。隔栏材料基本上有两种，即砖砌墙水泥抹面及钢栅栏。纵隔栏应为固定栅栏，横隔栏可为活动栅栏，以便进行舍内面积的调节。

（7）走道 一般设三条走道，中间一条为净道，用于运送饲料、产品等，宽度为 1m，两边各设一条污道，用于运送粪污、病死猪等，宽度为 0.8m。

（8）运动场 空怀配种猪舍应设置运动场，运动场与猪舍宽度相同、长 2～3m。

2. 猪场设备

选择与猪场饲养规模和工艺相适应的、先进的、经济的设备是提高猪场生产水平和经济效益的重要措施。

(1) 猪栏

① 公猪栏、空怀母猪栏、配种栏。这几种普通型单体栏（图1-9）一般都位于同一栋舍内，因此面积一般都相等，栏高一般为1.2～1.4m，面积7～9m²。

图1-9　普通型单体栏

② 妊娠栏。妊娠猪栏有两种：一种是单体栏，另一种是小群栏。单体栏由金属材料焊接而成，一般栏长2m，栏宽0.65m，栏高1m。小群栏的结构可以是混凝土实体结构、栏栅式或综合式结构，妊娠栏栏高一般为1～1.2m。面积根据每栏饲养头数而定，一般为7～15m²。

③ 分娩栏。分娩栏（图1-10）的尺寸与选用的母猪品种有关，长度一般为2～2.2m，宽度为1.7～2.0m；母猪限位栏的宽度一般为0.6～0.65m，高1.0m。仔猪活动围栏每侧的宽度一般为0.6～0.7m，高0.5m左右，栏栅间距5cm。

图1-10　母猪分娩栏

④ 仔猪保育栏。多采用高床网上保育栏（图1-11），它是由金属编织网漏缝地板、围栏和自动食槽组成，漏缝地板通过支架设在粪沟上或实体水泥地面上，相邻两栏共用一个自动食槽，每栏设一个自动饮水器。仔猪保育栏的栏高一般为0.6m，栏栅间距5～8cm，面积因饲养头数不同而不同。

⑤ 育成育肥栏。育成育肥栏有多种形式，其地面多为混凝土结实地面或水泥漏缝地板条，也有采用1/3水泥漏缝地板条、2/3混凝土结实地面。混凝土结实地面一般有3%的坡度。育成育肥栏的栏高一般为1～1.2m，采用栏栅式结构时，栏栅间距8～10cm。

(2) 饮水设备　猪用自动饮水器的种类很多，有鸭嘴式、杯式、乳头式等。由于乳头式和杯式自动饮水器的结构和性能不如鸭嘴式饮水器，目前普遍采用的是鸭嘴式自动饮水器

图 1-11　仔猪保育栏

图 1-12　鸭嘴式饮水器

（图 1-12），它主要由阀体、阀芯、密封圈、回位弹簧、塞和滤网组成。

（3）饲喂设备

① 间歇添料饲槽　间歇添料饲槽（图 1-13）分为固定饲槽和移动饲槽。一般为水泥浇注固定饲槽。饲槽一般为长形，每头猪所占饲槽的长度应根据猪的种类、年龄而定。规模猪场，限位饲养的妊娠母猪或泌乳母猪，其固定饲槽为金属制品，固定在限位栏上。

图 1-13　间歇添料饲槽

② 方形自动落料饲槽。方形自动落料饲槽有单开式和双开式两种。单开式的一面固定在与走廊的隔栏或隔墙上，双开式则安放在两栏的隔栏或隔墙上。自动落料饲槽一般为镀锌铁皮制成，并以钢筋加固，否则极易损坏。

③ 圆形自动落料饲槽。圆形自动落料饲槽（图 1-14）用不锈钢制成，较为坚固耐用，底盘也可用铸铁或水泥浇注，适用于高密度、大群体生长育肥猪舍。

（4）猪舍的供暖设备　猪舍的供暖保温可采用集中供热、分散供热和局部保温等办法。集中供热就是猪舍用热和生活用热都由中心锅炉提供，各类猪舍的温差由散热片的多少来调节，这种供热方式可节约能源，但投资大，灵活性也较差。分散供热就是在需供热的猪舍内，安装一个或几个民用取暖炉来提高舍温，这种供热方式灵活性大，便于控制舍温，投资小，但管理不便。局部保温可采用电热箱（图 1-15）、红外线灯（图 1-16）等，这种方法简便、灵活，只需有电源即可。

图 1-14　圆形自动落料饲槽

图 1-15　电热箱

图 1-16　红外线灯

（5）防暑降温设备

① 猪舍的降温设备。有条件的猪场可以装湿帘（图 1-17）；也可让猪进行水浴；猪场修建滚浴池，供猪滚浴；或者向猪体或猪舍空气喷水，借助水的汽化吸热而达到降温的目的。猪舍内设置喷淋系统（图 1-18），定时打开，这是一种用得较多又较为经济的降温方法，不但起降温作用，又能净化空气，同时还可减少因水直接喷向猪体而给猪带来的应激。

图 1-17　湿帘

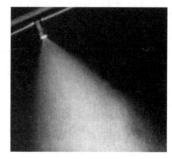

图 1-18　喷淋系统

② 机械通风设备。机械通风是指利用风机（图 1-19）强制进行猪舍内外的空气交换，常用的机械通风有正压通风、负压通风和联合通风三种。正压通风是用风机将猪舍外新鲜空气强制送入舍内，使舍内气压增高，舍内污浊空气经排气口（管）自然排走的换气方式。负压通风是用风机抽出猪舍内的污浊空气，使舍内气压相对小于舍外，新鲜空气通过进气口（管）流入舍内而形成舍内外的空气交换。联合通风则是同时进行机械送风和机械排风的通风换气方式。在高寒地区的冬季，通风换气与防寒保温存在着很大的矛盾，在进行通风换气时应认真考虑解决好这一矛盾。

【实训报告】

1. 规模化养猪场常见的养猪设备有哪些？
2. 试述猪舍的基本结构。

图 1-19　机械通风设备

实训三　猪群行为观察

【实训目标】　通过对猪群行为特点的观察，掌握猪群的行为特性，并充分利用猪群行为特性精心安排各类猪群的生活环境，使猪群处于最佳生长状态下，发挥猪的生产潜力，达到繁殖力高、多产肉、少消耗，获取最佳经济效益的目的。

【实训材料】　笔记本，各生长阶段猪齐全的养猪场。

【实训内容与操作步骤】　猪和其他动物一样，对其生活环境、气候条件和饲养管理条件等的反应，在行为上都有其特殊的表现，而且有一定的规律性。猪的行为概括分为以下类型。

1. 采食行为

猪的采食行为包括摄食与饮水，并具有各种年龄特征。分别投以颗粒料、粉料、湿料、干料进行对比，比较猪对各种料型的喜爱程度，观察猪采食的动作特征，并加以记录。

2. 排泄行为

猪的排泄行为是指观察猪排泄的地点、顺序、时间，并记录和总结。

3. 群居行为

猪的群体行为是指猪群中个体之间发生的各种交互作用。观察初生仔猪、新合群猪、已合群猪等猪群，记录其行为特点如采食顺序、有无争斗行为、有无等级顺序。

4. 争斗行为

争斗行为包括进攻和防御、躲避和守势的活动。观察新合群猪、两头幼年或成年公猪等的争斗行为，观察其争斗行为的特点并记录。

5. 性行为

性行为包括发情、求偶和交配行为，母猪在发情期，可以见到特异的求偶表现，公、母猪都表现一些交配前的行为。观察发情母猪的行为特点，公猪和发情母猪相遇时的行为特点，公猪和母猪的交配过程，并重点记录。

6. 母性行为

母性行为包括分娩前后母猪的一系列行为，如絮窝、哺乳及其他抚育仔猪的活动等。观察分娩前后的母猪，记录其行为特点，观察泌乳母猪泌乳过程并加以记录。

7. 活动与睡眠

猪的行为有明显的昼夜节律，活动大多在白昼，在温暖季节和夏天。夜间也有活动和采食，遇上阴冷天气，活动时间缩短。猪昼夜活动也因年龄及生产特性不同而有差异，仔猪昼夜休息时间平均为 60%～70%，种猪 70%，母猪 80%～85%，肥猪为 70%～85%。休息高峰在半夜，清晨 8 时左右休息最少。

哺乳母猪睡卧时间表现出随哺乳天数的增加睡卧时间逐渐减少，走动次数由少到多，时间由短到长，这是哺乳母猪特有的行为表现。

哺乳母猪睡卧休息有两种，一种是静卧，一种是熟睡。静卧休息姿势多为侧卧，少为伏卧，呼吸轻而均匀，虽闭眼但易惊醒。熟睡为侧卧，呼吸深长，有鼾声且常有皮毛抖动，不易惊醒。仔猪出生后 3 天内，除收乳和排泄外，几乎全是甜睡不动，随日龄增长和体质的增强，活动量逐渐增多，睡眠相应减少，40 天大量采食补料后，睡卧时间又增加，饱食后安静睡眠。仔猪活动与睡眠一般都尾随效仿母猪。出生 10 天后同窝仔猪便开始群体活动，单独活动很少，睡眠休息主要表现为群体睡卧。

8. 探究行为

探究行为包括探查活动和体验行为。猪的一般活动大部分来源于探究行为，大多数是朝向地面上的物体，通过看、听、闻、尝、啃、拱等感官行为进行探究，表现出很发达的探究躯力。探究躯力指的是对环境的探索和调查，并同环境发生经验性的交互作用。猪对新近探究中所熟悉的许多事物，表现有好奇、亲近两种反应，仔猪对小环境中的一切事物都很好奇，对同窝仔猪表示亲近。探究行为在仔猪中表现明显，仔猪出生后 2min 左右即能站立，开始搜寻母猪的乳头，用鼻子拱掘是探究的主要方法。仔猪探究行为的另一明显特点是用鼻拱、口咬周围环境中所有新的东西。用鼻突来摆弄周围环境物体是猪探究行为的主要方面，其持续时间比群体玩闹时间还要长。

猪在觅食时，首先是拱掘动作，先是用鼻闻、拱、舔、啃，当诱食料合乎口味时，便开口采食，这种摄食过程也是探究行为。同样，仔猪吸吮母猪乳头的序位、母仔之间彼此能准确识别也是通过嗅觉、味觉探究而建立的。

猪在猪栏内能明显地区划睡床、采食、排泄不同地带，也是用鼻的嗅觉区分不同气味探究而形成的。

9. 异常行为

异常行为是指超出正常范围的行为，如恶癖。恶癖就是对人畜造成危害或带来经济损失的异常行为，它的产生多与动物所处环境中的有害刺激有关，如被长期圈禁的母猪会持久而顽固地咬嚼自动饮水器的铁质乳头。母猪生活在单调无聊的栅栏内或笼内，常狂躁地在栏笼前不停地啃咬着栏柱。一般随其活动范围受限制程度增加则咬栏柱的频率和强度增加，攻击行为也增加，口舌多动的猪，常将舌尖卷起，不停地在嘴里伸缩动作，有的还会出现拱癖和空嚼癖。

同类相残是另一种有害恶癖，如神经质的母猪在产后出现食仔现象。在拥挤的圈养条件下，或营养缺乏或无聊的环境中常发生咬尾异常行为，给生产带来极大危害。

10. 后效行为

猪的行为有的生来就有，如觅食、母猪哺乳和性的行为，有的则是后天发生的，如学会识别某些事物和听从人指挥的行为等，后天获得的行为称"条件反射行为"，或称"后效行为"。后效行为是猪生后对新鲜事物的熟悉而逐渐建立起来的。猪对吃、喝的记忆力强，它对饲喂的有关工具、食槽、饮水槽及其方位等，最易建立起条件反射，例如，小猪在人工哺乳时，每天定时饲喂，只要按时给以笛声或铃声或饲喂用具的敲打声，训练几次，即可听从信号指挥，到指定地点吃食。由此说明，猪有后效行为，猪通过训练，都可以建立起后效行为的反应，听从人的指挥，达到提高生产效率的目的。

在整个养猪生产工艺流程中，充分利用以上猪的十个方面行为特性精心安排各类猪群的生活环境，使猪群处于最优生长状态下，发挥猪的生产潜力，达到繁殖力高、多产肉、少消耗，获取最佳经济效益。

【实训报告】

1. 猪群的行为特点有哪些？

2. 生产实际中我们怎样利用猪的行为学特性，提高猪的生产性能？

实训四　猪的活体测膘

【实训目标】　通过实验学会测膘仪的使用方法，掌握猪活体测膘的部位。

【实训材料】　超声波测膘仪、液体石蜡油或食用油、剪刀、保定器、6月龄猪、记录本等。

【实训内容与操作步骤】

1. 原理

活体超声波原理与雷达相似，能产生一束狭窄的超声波向肌肉发射，并能被不同的肌肉层反射，反射的回波通过电子元件把背膘厚度直接用荧光将数字显示出来。

2. 猪只保定

在猪舍内测量，尤其是在限饲栏内测量，无需特殊保定，让其自然站立即可，或适当给其用料饲喂保持安静。若在舍外操作可用铁栏限位或用牵猪器套嘴保定，自然站立。

3. 活体测膘测量方法

剪毛刀局部剪毛，对选定测量部位进行剪毛，尽可能剪干净，必要时用温水擦洗去皮痂。

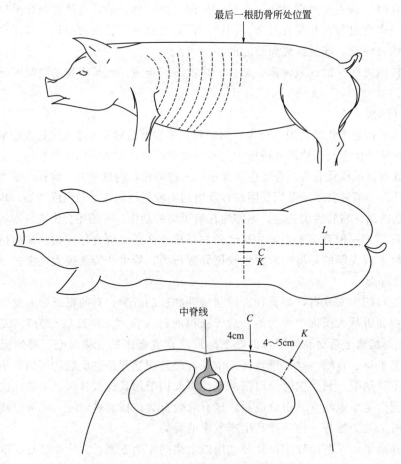

图1-20　C点、K点和L点的测量部位

探头必须蘸有足够的液体石蜡油或食用油，与皮表面垂直自然密切接触，当荧光屏上出现数字连续跳动，到红色指示灯发亮时读数，即为膘厚（包括皮肤及两层膘厚）。

4. 测量部位

（1）C 点和 K 点　见图 1-20，位于猪只最后一根肋骨处，分别距中脊线 4cm 和 8cm 处。活体膘厚 18～22mm，不低于 16mm。

（2）L 点　见图 1-20，位于猪只臀部的眼肌面积上，也在中脊线上进行测量。

【实训报告】

1. 如何用超声波测膘仪进行猪的活体测膘？

2. 每组用超声波测膘仪实际测量 2～4 头猪，将测量结果记录下来。

实训五　仔猪耳号编制

【实训目标】　掌握仔猪耳号编制的基本方法，并能识别猪的耳号。

【实训材料】　初生仔猪若干、耳缺钳、消毒棉球（5%碘酊或75%酒精）、镊子等。

【实训内容与操作步骤】　新生仔猪耳号的编制是给仔猪个体编号，是每个种猪场必做的工作。仔猪耳号编制的好坏直接影响以后各个阶段种猪生产性能的测定记录、销售种猪的档案记录以及血缘追踪记录等。

具体操作步骤如下。

（1）保定初生仔猪　徒手保定法，用一只手握住猪两后肢飞节，向上提举，使其腹部向前方，呈悬空倒立，用另一只手抱住躯干部。

（2）耳缺钳消毒　使用消毒棉球消毒。

（3）编制耳号　记录员根据本场耳号编制顺序，报告该初生个体应编制的耳号。

目前猪的耳号有两种编制方法，一种是大排列法，是指猪左耳和右耳各缺口代表的数之和，就是该猪的编号；另一种是小排列法，又称窝号法，指左耳各缺口数的和是代表窝号，右耳各缺口数之和是代表猪的个体号。但一个原种场必须统一使用一种耳号编制方法，防止耳号混乱。现分别举例说明。

① 大排列法。这种排列是"左大右小、上三下一"的编号法（图 1-21）。左耳尖缺口代表 200，右耳尖缺口代表 100；左耳洞代表 800（或 2000），右耳洞代表 400（或 1000）。所有洞缺口之和，即为猪的个体号。为了区分公母猪，通常公猪号为奇数、母猪号为偶数。

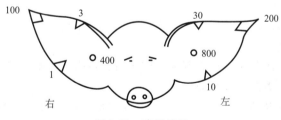

图 1-21　猪耳编号

② 小排列法。又称窝号法，左耳号数各缺口之和表示窝号，右耳各缺口数之和表示猪的个体号。左右耳上缘打大号，由耳尖到耳根的 3 个缺口分别代表 10、30、50，下缘分别代表 1、3、5；左耳尖缺口代表 200，右耳尖缺口代表 100；左耳洞代表 800（或 2000），右耳洞代表 400（或 1000）；公猪号用 1、3、5 等奇数表示，母猪号用 2、4、6 等偶数表示。

（4）打耳号　打耳号有剪耳法和耳标法两种。

剪耳法是利用耳号钳，在耳朵的不同部位打缺口，每剪一个耳缺代表一个数字，把两个耳朵上所有的数字相加，就构成了猪的耳号。耳标法是把要记录的内容（个体号、窝号、出生日期等）用打号机或记号笔记在耳标牌上，然后将耳标牌钉在猪耳易观察的部位。

（5）耳缺消毒 仔猪打完耳号后的缺口用5%碘酊涂擦耳缺处。

【注意事项】

1. 预防缺口感染发炎导致缺口粘连变形，耳缺钳使用之前用5%碘酊消毒，仔猪打完耳缺用5%碘酊涂擦耳缺处。耳缺钳每打一头消毒一次，以防交叉感染。

2. 在没有打完耳缺之前，禁止小猪寄养，特别是无色品种间。

3. 一个猪场每个耳号都是唯一的。

4. 耳根部与耳尖部之间的缺口空距要适当大一些，至少要大于耳根处或耳尖处缺口的间距，以易于区分识别缺口属耳根或耳尖。缺口深浅一致，不过深、过浅，清晰易认，缺口间距基本一致，稀疏均匀，排列整齐。

5. 应尽量避开血管，所有耳缺要适度剪到耳缘骨，不能过深，也不能过浅。

6. 新生仔猪出生后的24h内就要打耳号。最佳时间为早上7:00～9:00，下午18:00～19:00，此时环境气温稍低，猪只体温相对偏低，打耳号时流血会少些。

7. 耳号全部打完后，将耳缺钳用消毒液浸泡10～15min，洗净、擦干待下次使用。

【实训报告】

1. 假设某猪场用大排列法，5421号该如何打耳缺？请画出示意图。

2. 猪常用的个体编号除了耳缺编号法，还有哪些方法？

实训六 公猪去势

【实训目标】 了解公猪去势的目的，掌握公猪去势的方法。

【实训材料】 适龄公猪、手术刀、75%的酒精棉球、碘酊、托盘。

【实训内容与操作步骤】 公猪去势后则性情安静，打斗减少，便于管理；食欲好，增重快，有利于生长，提高肥育性能；肉脂无异味，改善猪肉品质。

1. 公猪去势的时间

商品猪场在7～10日龄给公猪去势。种猪场大多数在仔猪断奶选种后1周左右，将没有选中的公猪进行去势。

2. 公猪去势的方法

公猪去势的方法很多，如结扎法、药物去势法、徒手捻转法、手术阉割法等。目前生产中手术阉割法应用广泛。

（1）结扎法 结扎法主要用于因其他原因导致超过去势年龄公猪的去势，对较大公猪进行结扎后再除去睾丸，消毒不缝合即可。

（2）药物去势法 该方法是将药物注入睾丸内部，使睾丸红肿后变萎缩，最后失去产精能力的方法。此法四季可操作，安全又省事，成功率很高。该法虽然简单，但注射后公猪整个阴囊红肿，持续达1周以上，应激的时间较长，小公猪痛苦，生长速度减慢，并且"去势液"中的成分多为福尔马林、氯化钙等化学药品，对猪生长有一定的刺激性。

（3）徒手捻转法 用右手食指插入精索和输精管之间持睾丸顺时针旋转，直至使精索断离即可。注意所用力量尽可能使精索先扭转，否则出现输精管先断离就不利于捻转而失败，切断剩余精索后切口涂碘酊消毒。

（4）手术阉割法

① 仔猪的保定。用两只手握住小猪的两只后腿，尽量向后握，小猪头向下悬挂，使后脚与腹部大概呈 90°角，背部朝向术者进行手术。

② 消毒。用 75%的酒精棉球在阴囊及周围消毒，切忌反复擦涂。

③ 摘除两侧睾丸及输精管。左手中指背面由下向上顶住睾丸，拇指和食指捏住阴囊基部，将睾丸挤向阴囊底壁，使局部绷紧。右手持刀，在上侧睾丸突出部、与阴囊中缝平行方向用腕力将刀尖刺入，切透阴囊各层，向前后晃刀扩创，左手适当用力将睾丸挤出。左手向外牵拉睾丸，用右手拇指、食指将睾丸的鞘膜韧带撕开或用刀割断，然后用右手拇指、食指、中指三指端捏住精索，精索断开，除去睾丸。用同样方式将另一睾丸摘出。

④ 消毒。用碘酊消毒术后创口，不缝合即可。

⑤ 放猪。动作轻缓地将仔猪放回圈舍。

【注意事项】

1. 术前禁食：术前禁食 3～4h，期间只喂给适量清洁水。

2. 术后护理：术后注意观察仔猪的精神状况、体温、呼吸和粪便尿液，及时发现问题，及时采取治疗措施；喂食不宜过饱，尽量喂较稀的流食，冬天喂温食，舍内要保温。

3. 疫病流行期或有疫情威胁时，不宜去势。

4. 避免综合应激，在去势当天不要进行免疫。

5. 特别弱小仔猪暂缓去势。

6. 注意严格消毒。

7. 应选择纵行上下切割：碘酊消毒术部皮肤后，在靠近阴囊底部，纵向（上下）划开 1～2cm 的切口，睾丸即可顺利挤出。

【实训报告】

1. 写出手术阉割法去势的操作过程。

2. 亲自参与猪场的去势手术，写出实训体会。

实训七　种猪选择

【实训目标】　了解猪场种猪选择的重要性，掌握种猪选择的方法；能够根据种猪场实际情况，选出符合要求的种猪。

【实训材料】　断奶仔猪若干（或者性能测定结束的猪群）、转群车、系谱卡、选种记录单。

【实训内容与操作步骤】

1. 种公猪的选择

（1）体形外貌　要求头颈较细，占身体的比例小，胸宽深，背宽平，体躯要长，腹部平直，肩部和臀部发达，肌肉丰满，骨骼粗壮，四肢有力，体质强健，符合本品种的特征。

（2）繁殖性能　要求外生殖器官发育正常，有缺陷的公猪要淘汰；对公猪的精液品质进行检查，精液质量优良，性欲良好，配种能力强。

（3）生长育肥与胴体性能　要求生长快，一般瘦肉型公猪体重达 100kg，日龄在 175 天以下；料重比低，生长育肥期每千克增重的耗料量在 3.0kg 以下；背膘薄，100kg 体重测量时，倒数第三到第四肋骨离背中线 6cm 处的超声波背膘厚度在 2.0cm 以下。也可用体重达 100kg，由日龄和背膘厚度两个性状构成的综合育种指数的高低进行选择。

2. 种母猪的选择

（1）体形外貌　外貌与毛色符合本品种要求。乳房和乳头是母猪的重要特征表现，除要求具有该品种所应有的奶头数外，还要求乳头排列整齐，有一定间距，分布均匀，无瞎、瘪乳头。外生殖器正常，四肢强健。

（2）繁殖性能　后备种猪在 6～8 月龄时配种，要求发情明显，易受孕。淘汰发情迟缓、久配不孕或有繁殖障碍的母猪。当母猪有繁殖成绩后，要重点选留那些产仔数高、泌乳力强、母性好、仔猪育成多的种母猪。根据实际情况，淘汰繁殖性能表现不良的母猪。

（3）生长育肥性能　可参照公猪的方法，但指标要求可适当降低，可以不测定饲料转化率，只测定生长速度和背膘厚。

3. 后备种猪的选择

猪的性状是在其个体发展过程中逐渐形成的。因此，选种时应在个体发育的不同时期，有所侧重以及采用相应的技术措施。后备种猪的选择，一般经过以下四个阶段。

（1）断奶阶段选择　挑选的标准为：仔猪必须来自母猪产仔数较高的窝中，符合本品种的外形标准，生长发育好，体重较大，皮毛光亮，背部宽长，四肢结实有力，乳头数 6 对以上，没有遗传缺陷，没有瞎乳头，公猪睾丸良好，两侧对称。

（2）测定结束阶段选择　性能测定一般在 5～6 月龄结束。凡体质瘦弱、肢蹄存在明显疾患、有内翻乳头、体形有严重损征、外阴部特别小、同窝出现遗传缺陷者，可先行淘汰。要对公猪、母猪的乳头缺陷和肢蹄结实度进行普查；其余个体均应按照生长速度和活体背膘厚等生产性状构成，在综合育种阶段选留或淘汰。

（3）母猪繁殖配种和繁殖阶段选择　该时期的主要依据是个体本身的繁殖性能。母猪淘汰的依据：产仔数少，仔猪不均匀，死胎多；泌乳力差，乳头形状不好且发育不良，瞎乳头；2～3 个发情期配不上种；断奶后 2～3 个月内无发情征兆者；母性不好，有恶癖，仔猪哺育率低；年龄偏大，生产性能下降等。

（4）终选阶段　当母猪有了第二胎繁殖记录时可做出最终选择。选择的主要依据是种猪的繁殖性能，这时可根据本身、同胞和祖先的综合信息判断是否留种。同时，此时已有后裔生长和胴体性能的成绩，亦可对公猪的种用遗传性能做出评估，决定是否继续留用。

4. 性能测定猪的选择

（1）受测猪编号清楚，有三代以上系谱记录，符合品种要求，生长发育正常，健康状况良好，同窝无遗传缺陷。

（2）送测猪场必须是近 3 个月内无传染病疫情，并出具县级以上动物防疫监督机构签发的检疫证明。送测猪送测前 10 天应完成必要的免疫注射，并带有法定的免疫标识。

（3）送测前 15 天将送测猪在场内隔离饲养，测定机构派人协同场内测定员采集 2ml 血清/头，送省或省级以上动物防疫监督机构进行测定机构要求的血清学检查，根据检验结果确定送测猪只。

（4）送测猪在 70 日龄以内，体重 25kg 以内，并经 2 周隔离预试后进入测定期。

5. 种猪的选择方法

种猪的外形选择包括毛色、皮色、头型、耳型、乳房、乳头、体躯结构、体质、性特征等。

（1）毛色、皮色　每个品种都有规定的毛色、皮色，通过毛色、皮色可以判断是什么品种，或是用什么品种杂交的后代，间接判断其生产性能。

（2）头型、耳型　如同毛色、皮色一样，头型和耳型也是独立品种的显著标志之一，每个品种都有特有的头型与耳型。

（3）乳房、乳头 选择时，要求乳头6对以上，排列均匀整齐，且位置和发育良好，无瞎乳头或内翻乳头。还要注意乳头的位置和形状，乳头排列应整齐均匀，前后两乳头之间要有一定距离。

（4）体躯结构 要选择肩颈结合良好、四肢粗长、背腰平直、腹不下垂、臀部丰满、尾根高位的猪。

（5）体质 要求选择四肢强健有力，步伐开阔，行走自如，无内外八字形，无蹄裂现象，眼睛明亮、灵活，肌肉突出，皮紧而不疏松，身体结实强健的猪。

（6）性特征 要求选择生殖器官发育良好、性特征明显的猪。公猪的睾丸大小匀称而明显突出，两侧对称，阴囊紧附于体壁，没有单睾、隐睾或赫尔尼亚（阴囊疝），不过于下垂；前胸宽广；阴茎较长，包皮适中无积液，比较理想。母猪的阴户大小适中，阴户还应向上翘，有利于配种受孕。

6. 种猪的繁殖性状选择

（1）产仔数 产仔数有两个指标，即窝总产仔数和窝产活仔数。窝总产仔数是指包括木乃伊胎和死胎在内的出生时的仔猪总头数，而窝产活仔数是指出生时活的仔猪数。

（2）初生重和初生窝重 初生重是指仔猪在出生12h内所称得的个体重。初生窝重是指仔猪在出生12h内所称得全窝重。初生重和仔猪哺育率、仔猪哺育期增重以及仔猪断奶体重呈正相关，与产仔数呈负相关。

（3）泌乳力 母猪泌乳力一般用20日龄的仔猪窝重来表示，其中也包括带养仔猪，不包括已寄养出去的仔猪。

（4）断奶个体重和断奶窝重 断奶个体重是指断奶时仔猪的个体重。断奶窝重指断奶时全窝仔猪的总体重，包括寄养仔猪在内。一般都在早晨空腹时称重。

（5）断奶仔猪数 断奶仔猪数指仔猪断奶时成活的仔猪数。

7. 种猪的生长性状选择

生长性状是十分重要的经济性状和遗传改良的主要目标。在生长性状中以生长速度和饲料转化率最为重要。

（1）生长速度 通常以平均日增重来表示，平均日增重是指在一定生长肥育期内，猪平均每日活重的增长量，一般用"g"表示，其计算公式为：

$$平均日增重(g) = \frac{终重 - 始重}{育肥天数}$$

对育肥期的划分，一般是从断奶后15天开始到90kg活重时结束，或者从20～25kg体重开始，达90kg体重时结束。

（2）饲料转化率或饲料效率 一般是按生长肥育期或性能检测期每单位活重增长所消耗的饲料量来表示，即消耗饲料（kg）与增长活重（kg）的比值。

8. 种猪的胴体性状选择

（1）背膘厚度 一般是指背部皮下脂肪的厚度。测量的部位有两种，一种是测量胴体倒数第3～4根肋骨结合处，这一方法简便易行，是我国习惯采用的方法。另一种测量方法是测平均膘厚，即以肩部最厚处、胸腰椎结合处和腰荐结合处三点平均膘厚。

（2）胴体长度 胴体长度的测量有两种方法：一是从耻骨联合前缘至第一肋骨与胸骨结合处的斜长，称"胴体斜长"；一是从耻骨联合前缘至第一颈椎前缘的直长，称"胴体直长"。

（3）眼肌面积 指背最长肌的横截面积。国内一般在最后肋骨处国外在第10根肋骨处测定。胴体测定时可用游标卡尺测量眼肌的宽度和厚度，然后用公式求得，即眼肌面积＝宽度(cm)×厚度(cm)×0.7。这仅仅是近似值，方便易行。传统的方法是用硫酸纸贴在眼肌上面描绘其轮廓，用求积仪测定或用坐标纸统计面积。

（4）腿臀比例　指腿臀部重量占胴体重量的比例（％）。一般用左半胴体计算。腿臀部分的切割方法，国外多在腰荐结合处垂直背线切下，我国是在最后一对腰椎间垂直于背线切开。

（5）胴体瘦肉率　指瘦肉（肌肉组织）占所有胴体组成成分重量的比例（％）。瘦肉率测定方法是将左侧胴体去除板油和肾脏后，再将其剖析为骨、皮、肉、脂四种组分，然后求算肌肉重占四种成分总量的比例（％）。

【实训报告】

1. 在技术人员的辅助指导下，根据不同阶段种猪选择的要求，完成种公猪和种母猪的选种任务。

2. 母猪的繁殖性状怎样选择？

3. 种公猪外形选择的内容包括哪些？

实训八　猪的采精

【实训目标】　了解猪人工授精的重要性，掌握公猪采精的基本操作要领。

【实训材料】　采精室、种公猪、假猪台、消毒液、纱布、手套、聚乙烯袋（或集精杯）、保温杯、保温箱等。

【实训内容与操作步骤】　采精是人工授精的重要环节，掌握采精技术是提高采精量和精液品质的关键。

1. 采精前的准备

采精一般在采精室进行，当公猪被牵引或驱赶到采精室时，能引起公猪的性兴奋。采精室应平坦、开阔、干净、无噪声、光线充足。采精人员最好固定，以免产生不良刺激而导致采精失败，要尽可能使公猪建立良好的条件反射。设立假母猪供公猪爬跨采精，假母猪可用钢材、木材制作，高 60～70cm、宽 30～40cm、长 60～70cm，假母猪台上可包一张加工过的猪皮。

（1）公猪的调教　调教公猪在假台猪（图 1-22）上采集是一件比较困难而又细致的工作，训练人员要耐心，反复训练，不可操之过急或粗暴地对待公猪，一般未经自然交配过的青年公猪比本交过的年长公猪容易训练。调教方法一般有以下三种。

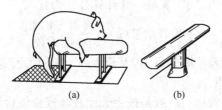

图 1-22　公猪爬跨假台猪（a）和假台猪（b）

① 在台猪后部涂撒发情旺盛的母猪尿液或公猪副性腺分泌物，被调教的公猪来到台猪前嗅到特殊气味，诱发公猪性欲而爬跨，如一次不成，可反复训练，即能成功。

② 在假母猪旁边放一头发情母猪，诱发公猪的性欲和爬跨后，不让交配而把公猪拉下，爬上去、拉下来，反复多次，当公猪性欲冲动至高峰时，迅速牵走或用木板隔开发情母猪，引导公猪直接爬跨假母猪采集，经过几次反复训练，即可成功。

③ 将待调教的公猪拴系在假母猪附近，让其目睹另一头已调教好的公猪爬跨假母猪，引起冲动，然后诱使其爬跨台猪，便可进行采精。总之，调教公猪要有耐心，反复训练，切不可操之过急，忌强迫、抽打、恐吓。

（2）物品准备　应准备好集精杯，以及镜检、稀释所需的各种物品，若采用重复使用的器材，在每次使用前应彻底冲洗消毒，然后放入高温干燥箱内消毒。

（3）采精人员的准备 采精人员的指甲必须剪短磨光，充分洗涤消毒，用消毒毛巾擦干，然后用75％的酒精消毒，待酒精挥发后即可进行操作。

2. 采精

徒手采精，见图1-23。

图1-23 徒手采精

（1）将消毒的纱布和集精杯用1％氯化钠溶液冲洗，拧干纱布，折为4层，罩在消毒后的集精杯口上，然后用橡皮筋套住，放入37℃的恒温箱内预热。

（2）将手洗净，戴上用75％酒精溶液消毒过的一次性胶皮手套，用0.1％高锰酸钾溶液消毒假母猪后躯，以及公猪的阴茎包皮、周围皮肤，再用清水冲洗消毒液，并用毛巾擦干。

（3）当公猪爬上假台猪后，采精员蹲在假台猪左后侧，戴手套的手待公猪阴茎挺出时，迅速握住阴茎，并使其伸入空拳中。

（4）待公猪阴茎伸入空拳后，此时手要由松到紧有弹性、有节奏地握住螺旋状的龟头，使之不能转动。待阴茎充分勃起前伸时，顺势牵引向前，同时手指要继续有节奏地施以压力即可引起射精。

（5）公猪俯伏不动时表示开始射精。公猪最先排出的稀薄精液主要为副性液体，不必收集。等射出较浓厚的乳白色精液时，立即以左手持集精杯收集。公猪射完一次精后，可重复上述手法促使公猪第二次射精。

（6）公猪射精完毕后，顺势将阴茎送回包皮中，并将公猪轻轻赶下假猪台送回公猪栏。

（7）采集的精液，先将过滤纱布及上面的胶体丢掉，用盖子盖住采精杯，迅速传递到精液处理室进行检查、处理。

3. 打扫

公猪从假猪台下来，赶回公猪舍后，将假猪台周围清扫干净，特别是公猪精液中的胶体、稀薄的精液和残留尿液。并用消毒液消毒，备下次使用。

【注意事项】

1. 手握阴茎的力量适度，应以不让其滑落并能抓住为准。用力太小，阴茎容易脱掉，采不到精；用力太大，一是容易损伤阴茎，二是公猪很难射出精液。

2. 保证公猪的射精过程完全，不能过早中止采精。

3. 采精时间应安排在采食后2～3h进行，饥饿状况时和刚喂饱时不能采精，最好是固定每次采精时间。在气温较高的季节，采精应在气温凉快时进行。

4. 公猪包皮部位消毒后，必须用清水洗净，并擦干。否则残留液滴入精液后，会导致精子死亡或污染精液。

5. 采精频率：成年公猪每周2～3次，青年公猪（1岁左右）每周1～2次。避免公猪长期不采精或过度采精，造成公猪恶癖。

6. 采精杯上套的四层过滤用纱布，使用前不能用水洗，若用水洗则要烘干，因水洗后，相当于采得的精液进行了部分稀释，即使水分含量较少，也将会影响精液的浓度。

7. 需保持采精环境安静，并注意自身安全。平时要善待公猪，不要强行驱逐、恐吓；进入正常采精前要对公猪进行调教，让公猪形成条件反射；采精时要坚持一贯的采精方式和采精时间，切不可随意更改。用于采精的假猪台要坚固，安装的位置和高度要合适，并保证其没有锐利的边角，防止伤害公猪。

【实训报告】

1. 生产实践中如何训练种公猪？

2. 练习配合采精员进行徒手采精的操作过程。

实训九　精液品质检查、稀释和保存

【实训目标】　会检查精子密度、活力，采用正确的方法稀释精液并将之保存。

【实训材料】　猪鲜精液、载玻片、盖玻片、电子天平、恒温显微镜、计数器、精子密度仪（或者血细胞计数板）、蓝墨水、95%酒精。

【实训内容与操作步骤】　检查前，将精液转移到37℃水浴锅内预热的烧杯中，或直接将精液袋放入37℃水浴锅内保温，以免因温度降低而影响精子活力。整个检查活动要迅速、准确，一般在5～10min内完成。

1. 感官检查

（1）射精量　精液量的评定以电子天平（精确至1～2g，最大量程3～5kg）称量，一般1g精液的重量相当于1ml精液的体积，故不必将精液倒入量筒内评定其体积，否则将导致较多的精子死亡。公猪的新鲜精液量应在150～500ml，平均200ml。

（2）色泽　猪精液因为精子密度小，正常情况下呈淡乳白色或淡灰白色。精液颜色发生异常，说明公猪的生殖器官有疾患。如精液呈浅绿色可能混有脓液，呈淡红色可能混有血液，呈淡黄色可能混有尿液。

（3）气味　正常的精液一般略带腥味，如果精液异常，则会有臭味。

2. 活力

精子活力又叫精子活率，是指直线前进运动的精子占总精子数的比例（%）。采精之后和精液稀释后都要进行活力检查。在检查精液活力时要用加热37℃左右的载玻片，用无菌玻璃棒蘸取混合均匀的精液一滴，用压片法立即在显微镜视野下观察计数。

精子活力一般采用10级一分制，即在显微镜下观察一个视野内的精子运动，若全部直线运动，则活力为1.0；有90%的精子呈直线运动，则活力为0.9；有80%的呈直线运动，则活力为0.8，依次类推。鲜精液的精子活力以大于或等于0.7才可使用，当活力低于0.6时，则应弃去不用。

3. 精子密度

精子密度指每毫升精液中含有的精子数量，它是用来确定精液稀释倍数的重要依据。

（1）估测法　这种方法不用计数，用眼观察显微镜下精子的分布，精子与精子之间的距离小于一个精子的长度为"密"；精子与精子之间的距离相当于一个精子的长度为"中"；精子与精子之间的距离大于一个精子的长度为"稀"。

（2）精子密度仪法　其基本原理是精子透光性差，精清透光性好。选定一定波长的一束光透过稀释的精液，光吸收度将与精子的密度呈正比的关系，根据所测数据，查对照表可得出精子的密度。

操作步骤为：按"on/off"开关键打开测试仪，波长调至测试用波长（470～570nm），对照（稀释液），测试精液密度，读数，查数据对照表，得出精液密度。

（3）血细胞计数板计数法　是用手动计数器和血细胞计数板来统计精子密度的方法。

① 稀释精液。用3％的NaCl溶液稀释精液（杀死精子）。

② 检查血细胞计数板。取一块洁净的计数板，盖上盖玻片，在低倍镜下找出计数板的中方格和小方格。

③ 滴加精液。用血细胞吸管吸取具有代表性的稀释后精液，再将吸管尖端置于血细胞计数室和盖玻片交界处的边缘上，吸管内的精液自动渗入计数室内，使之自然、均匀地充满计数室。注意不要使精液溢出盖玻片，也不可因精液不足而使计数室内有气泡或出现干燥处，否则应重新操作。静放2～3min，开始计数。

④ 镜检。在高倍镜下计数5个中方格（四角一中央或者任意一条对角线）内精子总数。若精子压计数室的线，则以精子头为准，按照快速连接"数上不数下，数左不数右"的原则计数。

⑤ 计算。代入公式进行计算。

1ml原精液内的精子数＝5个中方格数的精子数×5×10×1000×稀释倍数

为了减少误差，应对同一样品做2～3次重复，求其平均值。

4. 精液的稀释和保存

（1）稀释液的配制

① 选择稀释剂。根据猪精液要保存时期的长短，选择短期型或者长期型；查看所选择的稀释剂的使用说明及生产日期。

② 确定稀释时间。精液稀释液应在精液稀释前1～2h配制。精液稀释剂完全溶解后，要求静置40～50min。

③ 取1000ml或2000ml蒸馏水。

④ 将蒸馏水加热到30℃左右时，将相应质量的精液稀释剂完全倒入相应体积的蒸馏水中，必要时可用水冲洗精液稀释剂袋内壁。

⑤ 在稀释容器中加入磁力搅拌器（或者玻璃棒）搅拌20min，有助稀释剂溶解。

⑥ 将配置好的稀释液放入35℃的恒温水浴槽中水浴加热，确保使用前稀释液整体加热到35℃。

（2）稀释精液

① 稀释前检查精子活力和密度，确定稀释倍数。

② 稀释液与精液同温处理。将精液与稀释液放在同一个30℃的水浴锅中做等温处理。

③ 稀释。将稀释液缓慢沿杯壁倒入精液中，并轻轻摇动。

④ 稀释后检查活力，以确定稀释成功与否。

（3）精液的保存　猪精液常采用常温保存法，放到16～17℃恒温箱内保存。

【注意事项】

1. 检查活力时取样要有代表性。

2. 观察活力用的载玻片和盖玻片应事先放在37℃恒温板上预热，由于温度对精子影响较大，温度越高精子运动速度越快，温度越低精子运动速度越慢，因此观察活力时一定要预热载玻片、盖玻片，尤其是在17℃精液保存箱的精子，应在恒温板上预热30～60s后观察。

3. 观察活力时，应用盖玻片。

4. 评定活力时，显微镜的放大倍数要求100倍，而不是400倍。因为如果过大，使视野中看到的精子数量少，评定不准确。

【实训报告】

1. 根据实验体会，讨论目测法、精子密度仪法、血细胞计数板计数法的优缺点，分析三种方法测定精液密度产生差异的原因。

2. 将本次实验观察结果分别填入表 1-9 内，说明该原精液是否可用于输精。

表 1-9　种猪精液品质检查登记表

耳号	品种	采精日期	采精量/ml	色泽	气味	密度	活力	稀释倍数

实训十　猪的配种

【实训目标】　利用母猪发情的规律，学会进行母猪的发情鉴定；正确操作母猪人工输精技术。

【实训材料】　0.1％高锰酸钾溶液、一次性胶皮手套、输精器、发情盛期母猪、输精管、符合输精要求的精液、消毒液、毛巾、记录本等。

【实训内容与操作步骤】

1. 母猪发情征兆

（1）母猪发情周期　母猪达到性成熟后就会开始发情，从上次发情到下次发情开始的间隔时间称为发情周期。母猪发情周期平均为 21 天（19～23 天），每次发情的持续时间为 2～3 天，大多数经产母猪在仔猪断乳后的 3～7 天，可再次发情排卵、配种受胎。

（2）发情各期特征　发情初期，母猪兴奋性逐渐增加，常在栏内走动，食欲下降，外阴部发红、微肿，并流出少量透明黏液，常爬跨其他母猪或接受其他母猪爬跨。发情盛期，外阴部红肿达到高峰，流出白色浓稠带丝状黏液，阴户红色变暗，当公猪接近时，顿时变得温驯安静，愿意接受公猪爬跨、交配。此时用力按压腰部时，母猪静立不动，两耳耸立，尾向上举。这种发情时对压背产生的特征性反应称为"静立反射"。这时表明母猪发情正处于盛期，应及时配种。输精的有效时间是在出现"静立反射"开始后12～24h。

2. 发情鉴定

母猪是否发情，可以通过"一看、二听、三算、四按背、五综合"的方法进行鉴定。

（1）"一看"，即看母猪外阴变化、行为变化和采食情况。

① 外阴变化　发情母猪外阴变化包括阴户肿胀与消退，阴户颜色变化，黏液量多少，黏膜颜色的变化。

阴户肿胀是发情母猪表现出的最早征象，但输精要掌握在阴户肿胀消退至出现明显皱褶，阴户已基本恢复到发情以前的状况时进行。要注意初产母猪的皱褶没有经产母猪的明显。在阴户肿胀的同时颜色也随之变红，中后期变淡。输精适期以阴户颜色接近平常时为宜。发情初期阴道分泌黏液较少，略呈白色，持续时间较短；以后变稠、变少，再后变得透明；后期变稠、变少，在阴户端部几乎不再有黏液时输精比较适宜。黏膜颜色的变化一般以红色转变为粉红色时输精比较适时，初产或老龄母猪以黏膜呈淡红色时输精为宜。

② 行为变化　母猪发情的精神状态大多数为安静型，少数为兴奋型和隐性型。发情初期表现为不安、走动、有爬跨行为；中后期甚至发呆、站立、隔栏静望，对声音刺激灵敏，竖耳静听。

③ 采食情况　母猪发情食欲略有变化，采食时间延长，不像平时狼吞虎咽与争食。

（2）"二听"，即听母猪的叫声。母猪发情初期常发出哼呜声，声音短而低，呈间断性。

（3）"三算"，即算母猪发情周期、发情持续期、断奶隔离期。通过计算"三期"，可为预知发情期及适时输精提供参考。母猪发情期一般为3～4天，少数为2～3天。如果低于2天或超过4天，就属非正常发情，需要查明原因。

（4）"四按背"，即按母猪背部刺激部位，确定输精时间。在母猪发情期内，最好每隔2～4h按背测试一次，这样有利于把握最佳输精时间。

（5）"五综合"，即根据"一看、二听、三算、四按背"的情况进行综合分析，找出母猪的发情规律，确定最佳配种时间。

每天最好进行两次试情（每天上午6:30～8:30和下午16:30～19:30进行发情检查），即在安静的环境下，有公猪在旁时，压背以观察其"静立反射"。试情公猪选用善于交谈、唾沫分泌旺盛、行动缓慢的老公猪。

人工授精过程主要包括采精、精液品质检查、稀释、保存、运输和输精六个方面。

3. 输精

输精是指用输精管将稀释精液注入发情盛期母猪的生殖道。在自然交配时，公猪阴茎可以直接伸到子宫内射精，输精时也应模拟自然交配方式，使输精管通过子宫颈进入子宫体。猪的阴道和子宫颈结合处无明显界限，所以给猪输精时不需使用开腔器。

（1）清洗消毒　先用0.1%高锰酸钾溶液清洗消毒待配母猪外阴、尾根及臀部周围，再用温水浸湿毛巾擦干；输精人员双手经清洗消毒。

（2）输精操作　输精时，母猪自然站立，阴户及其周围用0.1%高锰酸钾溶液冲洗干净。输精人员右手拿输精管插入母猪阴户，先向上插入15cm左右，然后水平缓缓插进，直至感到有较大阻力的子宫颈为止，插入深度为20～40cm，再慢慢推压注射器，使精液徐徐注入子宫颈内。每次输精时间为3～10min，时间太短，不利于精液的吸收，时间太长则不利于工作的进行。输精完毕，慢慢拉出输精管，然后用手按压母猪腰部3min即可。

从精液贮存箱中取出输精瓶，确认公猪品种、耳号。缓慢摇匀精液，用剪刀剪去封头，接到输精管上开始输精。抬高输精瓶，使输精管外端稍高于母猪外阴部，同时按压母猪背部，刺激母猪使其子宫收缩产生负压，将精液自然吸收。绝不能用力挤压输精瓶，将精液快速挤入母猪生殖道内，否则精液易出现倒流。若出现精液倒流时，可停止片刻再输。

4. 填写记录

输精完毕，认真填写母猪配种记录卡配种信息，包括发情母猪耳号、胎次、发情时间、外阴部变化、压背反应等。

【注意事项】

1. 输精时间：正常的输精时间为5～15 min，时间太短，不利于精液的吸收，太长则不利于工作的进行。

2. 在输精后不要用力拍打母猪臀部，以减少精液倒流。

3. 每头母猪在一个发情期内至少输精两次，两次输精间隔8～12h。

4. 输精结束后，应在10min内避免母猪卧下，防止精液倒流。

【实训报告】

1. 汇总母猪发情的表现。

2. 在母猪人工输精前写出正确的操作过程。

实训十一　猪的饲料配方设计

【实训目标】　依据猪常用饲料原料合理配方，使之能够满足不同生理阶段猪的需求；

会全价饲料配制的方法。

【实训材料】 饲料原料营养成分表，猪饲养标准与营养需要表，饲料原料，计算器等。

【实训内容与操作步骤】

1. 选择常用的饲料原料

（1）能量饲料 包括玉米、小麦、大麦、稻谷、高粱、小麦麸、米糠。

（2）蛋白质饲料

① 动物性蛋白质饲料 鱼粉、肉粉/肉骨粉、血粉、羽毛粉、蚕蛹粉。

② 植物性蛋白质饲料 豆饼粕、菜籽饼粕、棉籽饼粕、花生饼粕。

（3）矿物质饲料 石灰石粉、贝壳粉、蛋壳粉、石膏、骨粉、磷酸盐、氯化钠、碳酸氢钠。

示例：某养猪户现有玉米粉、麦麸、木薯粉、统糠、鱼粉、花生饼、骨粉、钙粉、食盐等，拟配合一个 60～90kg 二元杂交肥育猪日粮。

2. 猪饲料配制

第一步，60～90kg 二元杂交肥育猪的饲料标准为消化能 12.12MJ/kg、粗蛋白 13.6%、钙 0.44%、磷 0.35%、食盐 0.5%、粗纤维 8%（三元杂交猪要求更高）。

第二步，从饲料营养成分表（表 1-10）中查出各营养成分。

由于各种原料的产地不同，所含的营养成分也有所不同，所以在查各营养成分时要根据产地来查。

第三步，按能量或饲料比例分配营养进行初步搭配，一般分配营养原则，其中能量料占 50%～60%，蛋白质料占 15%～30%，糠麸类占 15%～25%，试配日粮如表 1-11。

另外，算得试配日粮的粗纤维为 8.6%，赖氨酸含量为 0.55%。

表 1-10 饲料营养成分表

饲料	质量/kg	消化能/(MJ/kg)	粗蛋白/%	粗纤维/%	钙/%	磷/%
玉米粉	1	14.63	8.5	2.00	0.04	0.21
木薯粉	1	14.21	3.7	2.40	0.07	0.05
麦麸	1	10.98	13.7	6.8	0.22	1.05
统糠	1	4.34	5.8	30.9	0.12	0.44
花生饼	1	14.26	43.8	5.8	0.32	0.59
鱼粉	1	13.84	65.0	0	3.91	2.9
骨粉	1				48.79	4.06
石粉	1				37.0	0.02

表 1-11 试配日粮各项指标的计算

饲料	比例/%	消化能/(MJ/kg)	粗蛋白/%	钙/%	磷/%
玉米粉	45	14.63×45%=6.58	8.5×45%=3.82	0.04×45%=0.018	0.21×45%=0.0945
木薯粉	10	14.21×10%=1.42	3.7×10%=0.37	0.07×10%=0.007	0.05×10%=0.005
花生饼	10	14.26×10%=1.43	43.8×10%=4.38	0.32×10%=0.032	0.59×10%=0.059
统糠	20	4.34×20%=0.87	5.8×20%=1.16	0.12×20%=0.024	0.44×20%=0.088
麦麸	10	10.98×10%=1.10	13.7×10%=1.37	0.22×10%=0.022	1.05×10%=0.105
鱼粉	5	13.84×5%=0.69	65×5%=3.25	3.91×5%=0.196	2.9×5%=0.145
合计		12.08	14.35	0.299	0.496

第四步，试配日粮成分与标准进行比较，见表1-12。

表 1-12 试配日粮成分与标准营养成分比较表

项目	消化能 /(MJ/kg)	粗蛋白/%	钙/%	磷/%	粗纤维/%	赖氨酸/%	食盐/%
标准	12.12	13.6	0.44	0.35	8	0.59	0.5
试配日粮	12.08	14.35	0.299	0.496	8.6	0.55	未加
差值	−0.04	+0.75	−0.141	+0.146	+0.6	−0.04	−0.5

通过比较发现试配日粮消化能少0.04MJ/kg，粗蛋白多0.75%，均不超过5%范围，一般不需要进一步调整。但是钙少0.141%，磷多0.146%，钙磷比例极不合理，所以，需要补充一些钙制剂，同时，由于磷含量在上述饲料植物原料中有一半以上是以植酸态磷形式存在，不能被动物消化吸收，所以，实际上只能算一半（这是个估计原则，即植物饲料中的磷含量一般只能算一半），所以，除去鱼粉中的磷含量可以吸收（为0.145%），其他的0.351%只能算一半为0.18%，加起来有效磷只有0.325%。

补充钙可以使用磷酸氢钙0.8%左右，即可以满足钙和磷的需要和比例合理等要求。如果是无鱼粉配方，需要添加磷酸氢钙1%～1.2%。食盐则考虑到原料中已含有部分钠和氯，所以，只需要添加0.35%左右。再补充维生素和微量元素预混料。

最后的配方是：玉米粉43%、麦麸10%、木薯粉10%、统糠20%、鱼粉5%、花生饼10%、磷酸氢钙粉0.8%、食盐0.35%，复合维生素适量，微量元素预混料适量，后两者按说明书用量使用。

确定日粮喂量的方法：

① 每天喂量（kg）＝每天每头采食能量总量(MJ)/每千克混合料含能量（MJ）。

② 按猪的体重计算喂量＝实际体重×系数，系数为小猪0.06～0.07、中猪0.04～0.05、大猪0.03～0.04，即猪的采食量系数。

3. 配制猪的预混饲料（即添加剂饲料）

饲料添加剂（又叫预混料）能够解决饲料营养不全面的问题，能提高猪的食欲，促进猪对饲料的消化、吸收、合成，从而达到增重快的目的，可分为营养性添加剂、非营养性添加剂、生物添加剂等。

自配的饲料一定要补充饲料添加剂，而如果用市场上购买的浓缩猪料精来配料，则不能放添加剂。因为浓缩猪料精中已含有各种添加剂，完全能满足猪生长的需要，若再放，就会因某种物质的过量，反而效果不好，有时还会引起猪中毒，同时又造成浪费。利用添加剂加入精饲料中，一定要拌匀，不然也会局部过量或引起中毒。含添加剂的饲料不宜存放过久，添加剂遇热会起化学反应而失效。

4. 配制猪用浓缩饲料

浓缩饲料由蛋白质饲料、添加剂预混料和矿物质饲料按一定比例混合而成。在浓缩饲料中已有能满足猪生长发育所需要的蛋白质、矿物质、微量元素、维生素、促生长抗生素等营养成分配料时，只要按照饲料袋内的配方加入一定比例的能量饲料（玉米、麦麸等）即可配制成全价配合饲料。浓缩饲料使用量一般为20%～30%。

【注意事项】

1. 注意灵活应用饲养标准，科学确定饲料配方的营养标准。

2. 注意饲料原料的质量和可利用性，选用时应考虑以下几点：①原料的营养含量；

②饲料原料的消化率与体积；③原料的适口性；④原料营养成分之间的适宜配比；⑤饲料原料的可利用性。

3. 需应用先进技术，优化配方成本设计。如：①以理想蛋白质模式理论为基础设计配方；②组合应用非营养性添加剂；③应用小肽的营养理论指导饲料配方；④应用配方软件技术提高配方设计的科学性和准确性。

4. 注意正确限制配方中养分的最低限量与最小超量。

5. 注意饲料的安全性和合法性。

【实训报告】

1. 结合猪饲料的配制，请总结需要注意哪些问题？

2. 请给哺乳母猪设计一份配合饲料配方。

实训十二　后备猪的饲养管理

【实训目标】　能科学制定后备猪的营养需要，正确饲养并管理。

【实训材料】　后备猪舍、后备猪、饲养设备等。

【实训内容与操作步骤】

1. 后备母猪的饲喂量控制

后备母猪的日粮应含消化能 12.96MJ/kg，粗蛋白 15%，赖氨酸 0.7%，钙 0.82%和磷 0.74%。选择配种的后备母猪至少应经历两个发情周期，体重 115~125kg，背膘厚达 17~20mm。

80~90kg 的后备母猪，日粮蛋白质 14%，日采食量不超过 2kg。猪的食欲，一般傍晚最盛，早晨次之，中午最弱，在夏天这种趋向更为明显。因此，在一日内每次的给料量可按下列大致比例分配：早晨 35%、中午 25%、傍晚 40%。

2. 后备猪管理

(1) 合理分群　为使后备猪生长发育均匀整齐，60kg 以前按体重大小分成小群饲养，每圈 4~6 头；60kg 以后按体重大小和性别再分成每圈 2~3 头，此时可根据膘情进行限量饲喂，防止种猪过肥。

(2) 适度运动　既可促进骨骼的良好发育，四肢更为灵活和坚实，防止过肥或肢蹄不良，又可以保证健康的体质和性活动能力，防止发情失常和寡产。为了增强后备种猪的体质，在培育过程中必须安排运动。运动有运动场内自由运动、驱赶运动和放牧运动等形式。后备猪舍要设置专用的运动场。每天驱赶运动 1~2h，驱赶时速度不宜太快。

(3) 调教管理　调教是后备猪培育管理中的一项重要工作。后备猪从小就要加强调教管理，一要严禁粗暴对待猪只，建立人与猪的和睦关系，利用称重、喂食等进行口令和触摸的亲和训练，使猪愿意接近人，以利于将来采精、配种、接产、哺乳等操作管理。对后备猪的敏感部位触摸（耳根、腹侧、乳房等部位），这样既便于以后的管理、疫苗注射，还可促进乳房的发育。二要训练猪只养成良好的生活习惯，特别是每天的工作日程不要随便发生变动，如定时吃料、定点排泄、定时睡觉，定时进行猪舍清扫、冲洗、消毒等。三是在后备公猪达到配种年龄和体重时，应及时进行配种和采精的调教。

(4) 定期称重和测量　为了掌握后备猪的生长发育情况，最好按月龄测量体长和体重，6 月龄以后，应测量活体背膘厚。任何品种的猪都有一定的生长发育规律，要求后备猪在不同月龄阶段有相应的体尺与体重。通过比较各月龄体重、体尺变化，适时调整饲料的营养水平和饲喂量，达到品种发育要求，并及时淘汰发育不良的后备猪。

（5）日常管理　后备猪要注意防寒保温和防暑降温，保持环境干燥和清洁卫生。另外，后备公猪要经常进行放牧或驱赶运动，既保证食欲，增强体质，又可避免造成自淫的恶癖。后备母猪要适应不同的猪舍环境，与老母猪一起饲养，与公猪隔栏或直接接触，促进母猪发情。

（6）配种管理　后备猪生后5月龄体重应控制在75～80kg，6月龄达到95～100kg，7月龄控制在110～120kg，8月龄控制在130～140kg。后备母猪的配种一是选择体重接近的公猪，体格过大的公猪容易压坏母猪；二是后备母猪发情后配种时机与经产母猪不同，一般比经产母猪配种时间推迟半天左右，因为后备母猪发情持续时间比较长，配种过早会出现受胎率低、产仔数少等现象。

3. 后备猪的利用

待后备猪生理及身体发育达到完全成熟时期，即可用之配种。

在正常情况下，我国地方品种的小母猪，可在7月龄左右体重达75kg开始配种；引入的国外品种8～10月龄，体重达110～130kg开始配种。而且以经历了两次发情周期，再配种使用为宜。

4. 后备猪的防疫

后备母猪配种前应根据免疫程序进行防疫工作，如猪瘟、口蹄疫、伪狂犬病、细小病毒病、乙脑等。

【注意事项】

1. 在配种前必须抽样检测抗体水平，可以弥补以前工作的不足。

2. 初产母猪的抗体水平普遍低于经产母猪，对一些易发疾病应加强免疫。

3. 注射疫苗时一定要操作到位，部位不准确或剂量不足都会造成免疫失败。

4. 灭活疫苗在首次注射时必须注射两次，如口蹄疫、伪狂犬病等。

【实训报告】

1. 在养猪生产中怎样做到"人猪亲和"？

2. 如何使后备猪的繁殖年龄和体重同时达到标准要求？

3. 育肥猪和后备母猪营养需要的区别是什么？

实训十三　公猪的饲养管理

【实训目标】　明确公猪饲养技术要求与标准；学会公猪喂饲、公猪利用、公猪运动和猪舍环境调控等公猪饲养技术。

【实训材料】　后备公猪若干头、成年公猪若干头。种公猪舍、公猪栏、饲料、公猪饲养与管理用具等。

【实训内容与操作步骤】

1. 公猪的饲养

教师结合猪舍、公猪进行讲解，并根据实际情况进行演示操作说明。

（1）公猪的营养需要　公猪配种期日粮，消化能12.96MJ/kg，粗蛋白14%～15%。形成精液的必需氨基酸有赖氨酸、色氨酸、甲硫氨酸等。公猪的日粮钙磷比例以1.25∶1为宜。

（2）饲喂量与饲料类型　正常情况下，成年公猪的日粮量为2.5～3kg/头；非配种期间日粮量为1.5kg/头左右。对于青年公猪为了满足自身生长发育需要，可增加日粮给量10%～20%。种公猪每日饲喂次数为2～3次，其饲料类型多选用干粉料或生湿料。

（3）饲养方式 现代化养猪情况下，母猪实行全年均衡分娩，公猪需常年负担配种任务，因此全年都要均衡地保持公猪配种所需要的高营养水平。

2. 公猪的管理

教师结合猪舍、公猪进行讲解，并根据实际情况进行演示操作说明。

（1）创造适宜的环境条件

① 适宜的温度。成年种公猪舍适宜的温度为 18～20℃。冬季猪舍要防寒保温，以减少饲料的消耗和疾病的发生。夏季高温要防暑降温，炎热时每天冲洗公猪，必要时采用机械通风、喷雾降温、地面洒水和遮阳等措施，并且配种工作应在早晨或晚上温度较低时进行。

② 适宜的湿度。猪适宜的相对湿度为 60%～75%。舍内温度过低，如空气中湿度增加，就会加剧猪体的寒冷感。因此，防止高湿尤为重要。

③ 良好的光照。种公猪每天光照时间为 8～10h，光照强度为 100～150lx。

（2）加强运动 足够的运动可以促进食欲、增强体质、提高性欲和精液品质。如果运动不足，种公猪表现性欲差，四肢软弱，影响配种效果。每天驱赶运动 1km 左右可提高配种能力，增强体质。

（3）刷拭和修蹄 每天用刷子给公猪全身刷拭 1～2 次，可促进血液循环，增加食欲，减少皮肤病和外寄生虫病。同时要注意种公猪的肢蹄健康情况，经常进行修蹄护理。

（4）防止自淫 自淫是公猪最常见的恶癖。防止公猪自淫的措施是杜绝不正常的性刺激：将公猪舍建在远离母猪舍的上风向，不让公猪见母猪，闻不到母猪气味，听不到母猪声音。如果公猪群饲，当公猪配种后带有母猪气味，易引起同圈公猪爬跨，可将公猪配种休息 1～2h 后再回舍。

（5）进行精液品质检查 精液品质的好坏直接影响受胎率。在配种季节到来前 20 天，就应对精液品质进行检查，检查精子的数量、密度、活力、颜色和气味等。在配种季节即使不采用人工授精，也应每隔 10 天检查一次精液。应根据精液品质的变化，及时调整营养、运动和合理利用之间的平衡。

（6）建立正常的管理制度 定时饲喂、饲水、运动和洗浴刷拭，合理安排配种，使公猪建立条件反射，养成良好的生活习惯，可以增强体质，提高配种能力。从公猪断乳起就要结合每天的刷拭对公猪进行合理调教。训练公猪要以诱导为主，切忌粗暴乱打，使公猪对人产生敌意，养成咬人恶癖。可通过经常接触建立感情而便于管理。

（7）做好防暑降温 降温措施有：在猪舍小运动场外面上方种植藤蔓植物，如葡萄、丝瓜等，做好遮阴棚，既绿化，又产生经济效益；在小运动场上方设淋浴或喷雾装置，用给公猪身体淋水的方法散热，或用喷洒水雾降低舍内气温。

（8）公猪的合理利用

① 初配年龄。最适宜的初配年龄一般根据品种、年龄和体重确定。小型早熟品种应在 6～8 月龄，体重 70～80kg，大中型品种应在 8～10 月龄，体重 90～120kg，开始初配。

② 利用程度。公猪配种利用过度会降低精液品质，影响受胎率。如公猪长期不配种，导致性欲不旺盛，精液品质差，造成母猪不受胎。两岁以上的公猪最好一天配种一次，每周应休息一天。青年公猪配种，2～3 天配种一次。配种时间应在饲喂 2h 后进行，早晚各一次。在本交情况下，1 头公猪可负担 20～30 头母猪的配种任务。

③ 利用年限和合理更换 公猪的利用年限为 2～2.5 年，育种场 1～1.5 年。对特别优秀的种公猪可延长至 4～5 年。

公猪的年替换率为 40%～50%。种公猪淘汰原则：精液品质差；性欲低，配种能力差；与配母猪分娩率及产仔数低；患肢蹄病；体躯笨重；对人有攻击行为。

【注意事项】

1. 更换饲料要逐渐增减，不得突然换料。

2. 严格禁止饲喂发霉变质饲料，料槽要及时清理。

3. 在供料的同时，要保证有充足的饮水。

【实训报告】

1. 公猪的饲养管理要点有哪些？

2. 在生产中如何调教公猪？

3. 如何利用好种公猪？

实训十四　妊娠母猪的饲养管理

【实训目标】　了解妊娠母猪的饲养管理技术，掌握饲养管理要点，灵活应用于生产实际中。

【实训材料】　妊娠母猪舍、妊娠母猪、饲养设备。

【实训内容与操作步骤】　饲养妊娠母猪的目的在于保证胎儿在母体内得到充分的发育，防止化胎、死胎和流产，生产出数量多、体质强、初生重的仔猪。同时，还要保持母猪中等以上的膘情，为泌乳期多产乳储备足够的营养物质。

1. 依据不同妊娠期母猪的特点选择正确的饲养方式

妊娠母猪的饲养应采用"低妊娠、高泌乳"的原则，即妊娠前期在一定的限度内降低营养水平，到妊娠后期再适当提高营养水平。整个妊娠期内，经产母猪增重保持 $30 \sim 35kg$，初产母猪增重保持 $35 \sim 45kg$ 为宜（均包括子宫内容物）。母猪在妊娠初期采食的能量过高，会导致胚胎死亡率增高。

（1）妊娠前期（配种至 28 天）　饲养目标是减少胚胎的死亡。此阶段应饲喂妊娠母猪料，饲喂量 $1.6 \sim 2.0kg/d$，对体况差的断奶母猪增加 $0.15 \sim 0.25kg/d$。日粮营养水平为：消化能 $12.12 \sim 12.54MJ/kg$，粗蛋白 $14\% \sim 15\%$。

（2）妊娠中期（29～84 天）　保证胎儿发育的需要和母猪自身代谢的需要。日喂量 $2.3 \sim 3.0kg$，以保持母猪的中等膘情；同时饲粮应适当提高粗纤维的水平，增加饱感，防止便秘。要严防日粮采食过多，导致母猪肥胖。

（3）妊娠后期（85 天至分娩）　仔猪初生重的 $60\% \sim 70\%$ 都是在这一阶段生长完成的，因此对产前 4 周的妊娠母猪应加强营养，促进胎儿快速生长，并为母猪产后泌乳作一些储备。日饲喂量为 $2.8 \sim 3.5kg$，一般从分娩前 5 天开始逐渐减少饲喂量，分娩当天喂 $0.5 \sim 1.0kg$。日粮营养水平为：消化能 $12.96 \sim 13.3MJ/kg$，粗蛋白 $16\% \sim 17\%$，赖氨酸在 0.8% 以上。

2. 妊娠母猪的管理

（1）防暑降温、防寒保暖　妊娠母猪适宜的温度为 $18 \sim 22℃$，相对湿度为 $50\% \sim 70\%$。环境温度影响胚胎的发育，特别是高温季节，胚胎死亡会增加。夏季降温措施一般有洒水、洗浴、搭凉棚、通风、湿帘降温等。

（2）及时进行妊娠诊断　配种后 18～24 天以及 39～45 天对母猪进行妊娠诊断，及时发现未受孕的母猪，便于采取措施及时补配。

（3）避免机械损伤　妊娠母猪应防止相互咬架、挤压、滑倒、惊吓和追赶等一切可能造成机械性损伤和流产的现象发生。因此，妊娠母猪应尽量减少合群和转圈，调群时不要赶得太急；妊娠后期应单圈饲养，防止拥挤和咬斗；不能鞭打、惊吓猪，防止造成流产。

(4) 适当运动　妊娠的第一个月以恢复母猪体力为主，要使母猪吃好、睡好、少运动。此后，应让母猪有充分的运动，一般每天运动1～2h。妊娠中后期应减少运动量，或让母猪自由活动，临产前5～7天应停止运动。

(5) 注意环境卫生，预防疾病　母猪子宫炎、乳房炎、乙型脑炎、流行性感冒等都会引起母猪体温升高，造成母猪食欲减退和胎儿死亡。因此，做好圈舍的清洁卫生，保持圈舍空气新鲜，认真进行消毒和疾病预防工作，防止乳房发炎、生殖道感染和其他疾病的传播，是减少胚胎死亡的重要措施。

(6) 做好驱虫、灭虱工作　猪的蛔虫、猪虱等内外寄生虫会严重影响猪只健康状况，影响猪对营养物质的消化吸收，可以传播疾病，并容易传染给仔猪。因此，在母猪配种前或妊娠中期，最好进行一次药物驱虫，并经常做好灭虱工作。

【注意事项】

1. 妊娠母猪饲粮中要搭配适量的青绿饲料或粗饲料，使母猪有饱感，防止便秘和胃溃疡发生，降低饲养成本。

2. 保证饲料品质优良，不喂发霉、腐败、变质、冰冻或带有毒性和强烈刺激性的饲料，以防止引起母猪流产。饲料种类不宜经常变换。

3. 根据妊娠母猪的年龄、胎次、体况、舍温等灵活掌握饲喂量。

【实训报告】

1. 如何根据妊娠母猪的膘情进行合理饲喂？

2. 在生产实践中，为何要对妊娠母猪进行分阶段饲养？

实训十五　母猪的妊娠诊断

【实训目标】　能正确对妊娠母猪进行妊娠诊断，做好保胎工作，提高分娩率。

【实训材料】　妊娠母猪舍、妊娠母猪、饲养设备、超声波诊断仪、耦合剂等。

【实训内容与操作步骤】　早期妊娠诊断可以缩短母猪空怀时间，缩短母猪的繁殖周期，提高年产仔窝数；早期妊娠诊断有利于保胎，提高分娩率。可选择如下早期妊娠诊断方法进行诊断。

1. 外部观察法

母猪配种后，经一个发情周期未表现发情，基本认为母猪已妊娠，其外部表现为：疲倦贪睡不想动，性情温驯步态稳，食欲增加上膘快，皮毛发亮紧贴身，尾巴下垂很自然，阴户缩成一条线。相反，若精神不安，阴户微肿，则是没有受胎的表现，应及时补配。

2. 返情检查法

返情检查法是根据母猪配种后18～24天是否恢复发情来判断是否妊娠的一种方法。生产中，一般配种后母猪和空怀母猪都养在配种猪舍，在对空怀母猪查情时，用试情公猪对配种后18～24天的母猪进行返情检查。若母猪出现发情表现，说明没有妊娠；若没有发情表现，说明已经妊娠。

3. 超声波早期诊断法

超声波法是把超声波的物理特点和动物组织结构的声学特点密切结合的一种物理学诊断法。目前在养猪生产中应用的主要有A型和B型超声波妊娠诊断仪。

(1) A型超声波诊断法　A型超声波诊断仪体积小、携带方便、操作简单、价格便宜，其发射的超声波遇到充满羊水而增大的子宫就会发出声音以提示妊娠。一般在母猪配种后

30 天和 45 天进行 2 次妊娠诊断，探测部位在母猪两侧后肋腹下部、倒数第 1 对乳头的上方 2.5cm 处，在此处涂些植物油，然后将妊娠诊断仪探头紧贴在测定部位，拇指按压电源开关，对子宫进行扫描。如果仪器发出连续的"嘟嘟"声即判定为阳性，说明母猪已妊娠；若发出断续的"嘟嘟"声则判定为阴性，说明母猪没有妊娠。

（2）B 型超声波诊断法　B 型超声波诊断仪可通过探查胎体、胎水、胎心搏动及胎盘等来判断妊娠阶段、胎儿数及胎儿状态等，具有时间早、速度快、准确率高等优点。一般在配种后 22～40 天进行妊娠诊断。母猪不需保定，只要保持安静即可。母猪体外探查在下腹部、后腿部、前乳房上部。猪被毛稀少，探查时不必剪毛，但要保持探查部位的清洁，探查时涂耦合剂即可。22～24 天断层声像图能显示完整孕囊的液性暗区；超过 25 天，在完整孕囊中出现胎体反射的较强回声；超过 50 天，能见到部分孕囊和胎儿骨骼回声，均可确认为妊娠。

探查方法为：靠近后肢股内侧的腹部或倒数第 1～3 对乳头之间，探头与体轴平行朝向母猪的泌尿生殖道进行滑动扫查或扇形扫查。探到膀胱后，向膀胱上部或侧面扫查（图 1-24）。

识别影像图：妊娠时间不同其影像表现及探测方法都是不一样的。根据胎儿发育的不同阶段把整个妊娠期大致分为 3 个时期：妊娠早期（22～45 天）探查时要以膀胱前方的子宫区域为主，这时的影像图主要以完整形状规则的孕囊及其胎体反射为主要特征（图 1-25）。妊娠中期（45～60 天）是胎儿骨骼钙化的时期，这期间胎体占整个孕囊的比例逐渐增大，羊水所占比例减小，胎儿骨骼逐渐钙化完全，所以影像表现上以逐渐清晰的骨骼影像为主，一般不易见到像早期那样形状规则的孕囊和胎体。妊娠后期（60 天后）胎儿骨骼钙化已经完全，胎儿体积较大，所以探查时主要是以观察胎儿骨骼的纵切面为主，特别是胎儿胸腔的纵切面更为直观。这期间的探测位置要逐渐前移，并且探测方向应逐渐向前以适应子宫角的增大和前移。

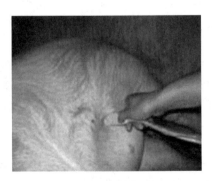

图 1-24　猪妊娠探查

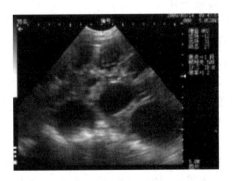

图 1-25　猪妊娠 30 天影像

【实训报告】

1. 母猪妊娠有哪些临床表现？
2. 简述用 B 型超声波诊断仪进行妊娠检查的方法。

实训十六　母猪的分娩与接产

【实训目标】　观察分娩预兆及分娩过程，掌握母猪的分娩诊断方法和接产技术。

【实训材料】　临产母猪若干头，0.1％ $KMnO_4$ 溶液、生理盐水、5％碘酊、来苏儿、剪刀、耳号钳、注射器、毛巾、水盆、秤、仔猪哺乳记录卡片等。

【实训内容与操作步骤】

1. 母猪分娩前准备

母猪的妊娠期为114天。根据预产期,在母猪临产前5~7天准备好产房,产房内要求温暖干燥,清洁卫生,舒适安静,阳光充足,空气新鲜,温度在20~22℃,相对湿度为65%~75%。

产房在母猪调入前必须进行彻底冲洗和消毒。产前一周将母猪赶入产房,让母猪适应新的环境。母猪进产房前要用温和的肥皂水清洗,清除脏物和病原体。产前要将母猪腹部、乳房及阴户附近的污物清除,然后用2%~5%的来苏儿溶液消毒,消毒后清洗擦干,等待分娩。

此外,还应准备好接产用具,如消毒药品、照明灯具、剪刀、仔猪保温箱、母猪产仔记录卡、耳号钳等。

2. 母猪分娩前的护理

临产前5~7天应按日粮的10%~20%减少精料,并调配容积较大而带轻泻性饲料,可防止便秘。分娩前10~12h不要喂料,应供应饮水,冷天水要加温。

3. 母猪分娩征兆

(1)乳房变化 母猪在分娩前3周左右,腹部急剧膨大下垂,乳房从后到前依次逐渐膨胀,乳头呈"八"字形分开,至产前2~3天,更为潮红,乳头挤出乳汁。一般来说,前面乳头能挤出乳汁时,约24h产仔;中间乳头挤出乳汁时约12h产仔;最后一对乳头挤出乳汁时,约5h产仔。

(2)外阴部变化 母猪产前3~5天外阴部红肿异常。

(3)行为变化 母猪产前行动不安,叼草做窝,食欲减退。由于骨盆开张,则尾根两侧下陷,俗称"塌胯"。当母猪时起时卧,频繁排尿,趴卧不动,体躯一阵一阵抖动时,为阵痛开始。当阴部流出稀薄、稍带黏膜和粉红色的黏液时称"破水",则表示仔猪即将产出。

4. 母猪的接产

(1)擦干黏液 母猪整个接产过程要求保持环境安静,动作迅速准确。仔猪产出后,立即用清洁的毛巾擦净仔猪口腔和鼻腔周围的黏液,再用毛巾擦净仔猪体表的黏液。

(2)断脐带 断脐操作要领:"一勒、二断、三消毒"。断脐时先将脐带内的血液挤向仔猪腹部,在脐带距腹部4cm处,用浸泡碘酊的线结扎后,用消毒剪刀剪断,或用拇指、食指掐断脐带,用5%碘酊消毒脐部,如脐带断后仍然流血,可用手指捏住断端3~5min,即可压迫止血。

5. 母猪分娩后的护理

母猪分娩后,身体极度疲劳虚弱,消化能力差,不愿吃食和活动,此时不要急于喂料,只喂给热麸皮盐水即可,也可以喂给益母草水,以便解渴通便、去恶露。分娩当天可喂0.5~1.0kg饲料,产后2~3天不应喂料过多、过饱,宜用易消化的饲料调成粥状饲喂,并加喂适量青绿饲料,然后逐渐加量,5~7天后达到哺乳母猪的饲养标准和喂量。

母猪分娩后应立即用温水与消毒液清洗消毒母猪乳房、阴部与后躯血污,并更换垫草,清除污物,保持垫草和圈舍的清洁干燥。经常保持产房安静,让母猪充分休息,尽快恢复正常。保持母猪乳房和乳头的清洁卫生,减少仔猪吃奶时的污染。

6. 母猪分娩过程中特殊情况应对

(1)假死仔猪的急救 有的仔猪产出后呼吸停止,但心脏和脐带动脉还在跳动,这种现象称为"假死"。如果立即对假死仔猪进行救护,一般都能救活,使仔猪迅速恢复呼吸。急救方法有以下几种。

① 人工呼吸。将假死的仔猪仰卧在垫草上，然后左右手分别握住仔猪肩部与臀部，腹部朝上，双手向腹中心方向回折，并迅速复位，双手一屈一伸反复进行，一般经过几次来回，就可以听到仔猪猛然发出声音，如法徐徐重做，直到呼吸正常为止。

② 呼气法。立即用清洁毛巾清除仔猪口腔、鼻内和体表的黏液，再对准仔猪鼻孔吹气。

③ 拍胸拍背法。倒提仔猪后腿，促使黏液从气管排出，并用手连续轻拍其胸部，促其呼吸，直至发出叫声。

④ 药物刺激法。即用酒精、氨水等刺激性强的药液涂擦于仔猪鼻端，刺激鼻腔黏膜恢复呼吸。

⑤ 捋脐法。尽快擦净胎儿口鼻内的黏液，将头部稍高置于软垫草上，在脐带 20～30cm 处剪断。一手捏紧脐带末端，另一手自脐带末端捋动，每秒 1 次，反复进行不得间断，直至救活。一般情况下捋 30 次假死仔猪出现深呼吸，40 次仔猪发出叫声，60 次左右仔猪可正常呼吸。

(2) 难产处理 母猪超过预产期 3～5 天，仍无临产症状；母猪有羊水排出，长时间剧烈阵痛，但仔猪仍产不出，母猪呼吸困难，心跳加快，应实行人工助产。

从排出第一头仔猪到最后一头仔猪，正常分娩时，约需 1～4h（每头仔猪排出的间隔时间约 5～25min），超过 5～12h，说明有难产迹象。

一般可用人工合成催产素，用量按每 50kg 体重 1 支（1ml），注射后 20～30min 可产出仔猪。如注射催产素仍无效，可采用手术掏出。人工助产操作步骤如下所述。

施行手术前，应剪磨指甲，用肥皂水洗净，以 2% 来苏儿消毒双手和手臂，涂润滑剂。同时将母猪后躯、肛门和阴门用 0.1% KMnO$_4$ 溶液洗净，助产人员将左手五指并拢，成圆锥状，趁着母猪努责间歇时慢慢伸入产道，伸入时手心朝上，抓住仔猪两后腿，随母猪努责慢慢将仔猪拉出。

助产过程中，动作必须轻缓，切勿损伤产道和子宫。手术后，母猪应注射抗生素或其他抗炎症药物。若母猪产道过窄，助产无效时，可以考虑剖腹产。

(3) 及时清理 产仔结束后，应及时将产床、产舍打扫干净，排出的胎衣随时清理，以防母猪由吃胎衣养成吃仔猪的恶癖。

【注意事项】

1. 母猪分娩当天必须减料，分娩时不要喂料。

2. 加强母猪产前护理，及时让母猪恢复体能。产后让母猪尽快站起来走动，先补水，少量喂料。

【实训报告】

1. 母猪分娩前有哪些临床症状？如何准备相关工作？

2. 在生产中如何判定假死仔猪，你认为采用哪种急救方法效果最好？

3. 下列资料：妊娠期为 114 天，断奶后 7 天可发情配种已确定，试用线段加说明的方法做出年产 2.4 窝猪的计划。

实训十七　哺乳母猪的饲养管理

【实训目标】 科学饲喂哺乳母猪提高母猪的泌乳能力，做到母子体质健壮，保证母猪的正常繁殖体况。

【实训材料】 分娩舍、哺乳母猪、饲养设备等。

【实训内容与操作步骤】

1. 制订哺乳母猪的营养与饲喂需要

(1) 充分满足营养需要 母猪的日粮应含消化能 12.96MJ/kg，粗蛋白 15%，保证各种必需氨基酸需要。

(2) 掌握好喂料量 产后不宜喂料太多，经 3~5 天逐渐增加喂料量，至 7 天后母猪采食和消化正常，日喂量应达到 5.5~7.5kg。以产仔 10 头为例，日喂量应不少于 5.5kg，每增减 1 头仔猪应增减喂量 0.5kg。

(3) 饲喂次数 母猪哺乳期每日饲喂 4 次为好，每次饲喂的时间要固定，时间以每天的 6:00、10:00、14:00 和 22:00 为宜。

(4) 保证充足的饮水 母猪哺乳阶段需水量大，猪乳中的水分含量多达 80%，只有保证供给充足清洁的饮水，才能有正常的泌乳量，猪舍内最好设置自动饮水器和贮水设备，使母猪随时都能饮到水。

2. 哺乳母猪的管理

(1) 创造良好的环境条件 母猪哺乳舍最适温度为 18~22℃，相对湿度为 50%~70%，而新生仔猪最适温度为 35℃，控制好温度是养好母猪和仔猪的关键措施。猪舍内要保持温暖、清洁、干燥、空气新鲜；舍内要保持安静，让母猪充分休息好；冬季要注意防寒保温，舍内应有取暖设备。夏季要注意防暑，增设降温设施，加强通风。

(2) 保护母猪的乳房和乳头 母猪乳房、乳腺的发育与仔猪的吸吮有很大关系，特别是头胎母猪，一定要尽量多的乳头都能被利用，以免未被吸吮利用的乳房发育不良，影响到今后的泌乳能力。圈栏应平坦，高床产栏要去掉围栏和漏缝板的锋利突出物，防止剐伤乳头。

(3) 加强观察 要及时观察母猪采食、粪便、精神状态及仔猪的生长发育，以便判断母猪的健康状态。有异常情况应及时采取措施。

【注意事项】 哺乳母猪的饲料喂量和组成要相对稳定，切忌突然变化，不喂发霉变质和有毒饲料，以免影响乳的质量而引起仔猪腹泻。

【实训报告】 妊娠母猪与哺乳母猪在管理上有何区别？

实训十八　空怀母猪的饲养管理

【实训目标】 正确掌握空怀母猪的饲养管理技术。

【实训材料】 空怀母猪舍、空怀母猪、饲养设备等。

【实训内容与操作步骤】 正常饲养管理条件下，在仔猪断乳时哺乳母猪应有 7~8 成膘，断乳后 5~7 天就能再发情配种，开始下一个繁殖周期。

1. 空怀母猪的饲养

(1) 促使母猪尽快干乳 在仔猪断乳前几天，母猪还能分泌相当多的乳汁，为了防止断乳后母猪患乳房炎，在断乳前后 2 天要减少饲料量。断乳时消瘦的母猪，断乳前可以不减料，断乳后及时优饲增加喂料量，使其尽快恢复体况，及时发情配种。

(2) 合理供给营养 哺乳母猪经过 21~28 天哺乳期，多数母猪比较瘦弱，如不及时复膘，发情将会推迟甚至不发情。对空怀母猪配种前的短期优饲，有促进发情排卵和容易受胎的良好作用。空怀母猪每千克饲料一般含消化能 11.70~12.10MJ、蛋白质 12%~

13%。

① 满足营养需要，合理搭配饲料。饲料配合注意多样化，合理搭配，确保饲料的全价性。应补充青绿多汁饲料，有利于恢复母猪繁殖机能的正常，以便及时发情配种。

② 根据体况调整饲喂量。空怀母猪1天饲喂3次。饲料形态一般以湿拌料、稠粥料较好，有利于母猪采食。中等膘情以上每天喂料量2.5～3kg，一旦配种后，立即降至每天1.8～2.0kg。要注意针对母猪个体酌情增减饲料喂量，母猪过于肥胖应适当减少喂量，以利减肥；过于瘦弱则应适当增加喂量，以使其尽快恢复种用体况。

2. 空怀母猪的管理

（1）创造适宜的环境　空怀母猪适宜的温度为15～18℃，相对湿度为65%～75%。猪舍要注意保持清洁卫生、干燥、空气流通、采光良好。每天上午、下午各清扫1次猪舍，认真训练母猪定点排粪尿。

（2）合理分群，加强管理　空怀母猪有单栏饲养和小群饲养两种方式。单栏饲养，即将母猪固定在单体栏内饲养，活动范围很小。小群饲养是根据母猪体质强弱、品种等，将4～6头同时断乳的母猪饲养于同一栏内。群饲空怀母猪可促进发情，一旦出现发情母猪后，可以诱导其他母猪发情，同时也便于管理人员观察和发现发情母猪，做到及时配种。

（3）做好选择淘汰　母猪的空怀期也是进行选择淘汰的时期，选择标准主要是看母猪繁殖性能的高低、体质情况和年龄情况。首先应把那些产仔数明显减少、泌乳力明显降低、仔猪成活数很少的母猪淘汰。其次，把那些体质过于衰弱而无力恢复、年龄过于老化而繁殖性能较低的母猪淘汰，以免降低猪群的生产水平。

（4）认真观察，及时输精　哺乳母猪通常在仔猪断乳后5～7天左右就会发情。观察时间在早饲前和晚饲后，每天观察2次。母猪不发情应检查原因，并及时采取有效的措施促进发情配种，如补料催情、母猪合群运动、乳房按摩和公猪诱情等方法。若以上方法无效时可采用激素催情，给不发情母猪注射孕马血清1～2次，每次肌内注射5ml，或者用绒毛膜促性腺激素，肌内注射1000IU。

（5）及时治疗疾病　如果空怀母猪体况不能及时恢复，也不能正常发情配种，很可能是疾病造成的。母猪泌乳期内物质消耗很多，往往会因营养物质失衡而造成食欲不振、消化不良等消化系统疾病以及一些体内代谢病。有些母猪则可能因产仔而患有生殖系统疾病，如子宫细菌感染造成子宫炎等。因此，要认真检查和治疗空怀母猪疾病，以使其能够正常发情配种。

【实训报告】

1. 母猪在仔猪断乳后10天仍然不发情，应采取哪些措施控制母猪发情？
2. 发情母猪最适宜的配种时间是什么？
3. 一个发情期内母猪配种几次为好？

实训十九　哺乳仔猪的饲养管理

【实训目标】　正确饲养哺乳仔猪，减少其死亡率，增加体重。

【实训材料】　分娩舍、哺乳仔猪、仔猪保温箱、电热板、补料箱、饮水器、台秤、垫草、毛巾、耳号钳、剪尾钳、剪牙钳、硫酸亚铁、牲血素、右旋糖酐铁钴合剂、碘酊、0.1%新洁尔灭溶液等。

【实训内容与操作步骤】　哺乳仔猪是指从出生至断乳前的仔猪。减少仔猪死亡率和增加仔猪体重是养好哺乳仔猪的关键。

1. 抓乳食、过好初生关

此阶段仔猪的死亡率较高，而仔猪死亡的原因主要是冻死、压死或下痢死亡，因此，应做好保温、防压、及早吃初乳等工作。

（1）固定乳头，吃足初乳　初乳是指母猪分娩后 3 天内分泌的乳汁。初乳中蛋白质含量高，是常乳的 3 倍，特别是初乳中免疫球蛋白的含量高，是仔猪抗体的主要来源，而脂肪的含量相对较低。其次，初乳中的维生素 A、维生素 D、维生素 C 等也比常乳高 10～15 倍，维生素 B_1、维生素 B_2 含量也相当丰富。第三，初乳中含有多量的镁盐，具有轻泻作用，能帮助仔猪排出胎粪。因此，初乳是初生仔猪不可缺少的食物，对仔猪培育过程至关重要。

（2）加强保温，防冻防压　仔猪刚出生时适宜的温度是 35℃，1～3 日龄为 30～32℃，4～7 日龄为 28～30℃，8～14 日龄为 25～28℃，15～30 日龄为 22～25℃，2～3 月龄为 20～22℃。如果不能满足上述要求，仔猪就不能很好地发育，因此保温工作非常重要。

2. 抓开食，过好补料关

仔猪生后 5～7 天即可开食，生产中常采用自由采食方式，将诱食料投放在补料槽内，让仔猪自由采食。开始几天将仔猪赶入补料槽旁边，投放 30～50g 的仔猪开食料，上、下午各一次。经过 7～14 天，仔猪可学会吃料。

（1）铁铜合剂补饲法　仔猪生后 3 日龄起补饲铁铜合剂。把 2.5g 硫酸亚铁和 1g 硫酸铜溶于 1000ml 水中配成溶液，装于奶瓶中，每日 1～2 次，每头每日 10ml。

（2）补铜　铜有维持红细胞生成的作用，如果血液中铜的含量低于 $0.2\mu g/ml$，会导致贫血。铜的缺乏不像铁那么严重，补料后，仔猪能从饲料中摄取铜，需要量一般为 6mg/kg 日粮。

（3）补硒　仔猪生后 3～5 天肌内注射 0.5ml 0.1% 亚硒酸钠和维生素 E 合剂，断乳后再注射 1ml。对已吃料的仔猪，可在每千克饲料中添加 0.15mg 的硒。另外，母猪分娩前 20～25 天肌内注射 0.1% 亚硒酸钠和维生素 E 合剂，按 0.1ml/kg 体重，也可以防止仔猪缺硒。

（4）水的补充　目前规模化猪场都给产房或产床安装了仔猪饮水的自动饮水器，以保证哺乳仔猪随时饮水。

3. 抓旺食，过好断乳关

仔猪随着消化机能逐渐完善和体重的迅速增长，食量增加，进入旺食阶段。为了提高仔猪的断乳重，应加强这一时期的补料。补饲次数要多，以适应肠胃的消化能力。哺乳仔猪每天补饲 5～6 次，其中夜间 1 次，每次食量不宜过多，以不超过胃肠容积的 2/3 为宜。

4. 仔猪寄养

母猪所生的仔猪由于种种原因，需要别的母猪代养，称为寄养。

寄养的原因：产仔过多，限于母猪的体质、泌乳力和乳头数不能哺育过多的仔猪；产仔过少，若让其继续哺育较少的仔猪不划算；母猪产后泌乳不足；母猪死亡。

5. 编号、剪牙、断尾

给仔猪编号是为了在育种工作中区分猪只；将仔猪的獠牙（犬齿）剪去，是为了防止仔猪在哺乳时咬伤母猪的乳头；将仔猪的尾巴剪去，是为了防止猪长大后被其他猪咬伤流血，其方法是用钳子剪去仔猪尾巴的 1/3（约 2.5cm）。在操作时要注意皮肤、器械的消毒，防止感染。

（1）用 3% 碘酊涂擦皮肤消毒。

（2）用 0.1% 新洁尔灭溶液浸泡消毒耳号钳、剪尾钳、剪牙钳。

6. 去势

商品猪场的小公猪、种猪场不能作种用的小公猪，可在断乳前进行去势。生长发育良好的仔猪，可于出生后 7 日龄去势。注意皮肤、器械的消毒，防止感染；病猪不阉、饱食不阉。

7. 预防疾病

哺乳仔猪抗病能力差，消化机能不完善，容易患病死亡。在哺乳期间对仔猪危害最大的是腹泻病。仔猪腹泻病是一种总称，它包括多种肠道传染病，常见的有仔猪红痢、仔猪白痢、仔猪黄痢、传染性胃肠炎等。

【注意事项】

仔猪寄养时应注意以下几点。

1. 母猪产期相近：最好不超过 3 天，如果超过 3 天，仔猪体重相差太大，会出现大欺小的现象，影响小仔猪的发育。

2. 仔猪寄养前吃足初乳：不吃初乳的仔猪不易养活。

3. 寄母要生性温顺，泌乳量高，只有这样的母猪才能哺育好多头仔猪。

4. 干扰母猪的嗅觉：母猪主要通过嗅觉辨认自己的仔猪，为避免母猪闻出寄养仔猪的气味不对而拒绝哺乳，要干扰母猪的嗅觉。

5. 患病的仔猪不要寄养。

【实训报告】

1. 仔猪的乳食如何饲喂？

2. 简述哺乳仔猪的饲养管理的主要方面与内容。

实训二十　断乳仔猪的饲养管理

【实训目标】　科学合理饲喂仔猪，使其顺利断乳并健康成长。

【实训材料】　断乳仔猪、高床保育栏、电热板、补料箱、饮水器等。

【实训内容与操作步骤】　断乳仔猪是指从断乳至 70 日龄的仔猪。培育断乳仔猪的关键是保持饲料、饲喂和猪舍的卫生，实行科学的饲养管理，减少断乳仔猪腹泻的发生。

养好断乳仔猪，过好断奶关，必须做到"三维持、三过渡"，即维持在原圈管理，维持原来的饲料组成和原来的饲养方式，维持原窝转群和分群；15 天后再逐步做好饲料逐渐过渡，饲养制度逐渐过渡和环境控制逐渐过渡。

1. 确定断乳日龄

规模化猪场在 21～28 天断乳，21 天母猪子宫恢复已经结束，创造了重新配种的条件，有利于提高下一胎繁殖成绩。

2. 仔猪断乳

（1）一次断乳法　就是当仔猪达到预定的断乳日龄时，直接将母猪与仔猪分开。由于断乳突然，仔猪易因食物及环境的突然改变而引起消化不良，影响仔猪的生长发育。同时又容易使泌乳较充足的母猪乳房胀痛，甚至引起乳房炎，因此，这种方法对母猪和仔猪都不利。但由于此法最简单，生产中普遍采用。为了防止母猪发生乳房炎，应于断乳前后 3 天减少母猪饲喂量，同时加强母猪与仔猪的护理。

（2）逐渐断乳法　在断乳日龄前 4～6 天，把母猪赶到另外的圈舍中与仔猪分开，然后，每天定时放回原圈喂乳，其喂乳次数逐渐减少。这种方法避免了仔猪和母猪遭受突然断乳的刺激，对母仔都有益，但比较麻烦。

（3）分批断乳法 根据仔猪的生长发育情况，先将发育好、食欲强的仔猪断乳，而发育差的则延长哺乳期。这对发育差的仔猪有利，但对母猪特别不利，易得乳房炎。

3. 断乳仔猪饲养

为了使断乳仔猪尽快适应断乳后的饲料，要做到两点。

（1）对哺乳仔猪进行强制性补料，并且在断乳前减少母乳的供给，迫使仔猪在断乳前就能采食较多的饲料，使消化道得到充分的锻炼，以适应断乳的应激。

（2）对断乳仔猪实行饲料和饲喂制度的过渡 饲料的过渡就是仔猪断乳后的 7 天内应保持原饲料不变，仍喂哺乳期饲料，7 天后再逐渐过渡到断乳仔猪料。

饲喂方法的过渡是仔猪断乳后 3～5 天最好采用限量饲喂的方式，每天喂八成饱，大约为 160g 饲料，5 天以后再逐渐采用自由采食的饲喂方式。否则，仔猪往往因过食而造成腹泻，生产上应特别注意。饲喂次数也应与哺乳期一致，一般为 5～6 次。

4. 断乳仔猪管理

（1）环境过渡 仔猪断乳后开始几天很不安定，常嘶叫寻找母猪。为了减轻断乳后的这种应激，要求仔猪断乳后在原圈原窝饲养一段时间，待仔猪适应断乳的刺激后再将其转入仔猪培育舍，也就是采用赶母留仔的方式。在转群时原窝仔猪作为一群直接转入仔猪培育舍，但如果一窝仔猪过多或过少时，则需重新分群。

（2）创造良好的环境条件

① 温度。仔猪断乳后最适宜的温度为 15～22℃。为能保持这一温度，冬季要采取保温措施，较好的如暖气、热风炉。夏季可采用喷雾降温或湿帘降温等。

② 湿度。仔猪培育舍应保持干燥，相对湿度在 60%～75% 之间比较合适。

③ 清洁卫生。圈舍要彻底清扫消毒，并空闲 1～2 周后方可进猪。进猪后舍内外也要经常清扫，定期消毒。

5. 调教管理

新断乳转群的仔猪吃食、卧睡、饮水、排泄区尚未固定位置，所以，要加强调教训练，要及时进行采食、排泄、卧睡"三点定位"调教，使其建立条件反射，既可保持栏内卫生，又便于清扫。

6. 控制咬尾、咬耳

仔猪断乳后，常常发生咬尾、咬耳现象，这不仅影响了猪的休息，更严重的是可能造成猪只的伤亡。

（1）咬尾、咬耳的原因 一是长期形成的吸吮习惯，仔猪断乳后虽然找不到母猪，但还保留吸吮习惯，这时可能会把其他仔猪的尾巴、耳尖当作乳头来吸吮，进而导致咬尾、咬耳的发生。二是由于营养不良，特别是饲料中缺乏维生素、矿物质（Ca、P、Fe、Cu、Zn、I）、食盐等，造成仔猪异嗜癖。三是环境不佳，通风不良或拥挤，仔猪不安，增加了仔猪的烦躁，相互攻击。

（2）防治 改善饲养管理；饲喂全价配合饲料；保证良好的通风和合理的饲养密度；设置玩具（如铁链、玉米秸、石块等），分散其注意力。

（3）治疗 一旦发生咬尾，要将咬尾者和被咬者隔离，并对被咬伤者及时治疗。原猪舍中撒放红土或干净的红砖、微量元素、石粉等让猪拱（啃）食。

7. 仔猪的免疫

为确保仔猪和整个猪群的安全，在仔猪阶段要进行必要的免疫。因各地各场的疫病流行情况不同，其免疫程序也应有所不同。较为科学的做法是对猪群进行免疫测定，并根据测定结果制定本场的免疫程序（表 1-13）。

表 1-13 仔猪主要传染病免疫程序

疾病名称	疫苗接种时间
猪瘟	首免 21 日龄,二免 65～70 日龄,用猪瘟弱毒疫苗
猪丹毒	50～60 日龄接种,用猪丹毒、猪肺疫二联疫苗
猪肺疫	50～60 日龄接种,用猪丹毒、猪肺疫二联疫苗
仔猪副伤寒	首免 30～40 日龄,二免 70 日龄,用本地菌株制苗效果最好
猪萎缩性鼻炎	3～7 日龄和 21 日龄进行 2 次免疫,非疫区可不免疫
猪喘气病	7～15 日龄首免弱毒疫苗,2 周后再接种灭活疫苗
猪口蹄疫	灭活苗肌内注射:20kg 以下 1ml,25kg 以上 2ml,2 周后同剂量进行二免

【注意事项】

1. 断乳后应避免综合应激,断乳是对仔猪较大的刺激,此时应避免其他刺激,如疫苗的注射、去势等。

2. 仔猪适当控料,防止腹泻。

3. 转入保育舍 7 天内尽量保证舍内温度 25～28℃。

4. 断乳仔猪要及时调教,让仔猪尽快养成"三点"定位习惯。

【实训报告】

1. 仔猪的断乳方法有哪几种?

2. 如何降低断乳仔猪的死亡率?

3. 如何提高仔猪的断乳窝重?

实训二十一 育肥猪的饲养管理

【实训目标】 科学饲养育肥猪,正确管理和提高猪场经济效益。

【实训材料】 育肥猪、饲养设备等。

【实训内容与操作步骤】 饲养生长育肥猪是养猪生产最后一个环节,在规模化猪场,生长育肥猪头数约占总数的50%～60%,消耗的饲料占各类猪总耗料量的 75%左右。育肥猪的生长性能和饲料转化率的高低直接影响猪场的经济效益。

1. 育肥猪生产前的准备

为保证猪只健康,预防疫病发生,在进猪之前必须对猪舍、猪栏、用具等进行彻底消毒。先清扫猪舍走道、粪便等污物,用高压水枪冲洗猪栏、地面,冲洗干净后再进行消毒。猪栏和地面用 2%～3%的氢氧化钠溶液喷雾消毒,6h 后再用清水冲洗。应提前消毒饲喂用具,消毒后洗刷干净备用。空舍 2 天后,调整猪舍温度达 18～20℃,即可转入生长肥育期的猪进行饲养。

2. 育肥猪的营养需要

(1) 能量需要 饲粮能量水平的高低与猪只增重速度和胴体瘦肉率关系非常密切。在不限量的饲喂条件下,兼顾猪的增重、饲料转化率和胴体肥瘦度,饲粮能量浓度以 1kg 饲粮含消化能 11.92～12.55MJ 为宜。

(2) 蛋白质和氨基酸需要 日粮中蛋白质和氨基酸水平对商品肉猪的日增重、饲料转化率和胴体品质影响极大,并受猪的品种、饲粮的能量及蛋白质的配比制约。瘦肉型生长育肥猪的不同阶段应给予不同水平的蛋白质,前期(体重 20～60kg)为 16%～17%,后期(体重 60～100kg)为 14%～16%。兼用型杂种肉猪采取三段饲养水平:小猪阶段粗蛋白为 15.5%,中猪阶段为 13%,大猪阶段为 12%。赖氨酸为猪的第一限制性氨基酸,对猪的日增重、饲料转化率及胴体瘦肉率的提高具有重要作用。当赖氨酸占粗蛋白的 6%～8% 时，其蛋白质的生物学价值最高。

（3）日粮矿物质和维生素需要　肉猪日粮中应含有足够的矿物质元素和维生素，当矿物质中某些微量元素不足或过量时，会导致肉猪物质代谢紊乱，轻者使猪的增重速度减慢，饲料消耗增多，重者能引起疾病或死亡。

（4）控制日粮中粗纤维水平　在日粮消化能和粗蛋白水平正常的情况下，体重 20～35kg 阶段粗纤维含量为 5%～6%，35～100kg 阶段为 7%～8%，最好不要超过 9%。

3. 选择适宜的肥育方式

（1）直线肥育法　又叫"一条龙"肥育法。根据肉猪在各个生长发育阶段的特点，采用不同的营养水平，在整个生长育肥期间能量水平始终较高，蛋白质水平也较高。采用这种育肥方法，通常将肉猪整个肥育期按体重分成两个阶段，即前期 20～60kg、后期 60～90kg 或以上；或者分成三个阶段，即前期 20～35kg、中期 35～60kg、后期 60～90kg 或以上。根据不同阶段生长发育对营养物质需要的特点，采用不同的营养水平和饲喂技术，从肥育开始到结束，始终采用较高的营养水平，但在肥育后期采用适当限制喂量或降低饲粮能量浓度的方法，以防止过度脂肪沉积，提高胴体瘦肉率。

（2）阶段肥育法　又叫"吊架子"肥育法。由于猪种不同、屠宰体重不同和各地饲料条件的差异，对各阶段的划分也不完全一样，大致把猪的整个肥育期划分为小猪、架子猪和催肥猪三个阶段，每个阶段分别给以不同的营养水平和管理措施。

① 小猪阶段。从仔猪断乳到体重 25kg 左右，这个阶段小猪生长速度相对较快，主要是骨骼、肌肉的增长，因而日粮中精料的比重较大，以防止小猪掉膘或生长停滞。

② 架子猪阶段。体重 25～50kg，这个阶段正是肌肉组织增长最旺盛的时期，猪的耐粗饲能力较强，可以消化较多的青粗饲料，在日粮的搭配上，可以采用增加饲喂青饲料来"吊架子"，充分利用青饲料中品质优良的蛋白质，促进骨骼、肌肉和内脏的充分发育，并使猪的消化器官得到良好的锻炼。

③ 催肥阶段。即从体重 50kg 左右到肥育结束出栏。当架子猪进入催肥阶段以后，应逐渐增加精料供应，并适当减少运动。这阶段喂给较多的精料，由于利用了猪架子期生长受阻的补偿作用，因而可获得较高的日增重。此时期主要因强烈沉积脂肪，所以胴体较肥。

（3）"前高后低"的饲养方式　这是在直线育肥的基础上，为了提高瘦肉率而改进的一种育肥方法。体重 60kg 前采用高能量、高蛋白的饲粮，每千克饲粮消化能为 12.5～12.97MJ，粗蛋白为 16%～17%，肉猪自由采食或不限量饲喂。体重 60kg 以后要限制采食量，控制在自由采食量的 75%～80%，这样既不会严重影响肉猪增重速度，又可减少脂肪的沉积。限饲方法：一是定量饲喂；二是在饲粮中搭配一些优质草粉等能量较低、体积较大的粗饲料，降低每千克饲粮中的能量含量。

4. 饲喂方法和饲喂次数

（1）饲喂方法　生长育肥猪的饲喂方法分为自由采食和限量饲喂两种。限量饲喂主要有两种方法，一是对营养平衡的日粮在数量上进行控制，即每次饲喂自由采食量的 70%～80%；二是降低日粮的能量比例，把纤维含量高的粗饲料配合到日粮中去，以限制其的能量摄入。

（2）饲喂次数　应根据肉猪的肥育阶段、饲料类型和饲喂方式等灵活掌握。肉猪体重 35kg 以下时，每天饲喂 3～4 次；体重 35～60kg 时，每天饲喂 2～3 次；60kg 以后，每天饲喂 2 次。前期每天喂料 1.2～2.0kg/头，后期每天喂料 2.2～3.0kg/头。

猪的食欲以傍晚最盛，早晨次之，中午最弱，所以育肥猪可日喂 3 次，早晨、中午、傍晚 3 次饲喂时的饲料量分别占日粮的 35%、25% 和 40%。

5. 保证充足的清洁饮水

水是维持猪体生命不可缺少的物质，猪体内水分占 55%~65%。水既是猪体细胞和血液的重要组成成分，又是猪体的重要营养物质。它对体温调节、养分运转、消化、吸收和废物排泄等一系列新陈代谢过程都有重要的作用。猪吃进 1kg 饲料需要 2.5~3.0kg 水才能保证饲料的正常消化和代谢。供水应清洁，最好安装自动饮水器全天供水。猪的饮水量随生理状态、环境温度、体重、饲料性质和采食量等的改变而变化，春秋季节其正常饮水量应为采食量的 4 倍，夏季为采食量的 5 倍，冬季要供给采食量 2~3 倍的水。

6. 科学管理

（1）合理组群　仔猪断乳后，要重新组群转入生长肥育舍饲养。如组群不合理，常常会发生咬斗、争食等情况，影响增重和肥育潜力的发挥。分群时，除考虑性别外，应把来源、体重、体质、性情和采食习性等方面相近的猪合群饲养。合群时通常采取"留弱不留强、拆多不拆少、夜并昼不并"等方法，即把较弱的猪群留在原舍，把较强的猪合群；把较少的猪留在原舍，把较多的猪合群；或将两群猪并群后赶入另一舍内；合群最好在夜间进行，在合群的猪身上喷洒同样气味的药液，如酒精、来苏儿等，使猪体彼此气味相似，而不易辨别。

（2）及时调教　当猪重新组群进圈后，要及时加以调教。调教工作的重点：一是防止强夺弱食，为保证每头猪都能均匀采食，应备有足够的饲槽，对喜争食的猪要勤赶、勤教。二是进行采食、排泄、卧睡"三点定位"调教，使其建立条件反射，保持猪舍清洁、干燥，有利于肉猪的生长。做好调教工作关键在于"抓得早，抓得勤"（勤守候、勤赶动、勤调教）。

7. 适宜的环境条件

（1）温度和湿度　俗话说："小猪怕冷，大猪怕热"，这表明不同体重的猪要求的最适宜温度是不一样的。体重 11~45kg，适宜的温度是 21℃；体重 45~90kg，适宜的温度是 18℃；体重 135~160kg，舍温 16℃ 最适宜。猪舍内相对湿度以 50%~70% 为宜。

（2）饲养密度　密度即每头猪所占的面积。每群猪头数的多少，要根据猪舍设备、饲养方式、圈养密度等决定。20~60kg 生长育肥猪每头所需面积为 0.8~1.0m²，60kg 以上育肥猪每头为 1.0~1.2m²，每圈头数以 10~20 头为宜。

（3）光照　安静的环境和偏暗的光照更有利于育肥猪的生长发育。肉猪舍的光照强度为 40~50lx，光照时间为每天 10~12h。

（4）控制舍内有害气体和尘埃　由于猪的呼吸、排泄以及排泄物的腐败分解，不仅使猪舍空气中氧气减少、二氧化碳增加，而且产生了氨、硫化氢、甲烷等有害气体和臭味，对猪的健康和生产力有不良影响。因此，猪舍中氨浓度不大于 20mg/m³，硫化氢含量不小于 15mg/m³，二氧化碳应以 0.15% 为限。

尘埃可使猪的皮肤发痒以致发炎、破裂，对鼻腔黏膜有刺激作用。病原微生物附着在灰尘上易于存活，对猪的健康有直接影响。因此，必须注意猪场绿化，及时清除粪尿、污物，保持猪舍通风良好，做好清洗、消毒工作。

（5）噪声　猪舍内的噪声来自于外界传入、舍内机械和猪只争斗等方面。噪声对猪的休息、采食、增重都有不良影响，要尽量避免突发性的噪声，噪声强度以不超过 85dB 为宜。

8. 去势、防疫和驱虫

（1）去势　我国农村多在仔猪 35 日龄、体重 5~7kg 时进行，规模化猪场在 7 日龄左右去势。其优点是易保定操作，应激小，手术时流血少，术后恢复快。

（2）防疫　预防肉猪的猪瘟、猪肺疫等传染病，必须制定科学的免疫程序和预防接种。做到头头接种，对漏防猪和新从外地引进的猪应隔离观察，并及时免疫接种。

（3）驱虫　肉猪的寄生虫主要有蛔虫、姜片虫、疥螨和虱子等内外寄生虫。通常在90日龄进行第一次驱虫，必要时在135日龄左右再进行第二次驱虫。驱除蛔虫常用驱虫净（四咪唑），每千克体重为20mg；丙硫苯咪唑，每千克体重为5～10mg，拌入饲料中一次喂服，驱虫效果较好。驱除疥螨和虱子，常用敌百虫，每千克体重0.1g，溶于温水中，再拌少量精饲料空腹喂服。

9.适时屠宰

生长育肥猪的适宜屠宰活重的确定，要结合日增重、饲料转化率、每千克活重的售价及生产成本等因素进行综合分析。

地方猪种中早熟、体型矮小的猪及其杂种肉猪出栏重约为70kg，体型中等的地方品种及其杂种肉猪出栏活重应为75～80kg；我国培育猪和某些以地方猪种为母本与国外瘦肉型品种猪为父本杂交而成的二元杂交猪，最佳出栏活重为85～95kg；用两个外来瘦肉型品种猪为父本与以地方猪种为母本杂交而成的三元杂种肉猪出栏活重应为90～100kg；用两个外来瘦肉型品种猪为父本与以我国培育品种为母本杂交而成的三元杂种肉猪出栏活重为100～115kg。

【实训报告】

1.联系实际，将实训场（猪舍）内各种猪舍类型可以饲养猪的数量填入表1-14中。

表1-14　不同猪舍类型饲养猪的数量表

猪舍类型	面积/m²	地面类型	生长阶段	饲养密度	每舍饲养头数
1					
2					
3					
4					

2.肉猪的肥育方式有哪些？各有何优劣？

实训二十二　猪场生产记录与分析

【实训目标】　猪场内各项记录是重要的技术档案。猪群档案是了解猪群基本情况、进行猪群选育、改善饲养管理、提高猪群质量的重要依据。通过实训学会对猪场的几种记录表进行应用，并熟悉种猪场必备的记录表和登记项目。

【实训材料】　猪场各种生产记录表格。

【实训内容与操作步骤】　实训采用演示、讲解等方法，了解种猪的档案记录方法和作用。让学生亲自动手完成对畜牧场现有猪群的各项生产记录进行登记，使学生熟悉养猪场的各种记录图表并正确填写内容。

1.猪场主要的记录表格种类

（1）配种记录　主要记载进行交配的公母猪耳号、品种、交配日期，以便编制系谱，考查选配效果，推算预产期。

（2）母猪产仔哺乳记录　主要记载产仔母猪的耳号、品种、胎次、分娩日期、产仔数、仔猪初生重、20日龄重、断乳存活数及断乳重等。

（3）猪生长发育记录　登记种猪体重、体长、胸围、体高等数据（表1-15）。

表 1-15 某猪场种猪发育记录表

月龄\项目	体重/kg	体长/cm	胸围/cm	体高/cm

（4）饲料消耗记录 登记各猪舍养猪的类群、头数、饲料品种消耗量或领料量等，见表 1-16。

表 1-16 某猪场饲料消耗记录表

日期	猪舍	猪群类别	头数	饲料品种	领料量	领料人	备注

（5）种猪系谱卡片 包括种公猪系谱卡片与种母猪系谱卡片，登记种猪的系谱及祖先的综合成绩、本身的生长发育成绩以及种公猪的配种成绩与种母猪的产仔哺乳成绩等。

（6）为了解猪群生死、转群、出售等变动情况，另有各种报表，根据猪场的具体要求，确定为日报表、周报表和月报表，主要记载各类猪群的头数以及增减原因等，参见表 1-17。

表 1-17 种猪死亡淘汰情况周报表

死亡日期	耳号	品种	公母	死亡原因	淘汰原因	去向	填表人

2. 分析猪场已有的记录，了解各种表格的填写方法及填写注意事项。

3. 实际进行表格填写练习。

【实训报告】 根据生产实际设计出公猪采精登记表、种猪配种情况周报表以及断奶母猪及仔猪情况周报表，如表 1-18 和表 1-19 所示。

表 1-18 某猪场种猪配种记录表

母猪耳号	舍号	配种时间	预产时间	公猪耳号	舍号	次数	配种方式	配种员	备注

表 1-19 某猪场母猪产仔哺乳记录表

母猪耳号	胎次	产仔数	死胎头数	木乃伊胎数	畸形头数	弱仔头数	活仔重量	20日龄重	仔猪断乳时间	断乳头数	断乳重量	备注

实训二十三　猪场饲养管理规程的制定

【实训目标】　通过本次实训，使学生了解猪场的饲养管理制度的种类，并能够根据实际情况制定猪场各种饲养管理制度，以便能够在将来的工作岗位上做一名合格的管理者。

【实训材料】　某猪场饲养管理制度手册。

【实训内容与操作步骤】　教师根据材料进行讲解，让学生理解各种制度的内容以及制定的依据，并能够根据可能遇到的实际情况对饲养管理规程进行灵活的制定。

猪场的饲养管理制度主要包括生产参数指标与流程、人员相关管理制度以及操作规程三大部分，现分别加以简要说明。

1. 生产参数指标与流程

（1）生产技术指标　制定预期的生产目标（如配种受胎率、出生活体重、21日龄个体重等指标），可以表格的形式列出。

（2）存栏结构标准　依据实际情况和预期年上市肉猪数量计算出合理的存栏结构。

（3）生产流程　以周为单位并结合猪舍情况制定出四个或五个生产环节并严格执行。图1-26所示为四个环节的生产流程。

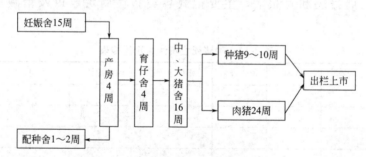

图 1-26　猪场四个环节的生产流程

（4）每周工作流程　由于集约化和工厂化猪场生产的周期性相当强，生产过程环环相连，因此要求全场员工对自己需做的工作内容和特点要掌握清楚。每周工作日程见表1-20。

表 1-20　每周工作日程表

日期	配种妊娠舍	分娩保育舍	生长育成舍
星期一	大清洁、大消毒 淘汰猪鉴定	大清洁、大消毒 断乳母猪淘汰鉴定	大清洁、大消毒 淘汰猪鉴定
星期二	更换消毒池(盆)药液 接收断乳母猪 整理空怀母猪	更换消毒池(盆)药液 转出断乳母猪 空栏冲洗消毒	更换消毒池(盆)药液 空栏冲洗消毒

日期	配种妊娠舍	分娩保育舍	生长育成舍
星期三	不发情、不妊娠母猪集中饲养 驱虫、免疫注射	驱虫、免疫注射	驱虫、免疫注射
星期四	大清洁、大消毒 调整猪群	大清洁、大消毒 仔猪去势 僵猪集中饲养	大清洁、大消毒 调整猪群
星期五	更换消毒池(盆)药液 转出临产母猪	更换消毒池(盆)药液 接收临产母猪 做好分娩准备	更换消毒池(盆)药液 空栏冲洗消毒
星期六	空栏冲洗消毒	仔猪强弱分群 出生仔猪剪牙、断尾、补铁等	出栏猪鉴定
星期日	妊娠诊断、复查 设备检查维修 周报表	清点仔猪数 设备检查维修 周报表	存栏盘点 设备检查维修 周报表

(5) 各类猪饲喂标准　可按猪的生产阶段、饲喂时间（天）、饲料类型、饲喂量制成表格形式。

(6) 种猪淘汰原则与更新计划。

2. 人员相关管理制度

(1) 组织架构　一般架构包括场长、生产线主管、后勤主管、财会、配种妊娠组、分娩保育组、生长育成组、水电维修、保安、运输、食堂等。

(2) 岗位定编　根据实际需要确定每个岗位人员的数量。

(3) 责任分工　以层层管理、分工明确、场长负责制为原则。分别对每个员工的责任做出具体规定，做到具体工作专人负责，既有分工又有合作，下级服从上级，重点工作协调进行，重要事情通过场领导班子研究解决。

(4) 生产例会与技术培训制度　利于定期检查、总结生产上存在的问题，及时研究出解决方案。为了有计划地布置下一阶段的工作，使生产有条不紊地进行，为了提高饲养人员、管理人员的技术素质，进而提高全场生产的管理水平应制定生产例会和技术培训制度。

(5) 物质与报表管理。

(6) 员工守则　提高员工的责任心和积极性，有利猪场正常运行。包括奖惩条例、员工请假考勤制度、出纳岗位制度、水电维修工岗位责任制度、机动车司机岗位责任制度、保安员岗位责任制度、仓库管理员岗位责任制度、食堂管理制度、消毒更衣房管理制度等。

3. 操作规程

后备猪饲养管理技术操作规程

例：

1. 工作目标

保证后备母猪使用前合格率在90%以上、后备公猪使用前合格率在80%以上。

2. 工作内容

(1) 进猪前空栏冲洗消毒。

(2) 接收后备猪后做好验收工作，按性别、年龄、强弱分群、分栏进行饲养工作。

3. 工作日程　上午7:30～11:30、下午14:00～17:30，具体安排如下。

7:30～8:00	观察猪群
8:00～8:30	喂饲
8:30～9:00	治疗
9:30～11:30	清理卫生、其他工作
14:00～15:30	冲洗猪栏、清理卫生、其他工作
15:30～17:00	治疗、其他工作
17:00～17:30	喂饲

4. 免疫计划、限饲优饲计划、驱虫计划

按进猪日龄分别做好上述计划并予以实施。后备母猪配种前驱除体内外寄生虫一次，进行乙脑、细小病毒病等疫苗注射。

5. 喂饲

日喂料两次，母猪 6 月龄前自由采食，7 月龄适当限制，配种使用前一个月或半个月优饲，限饲时饲喂量控制在 2kg 以下，优饲时饲喂量在 2.5kg 以上或自由采食。

配种妊娠舍饲养管理技术操作规程

例：

1. 工作目标

(1) 按计划完成每周配种任务，保证全年均衡生产。

(2) 保证配种分娩率在 85% 以上。

(3) 保证窝平均产活仔 10 头以上。

(4) 母猪年更新率为 30%～40%。

2. 操作规程

(1) 公猪的调教 后备公猪达 8 月龄，体重达 120kg，膘情良好即可开始调教。工作时要保持与公猪的距离，不要背对公猪，用公猪试情时，需要将正在爬跨的公猪从母猪背上拉下来，不要推其肩、头部以防遭受攻击。严禁粗暴对待公猪。

(2) 精液品质鉴定 若 3 次检查不合格或连续 2 次检查不合格且伴有睾丸肿大、萎缩、性欲低下、跛行等疾病时，必须淘汰。精液检查结果要上报主管，配种员要根据精液检查结果合理安排公猪使用强度。

(3) 发情鉴定 发情鉴定的方法是当母猪喂料后半小时表现平静时进行，每天进行 2 次发情鉴定，上、下午各一次，检查采用人工查情与公猪试情相结合的方法。配种员所有工作时间的 1/3 应放在母猪的发情鉴定上。

(4) 配种

① 配种程序。先配断乳母猪和返情母猪，然后根据满负荷配种计划有选择地配后备母猪，后备母猪和返情母猪需配 3 次。

② 配种间隔。在断乳后 1 周内正常发情的经产母猪：上午发情，下午配第 1 次，次日上下午配第 2 次、第 3 次；下午发情，次日早晨配第 1 次，下午配第 2 次，第 3 日下午配第 3 次。断乳后发情较迟（7 天以上）及复发情的经产母猪、初产后备母猪，要早配（发情即配第一次）并应至少配 3 次。

③ 具体方法。本交选择大小合适的公猪，把母猪赶到圈内宽敞处，要防止地面打滑。

辅助配种：一旦公猪开始爬跨，立即给予帮助。必要时，用腿顶住交配的公母猪，防止公猪抽动过猛母猪承受不住而中止交配。站在公猪后面辅助阴茎插入母猪阴户，注意不要让阴茎打弯。整个配种过程配种员不准离开，配完一头再配下一头。

　　观察交配过程，保证配种质量，射精要充分（射精的基本表现是：公猪尾根下方肛门扩张肌肉有节律地收缩，力量充分），每次交配射精两次即可，有些副性腺或液体从阴道流出。整个交配过程不得人为干扰或粗暴对待公、母猪。配种后母猪赶回原圈，填写公猪配种卡、母猪记录卡。

　　配种时，公、母大小比例要合理，有些第一次配种的母猪不愿接受爬跨，性欲较强的公猪有利于完成交配。

　　参照"老配早，少配晚，不老不少配中间"的原则，胎次较高（5胎以上）的母猪发情后第一次适当早配，胎次较低的（2～5胎）母猪发情后，第一次适当晚配。

　　高温季节宜在上午8:00前、下午17:00后进行配种。最好饲喂前空腹配种。

　　做好发情检查及配种记录，发现发情猪，及时登记耳号、栏号及发情时间。

　　公猪配种后不宜马上沐浴和剧烈运动，也不宜马上饮水，如饲喂后配种必须间隔1h以上。

分娩舍饲养管理操作规程

例：

1. 工作目标

（1）断乳后母猪7天内发情配种率达90％以上。

（2）哺乳期成活率97％以上。

（3）仔猪3周龄断乳平均体重6.0kg以上，4周龄断乳平均体重7.0kg以上。

2. 操作规程

（1）产前准备

① 彻底清洗空栏，检修产房设备，用消毒液连续消毒两次，晾干后备用。

② 产房温度控制在25℃左右，相对湿度为65％～75％。

③ 确认预产期，母猪的妊娠期平均为114天。

④ 产前、产后3天母猪减料，以后自由采食。分娩前检查乳房是否有乳汁流出，以便做好接产准备。

⑤ 准备好5％碘酊、0.1％ $KMnO_4$ 消毒液、抗生素、催产素、保温灯等药品和工具。

⑥ 分娩前用0.1％ $KMnO_4$ 消毒液清洗母猪的外阴和乳房。

⑦ 临产母猪提前一周上产床，上产床前清洗消毒，驱除体内、外寄生虫。

（2）判断分娩

① 阴道红肿，频频排尿。

② 乳房有膨胀、潮红，用手挤压有乳汁排出，初乳出现后12～24h内分娩。

③ 出现频频排尿、站立不安、食欲下降等，表明即将分娩。

（3）接产

① 接产时要求有专人护理，母猪分娩时饲养员必须一直在现场接产，接产必须严格遵循接产程序，直至母猪胎衣下来并清理胎衣，方可离开。夜间值班，对要临产的母猪进行接产。

② 仔猪出生后，应立即将其口鼻黏液清除、擦净，用抹布将猪体擦干净。发现假死仔猪及时抢救，产后检查胎衣是否全部排出，如胎衣不下或胎衣不全可肌内注射催产素。

③ 断脐用5％碘酊消毒。将初生仔猪放入保温箱，保温箱内温度要求0～7日龄时为32～34℃。

④ 帮助仔猪吃足初乳。固定乳头，初生重小的放在前面，大的放在后面。仔猪吃初乳前，每个乳头的最初几滴奶要挤掉。

⑤ 有羊水排出，强烈努责后1h仍无仔猪排出或产仔间隔超过1h，即视为难产，需要

人工助产。

（4）母猪饲喂 4 次/天，仔猪补喂颗粒料 5 次/天。

（5）打扫猪舍，一天 2 次，上、下午各 1 次，尽量保持干净、干燥，冬季注意保温，炎热夏天进行有效降温（打开窗户、排气扇、湿帘）。

（6）观察母猪、仔猪采食、呼吸、粪便及行为变化，发现异常，及时报告主管，根据兽医开的处方及时治疗，如有病死猪或淘汰猪，饲养员需填写死亡淘汰单，找主管签字后，然后按照兽医要求安排好病死猪或淘汰猪处理。

（7）与母猪舍饲养员、保育舍饲养员做好转栏工作，转出分娩舍断乳仔猪，同时接收待产母猪。

（8）做好猪舍的消毒，每周要消毒 3 次，空栏要随出随清扫消毒，定期清扫屋顶的灰尘。做好病猪的一般治疗（注射、药物混入饲料等），协助技术人员注射或特殊治疗等。

（9）做好每周的猪存栏状况和用料情况报表。

（10）做好所负责猪舍周围道路的卫生，参加猪场安排的有偿或义务的劳动。

保育舍饲养管理操作规程

例：

1. 工作目标

（1）保育期成活率 97% 以上。

（2）保育猪合格率 96% 以上。

（3）保育猪 70 日龄平均重 25kg 以上（个体小于 23kg 不算合格猪）。

2. 操作规程

（1）转入仔猪前空栏要彻底冲洗消毒，空栏时间不少于 7 天。

（2）转入、转出猪群每周一批次，猪栏的猪群批次时间清楚、明确，强弱分群、公母分群、大小分群。及时调整猪群，大小、强弱分群，保持合理的密度。定期调整猪群均匀度以免影响仔猪生长。病猪、僵猪及时隔离饲养。

（3）转入保育舍 1 周内的仔猪，要限量饲喂，少喂勤添，每天饲喂 6～7 次。1 周后逐渐放开限量，实行自由采食。

（4）保持圈舍卫生，加强猪群调教，训练猪群吃料、睡觉、排便"三点定位"。

（5）第一周维持原来的饲料，饮水添加抗应激药物，在过渡饲料中适当添加抗生素药物，如强力霉素、利高霉素、土霉素等。1 周后驱除体内外寄生虫。

（6）观察仔猪采食、呼吸、粪便及行为变化，发现异常，及时报告主管，根据兽医开的处方及时治疗，如有病死猪或淘汰猪，饲养员需填写死亡淘汰单，主管签字后按照兽医要求安排好病死猪或淘汰猪处理。

（7）打扫猪舍，1 天 2 次，上、下午各 1 次，尽量保持干净、干燥，冬季注意保温，炎热夏天进行有效降温（打开窗户、排气扇、湿帘）。

（8）与产房饲养员、育肥舍饲养员做好转栏工作，接收分娩舍断乳仔猪，同时做好转出猪的工作。转群猪要事先鉴定合格后才能转群，残次猪、不合格猪特殊处理出售或直接转入隔离舍。

（9）做好病猪的一般治疗（注射、药物混入饲料等），协助技术人员注射或特殊治疗等。做好猪舍的消毒，每周要消毒 2 次，空栏要随出随清扫、消毒，定期清扫屋顶的灰尘。

（10）做好每周的猪存栏状况和用料情况报表，做好所负责猪舍周围道路的卫生。

育肥舍饲养管理操作规程

例：

1. 工作目标

（1）育成阶段成活率≥99％。

（2）全程平均日增重≥600g，饲料利用率3∶1。

（3）肥育阶段110天体重达100kg以上（全期饲养日龄180天）。

2. 操作规程

（1）育肥舍实行"全进全出"制度，当一批肥育猪出售后，立即打扫猪舍内、外卫生，清除积粪，并进行严格的冲洗消毒。消毒后需空舍7天，才能进猪。

（2）及时调整猪群，按体质强弱、个体大小、公母性别分舍饲养。病猪一定要及时隔离饲养，保健治疗。转入第一周饲料加药，驱除体内外寄生虫1次。做好13周龄和17周龄猪群保健工作，预防及控制呼吸道疾病。

（3）每天上、下午都要观察，检查每头猪的健康状况，包括精神、食欲、排便、呼吸等变化，发现病猪及时隔离，同时报告兽医进一步处理。

（4）49～74日龄喂小猪料；75～119日龄喂中猪料；120～180日龄喂大猪料；自由采食，喂料以每餐不剩料为原则。

（5）保持猪舍卫生，加强猪群调教，训练猪群吃料、睡觉、排便"三点定位"，要保持猪舍清洁、干燥。

（6）按季节的变化，调整好通风降温设备。经常检查饮水器，当温度超过30℃时，应采取加大通风量、启用排风扇、减少猪舍容猪头数等措施降温。

（7）分群、合群时，为了减少相互咬架而产生应激，应遵守"留弱不留强"、"拆多不拆少"、"夜并昼不并"的原则，可对并群的猪喷洒来苏儿等有气味的药液，清除气味差异。

（8）加强夜间值班护理，值班首要是关注空气质量，其次是训练猪"三点定位"，最后是添加饲料。主管要加强值班巡查工作，发现问题及时解决。

（9）出售肥育猪时，不准让购猪者进入猪舍内挑选，已赶出猪舍出售的肥猪，不准再返回原舍，应另设隔离舍暂存。出栏猪要事先经鉴定合格后才能出场，残次猪特殊处理出售。

（10）要重视猪场后门的防疫、消毒工作，购猪车不能驶进猪场，出猪台要延伸至猪场以外，饲养人员不准赶猪上车。

【实训报告】

1. 以分娩舍饲养管理技术为例，讨论分析其操作规程。

2. 分析猪场数据管理的重要性。

实训二十四　猪场生产经营管理

【实训目标】　通过实际调查实训养猪场，查询有关资料，联系实际，学习拟订养猪场的年度生产计划。

【实训材料】　养猪场有关生产资料、数据、生产表格、计算用具等。

【实训内容与操作步骤】

1. 配种分娩计划

（1）制订配种分娩计划时需收集的资料　上年最后4个月母猪配种妊娠记录；本年度母猪分娩胎数、每胎产仔数、仔猪成活率等；计划淘汰公、母猪数和具体月份。

(2) 推算猪群配种分娩计划 将已知的各种数据填写入表 1-21，并根据有关参数，推算出计划表中各数据间的关系。

表 1-21 _____年度猪配种分娩计划

年度	月份	配种数			分娩数			产仔数			育成仔猪数		
		基础母猪	鉴定母猪	小计	基础母猪	鉴定母猪	小计	基础母猪	鉴定母猪	小计	基础母猪	鉴定母猪	小计
上年度	9												
	10												
	11												
	12												
本年度	1												
	2												
	3												
	4												
	5												
	6												
	7												
	8												
	9												
	10												
	11												
	12												
全年合计													

"分娩数"为前 4 个月的"配种数"（猪的妊娠期为 114 天）。例如 12 月的分娩基础母猪数，应是 9 月的配种基础母猪数。产仔数等于当月分娩数乘以窝产仔数（一般为 10 头）。育成仔猪数等于产仔数乘以仔猪育成率 [按当地（场）的实际育成率计算，一般为 96%]。基础母猪与鉴定母猪的关系为：鉴定母猪经 1～2 胎的后裔鉴定，符合种用要求的，即可转为基础母猪。鉴定母猪数应大于基础母猪数的 1/3，每年经鉴定合格的鉴定母猪数约等于基础母猪数的 1/3。

2. 猪群周转计划

(1) 制订猪群周转计划时需要收集的资料 计划年初各种性别、年龄猪的实有头数；计划年末各个猪群按任务要求达到的猪只头数；计划年内各月份（周）出生的仔猪头数；购入和出售猪的头数；计划年内淘汰种猪的数量和办法；由一个猪群转入另一个猪群的头数；确定出几项主要的猪群周转定额指标，如种猪的淘汰率、母猪的分娩率和仔猪的成活率等。

(2) 推算猪群周转计划 将已知的各种数据填写入表 1-22，并根据有关参数推算出各个计划数。表中各数据间的关系为：

本月的"月初数"＝上月的"月初数"－"淘汰数"＋"转入数"－"转出数"

表 1-22 _____年度猪群周转计划

项目		上年存栏	月 份												合计
			1	2	3	4	5	6	7	8	9	10	11	12	
基础公猪	月初数															
	淘汰数															
	转入数															
鉴定公猪	月初数															
	淘汰数															
	转入数															
	转出数															
后备公猪	月初数															
	淘汰数															
	转入数															
	转出数															
基础母猪	月初数															
	淘汰数															
	转入数															
鉴定母猪	月初数															
	淘汰数															
	转出数															
	转入数															
哺乳仔猪																
断乳仔猪																
育成猪																
后备母猪																
育肥猪	60kg 前															
	60kg 后															
月末存栏总数																
出售淘汰总数	断乳仔猪															
	后备公猪															
	后备母猪															
	育肥猪															
	淘汰猪															
备注																

鉴定猪的"转入数"=上一个月后备猪的"转出数"

基础猪的"转入数"=上一个月鉴定猪的"转出数"。

3. 猪群饲料供应计划

（1）制订猪群饲料供应计划需要收集的资料 根据猪群配种分娩计划和猪群周转计划推算出的各类猪群的存栏数；各类猪群的饲养天数、饲料报酬和平均日增重等数据。

（2）推算猪群饲料供应计划　将已知的各种数据填写入表 1-23，并根据有关参数推算出各个计划数。

表 1-23　　　　　年度猪群饲料供应计划

序号	饲料种类	规格	计量单位	日均用量	单价	金额	每季供应量				备注
							一季度	二季度	三季度	四季度	
1	仔猪料										
⋮											
11	肥育猪料										
⋮											
	合计										

表 1-23 中的饲料"日均用量"可参考：瘦肉型猪日粮定额（表 1-24）、瘦肉型猪平均日增重和料肉比（表 1-25）。

表 1-24　瘦肉型猪日粮定额

类别	体重/kg	风干料量/kg	类别	体重/kg	风干料量/kg
妊娠前期母猪	<90	1.5	哺乳期的母猪	<90	4.8
	90～120	1.7		90～120	5.0
	120～150	1.9		120～150	5.2
	>150	2.0		>150	5.3
妊娠后期母猪	<90	2.0	种公猪	<90	1.4
	90～120	2.2		90～150	1.9
	120～150	2.4		>150	2.3
	>150	2.5		—	—

表 1-25　瘦肉型猪平均日增重和料肉比

饲养期	阶段结束平均重/kg	平均日增重/g	饲养天数/d	料肉比
哺乳期	6.5	170	28	2.5
保育期	22.5	385	35	2.61
生长期	57.5	575	35	3.30
育肥期	97.5	800	77	3.78
合计	—	—	175	—

【实训报告】　为一个小型养猪场制订出一套配种分娩计划、猪群周转计划、饲料供应计划。

实训二十五　猪场卫生防疫

【实训目标】　熟悉猪场卫生防疫工作的内容、方法和步骤，掌握具体的消毒技术。

【实训材料】　养猪场卫生防疫工作制度材料、来苏儿溶液、新洁尔灭（苯扎溴铵）溶液、过氧乙酸、84 消毒液、百毒杀、氢氧化钠（烧碱）溶液等消毒剂。喷雾器、塑料桶、塑料盆、500ml 量筒、1000ml 量杯、台秤等。

【实训内容与操作步骤】

1. 兽医生物安全体系

（1）兽医生物安全

① 兽医生物安全的含义　兽医生物安全是指采取必要的措施，最大限度地减少各种物理性、化学性和生物性致病因子对动物群造成危害的一种动物生产体系。其总体目标是防止病原微生物以任何方式侵袭动物，保持动物处于最佳的生产状态，以获得最大的经济效益。

② 兽医生物安全的内容　不同的生产类型需要的生物安全水平不同，体系中各基本要素的作用及其意义也有差异。主要包括动物及其养殖环境的隔离、人员物品流动控制以及疫病控制等。广义地说，包括用以切断病原体的传入途径的所有措施，主要有猪场规划与布局、环境的隔离、生产制度确定、消毒、人员物品流动的控制、免疫程序、主要传染病的监测等。

（2）猪群保健与疫病防治的基本原则

① 科学的饲养管理。坚持自繁自养，实行分群饲养；注意环境卫生，加强哺乳期母猪和仔猪的饲养管理。

② 制定严格合理的防疫制度。选好场地，合理布局；建立制度，定期消毒；注意监测疫情，及时发现疫病。

③ 严格执行消毒制度。应根据不同的消毒对象选择不同的消毒药物、浓度和消毒方法。

④ 药物预防，定期驱虫。选择驱虫药的原则是：高效、低毒、广谱、低残留、价廉。

⑤ 免疫接种，预防为主。传染病的发生发展和流行需要三个条件，即传染源、传播途径和易感动物，只要切断其中任何一个条件，传染即不可能发生。给猪注射有效的疫苗，可以预防传染病的发生。

⑥ 预防中毒。在生产实践中，应防止亚硝酸盐中毒、氢氰酸中毒、发霉谷物饲料中毒、食盐中毒等。

2. 消毒

消毒是指通过机械、物理、化学和生物学的手段，清除或杀灭或减少外环境中的病原微生物及其他有害微生物。它可将养殖场、交通工具和各种被污染物体中病原微生物的数量减少到最低或无害的程度。通过消毒能够杀灭环境中的病原体，切断传播途径，防止传染病的传播和蔓延。

（1）消毒方法

① 物理消毒法。指通过机械性清扫、冲洗、通风换气、高温、干燥、照射等物理方法，对环境和物品中病原体的清除或杀灭方法。

② 化学消毒法。在兽医防疫实践中，常用化学药品来进行消毒。猪场常用的化学消毒方法包括熏蒸消毒、浸泡消毒、饮水消毒和喷雾消毒等。熏蒸消毒多用于全猪舍的整体消毒。

③ 生物消毒法。指通过堆积发酵、沉淀池发酵、沼气池发酵等产热或产酸，以杀灭粪便、污水、垃圾及垫草等中病原体的方法。

不同对象的消毒方法详见表1-26。

（2）消毒五步骤

① 清理。消毒前必须先将脏物清理出舍，而且要清理干净，这是消毒过程中重要的一步。

表 1-26　猪场常用消毒方法

消毒对象	药物与浓度	消毒方法	药液配制
场(舍)门口	5％氢氧化钠、0.5％过氧乙酸	药液水深 20cm 以上,每周更换一次	投入消毒池内混合均匀
消毒池	5％来苏儿	同上	同上
环境(疫情静止期)	3％氢氧化钠、10％石灰乳等	喷洒,每周一次,2h 以上	与常水配制
栏圈(疫情活动期)	15％漂白粉、5％氢氧化钠	喷雾,每天一次,2h 以上	与常水配制
土壤、粪便、粪池、垫草及其他污物	20％漂白粉、5％粗制苯酚、生物热消毒法	浇淋、喷雾、堆积、泥封发酵	药物与常水配制
空气	紫外线照射、甲醛溶液加一倍水等	煮沸蒸腾 0.5h	甲醛与等量水配制
车辆	与环境、栏圈消毒法相同		
饮水	漂白粉(25％有效氯)、氯胺等	1m³ 水加 6～10g 漂白粉,1L 水加 3g 氯胺,1L 水中加 6g 氯胺作用 6h	
污水	漂白粉(25％有效氯)、氯胺等		
猪舍带猪消毒	3％来苏儿、0.3％农福等	喷雾,不定期	与净水配制
驱除体外寄生虫	1％～3％敌百虫等	喷雾,冬季每周一次,连续三次	与净水配制
杀灭老鼠	各种灭鼠剂	于老鼠出入处每月投放一次	以玉米粒等为载体
杀灭有害昆虫(蚊、蝇等)	95％敌百虫粉	7.5L 溶液喷洒 75m²;或设毒蚊缸,每周加药一次	药 15L 加水 7.5L

②　冲洗。消毒前要冲洗,85％的病原是冲走的。

③　喷雾消毒。消毒可以将病菌杀死,减少发病机会。消毒必须有适宜的消毒药、足够的剂量、充足的时间和不放过每一个角落的细心操作。

④　熏蒸。这是产房消毒的手段之一,将看不见的缝隙中的病原消灭,是喷雾消毒的补充。

⑤　空舍。进猪前空舍 7 天,不但可以保证舍内空气干燥,而且能加速病原微生物的死亡,有利于更好地预防疾病,进而有利于猪群健康。

（3）对一栋猪舍进行消毒

①　了解猪舍的基本情况,包括用途、结构、面积、内部设施等,结合实际拟定消毒方案。

②　对圈舍进行彻底地清扫,包括地面、墙壁、围栏、排粪沟。特别要重视对圈舍天花板或圈梁、通风口的彻底清扫。

③　选择消毒剂。圈舍的一般喷洒消毒可用以下药品之一:5％来苏儿溶液、1％～2％NaOH(烧碱)溶液、0.1％新洁尔灭溶液(苯扎溴铵溶液)、生石灰、熟石灰水等。

④　配制消毒液。将选出的消毒剂配制成适合浓度的液体(生石灰除外)。

⑤　对猪舍进行消毒。用配制好的消毒液对猪舍进行喷洒、喷雾消毒。喷洒时注意遵循从里到外、从上到下的顺序;注意人体自身的保护。

⑥　对猪场门口消毒池的维护管理。根据猪场车辆、行人出入多寡情况,结合猪场的制度,确定清洗和换水的频率。参加配制消毒池用消毒液。消毒池用消毒液一般可选用 2％NaOH(烧碱)溶液、5％来苏儿溶液等。

例： 2%烧碱淋洒消毒。用量杯量取清水10000ml，用台秤称取NaOH 200g，将NaOH先溶于少量水中，再与其他水溶合。将配制好的2% NaOH液用扫帚扫淋到猪舍的地面、墙面等需要消毒的地方。注意不要淋到金属管线、器皿之上，以免引起锈蚀。

例： 0.1%的新洁尔灭溶液喷洒消毒。量取5%的新洁尔灭溶液100ml，倒入一干净塑料桶中，加入5L的水（饮用水或去离子水）搅拌使成均匀溶液。放入喷雾器中，对猪舍地面、墙壁、猪栏等进行喷洒。注意喷洒各个死角和隐蔽部位。

3. 免疫接种

免疫接种是通过给猪接种疫苗、菌苗、类毒素等生物制剂作其抗原物质，从而激发猪产生特异性抵抗力，使易感猪转化为非易感猪的一种手段。有组织、有计划地进行免疫接种，是预防和控制猪传染病的重要措施之一。

（1）免疫程序 免疫程序就是根据猪群的免疫状态和传染病的流行季节，结合当地的具体疫情而制订的预防接种的疫病种类、疫苗种类、接种时间、次数及间隔等的计划或方案。

（2）制订合理的免疫程序 根据猪场实际，按照不同的生产猪群制订出合理的免疫程序。

（3）疫苗接种

① 公猪：每隔4～6个月，肌内注射口蹄疫灭活疫苗；每年3～4月，肌内注射乙脑疫苗；每隔6个月，肌内注射猪瘟弱毒疫苗、高致病性猪蓝耳病灭活疫苗、猪伪狂犬基因缺失弱毒疫苗。

② 种母猪：每隔4～6个月，肌内注射口蹄疫灭活疫苗；每年3～4月，肌内注射乙脑疫苗。

初产母猪配种前，肌内注射猪瘟弱毒疫苗、高致病性猪蓝耳病灭活疫苗、猪细小病毒灭活疫苗、猪伪狂犬基因缺失弱毒疫苗。

经产母猪配种前，肌内注射猪瘟弱毒疫苗、高致病性猪蓝耳病灭活疫苗，产前4～6周，肌内注射猪伪狂犬基因缺失弱毒疫苗，按说明书肌内注射大肠埃希菌双价基因工程苗。

③ 商品猪：20日龄，肌内注射猪瘟弱毒疫苗；23～25日龄，肌内注射高致病性猪蓝耳病灭活疫苗，按说明书肌内注射猪传染性胸膜肺炎灭活疫苗；28～35日龄，肌内注射口蹄疫灭活疫苗；55日龄时肌内注射猪伪狂犬基因缺失弱毒疫苗；60日龄，肌内注射口蹄疫灭活疫苗、猪瘟弱毒疫苗；70日龄，按说明书肌内注射猪丹毒疫苗、猪肺疫疫苗。

【注意事项】

1. 使用疫苗时要认真查阅疫苗的使用说明书，重点要看准产品的批准文号、生产许可证、生产日期、出厂时间、有效期、保贮方法与时间及包装品等；同时观察疫苗瓶是否有裂纹、破损、瓶塞松动、油乳剂破乳，药品色泽与物理性状是否发生改变等，否则不能使用。

2. 要严格按照疫苗规定的头份剂量使用正规的稀释液进行稀释，并充分摇匀后再行使用。不要任意增大或减小疫苗使用稀释浓度，注射时也不准盲目地提高免疫剂量或减少疫苗使用量。

3. 免疫接种时要用70%的酒精棉球进行局部消毒；注射时每注1头猪要更换1个针头；启用后的疫苗应在4～6h内1次用完。一般情况下，疫苗自稀释后15℃以下4h、15～25℃ 2h、25℃以上1h内用完，超过时间的应废弃。接种弱毒活菌苗前后3天内不准使用抗生素和抗菌药物；接种弱毒活疫苗（病毒苗）后，96h内不要使用抗病毒药物。

4. 当猪群中存在隐性感染或潜伏期感染时，接种弱毒活疫苗后，可能引起动物发病。

因此，免疫接种时，最好是先选一部分猪只做试验接种，确认为安全时，再全面进行免疫接种。

5. 免疫接种时由于个别疫苗质量不稳定，可能引发动物发生过敏反应，应立即注射肾上腺素注射液进行脱敏，以免导致死亡。每头猪肾上腺素使用剂量为肌内注射0.2～1mg。

6. 使用疫苗时要登记疫苗批号、生产厂家、注射时间与地点，动物的名称与头数，并保留同批药品2瓶，便于免疫接种后猪群发生问题时查找原因。

【实训报告】

1. 讨论猪群保健与疫病防治的基本原则。

2. 写出参加一次消毒活动的体会。

3. 在生产中如何选择不同的消毒药物和消毒方法？

养猪生产技能实训考评方案

一、考评方法

1. 在考试前10min，采取随机抽签方式确定考生参加技能操作的考试题目。

2. 将参加技能操作的考生分为若干小组，每组2～4名，可同时参加操作考试。

3. 每组考生操作考试完成后，分别对每名考生进行口试，题目由主考教师确定。

4. 根据考生操作和口试的结果，给出每名考生的技能考评分数等级。

二、考评人员

考评人员要求必须有至少2名"双师型"教师或技术员对学生进行实训技能的考评。

三、考场要求

现场操作、口试、笔试要求学生独立完成，实训报告要真实。

四、考评内容及评分等级标准

1. 考评内容

考评内容包括技术操作、规程制定、新技术引进与实施和养殖场的规划设计等。

2. 评分等级标准

技术操作：操作规范且熟练，回答问题全面、正确。

规程制定：科学、合理、全面和可操作性强。

新技术引进方案与实施：方案设计科学、合理，分析准确、到位，可操作性强。

养殖场的规划设计：规划设计科学，内容全面，方法规范，结论准确。

实训技能考评表

序号	考评项目	考评要点	评分等级与标准	考评方法
1	养猪生产常规饲养管理技术	1. 各种类猪日粮的组织、选择和调配 2. 养猪生产管理 3. 养猪各阶段饲养管理规程制度的编制	优：能独立完成各项考评内容,操作规范熟练;编制的各种制度科学、合理、全面且可操作性强;饲料配方设计方法正确,各项指标符合配方要求 良：能独立完成各项考评内容,某2项操作规范熟练;编制的各种制度基本符合要求;饲料配方设计方法正确,各项指标基本符合配方要求 及格：在指导老师帮助下完成各项考评内容,某1项操作规范熟练;编制的部分制度基本符合要求;饲料配方设计方法正确,50%指标基本符合配方要求 不及格：在指导老师帮助下仍不能完成各项考评内容,操作不规范;回答问题多有差错;饲料配方设计方法错误	在规模化养猪场或实验室进行,根据实际操作情况与口述综合评定(实训报告、口试、笔试)

续表

序号	考评项目	考评要点	评分等级与标准	考评方法
2	养猪生产繁育技术	1. 母猪的发情鉴定、人工授精 2. 母猪的妊娠诊断 3. 公猪的饲养管理规章制度的制定 4. 种猪的选种技术与育种规划的编制	优:在规定时间内能独立完成各项考评内容,操作规范熟练;编制的各种制度科学、合理、全面且可操作性强;回答问题无差错 良:在规定时间内能独立完成各项考评内容,某3项操作规范但不熟练;编制的各种制度基本符合要求;回答问题基本正确 及格:在指导老师帮助下完成各项考评内容,操作规范但不熟练;编制的部分制度基本符合要求;回答问题有差错 不及格:在指导老师帮助下仍不能完成各项考评内容,操作不规范;态度不认真,回答问题多有差错	在规模化养猪场或实验室进行,根据实际操作情况与口述综合评定(实训报告、口试、笔试)
3	工厂化养猪生产技术	1. 母猪的分娩接产及仔猪护理 2. 哺乳母猪的饲养管理 3. 妊娠母猪的饲养管理 4. 商品猪的饲养管理 5. 工厂化养猪的内部管理及方案制定	优:能独立完成①接产前准备充分;②接产操作技术熟练;③仔猪护理技术正确;④完成接产及护理后续工作。各项操作规范且熟练,回答问题全面正确 良:基本完成以上操作步骤,回答问题基本正确 及格:在教师指导下完成以上操作步骤,所用时间较长 不及格:在指导老师帮助下仍不能完成各项考评内容,操作不规范,态度不认真,回答问题多有差错	在规模化养猪场或实验室进行,根据实际操作情况与口述综合评定(实训报告、口试、笔试)
4	养猪场建设项目的可行性论证	1. 猪场建设的条件准备 2. 猪场建设项目的可行性研究	优:能独立完成①按照项目可行性论证的形式与程序进行养猪场建设项目的论证;②养猪场建设项目论证报告的写作格式正确;③养猪场建设项目论证科学、内容全面、方法规范、结论准确 良:基本按照项目可行性论证的形式与程序进行养猪场建设项目的论证,报告的格式较为正确、内容比较全面、结论较为准确 及格:基本按照项目可行性论证的形式与程序进行养猪场建设项目的论证 不及格:不能完成养猪场建设项目的可行性论证	在规模化养猪场或实验室进行,根据实际操作情况与口述综合评定(实训报告、口试、笔试)
5	猪场卫生防疫	1. 养猪场卫生防疫 2. 猪的免疫接种计划和免疫程序制订 3. 猪场防疫制度和防疫计划的制订 4. 猪场保健计划和消毒计划的制订	优:能独立完成各项考评内容,操作规范熟练;编制的各种制度科学、合理、全面且可操作性强 良:能独立完成各项考评内容,某3项操作规范熟练;编制的各种制度基本符合要求 及格:在指导老师帮助下完成各项考评内容,某2项操作规范熟练;编制的部分制度基本符合要求 不及格:在指导老师帮助下仍不能完成各项考评内容,操作不规范;回答问题多有差错	在规模化养猪场或实验室进行,根据实际操作情况与口述综合评定(实训报告、口试、笔试)

考评结果: 考评人:

模块二 家禽生产

单元一 基本技能

实训一 家禽的外貌部位识别与体尺测量

【实训目标】 使学生能够认识禽体外貌部位和羽毛的名称；掌握保定家禽的方法和家禽的体尺测量技术；能识别家禽性别和年龄。

【实训材料】 家禽骨骼标本、禽体外貌部位名称图、鸡的冠形图、幻灯片等公母家禽若干只，家禽各部位羽毛；家禽鉴别笼、卷尺、卡尺、弹簧秤。

【实训内容与操作步骤】

1. 保定家禽

用左手大拇指和食指夹住鸡的右腿、无名指与小指夹住鸡的左腿，使鸡胸部置于左掌中，并使鸡的头部向着鉴定者。这样把鸡保定在左手上不致乱动，又可以随意转左手，以便观察鸡体各部。鸭、鹌鹑、鸽的保定法与鸡基本相同。鹅和火鸡因体躯较大、重，应放于笼中或栏栅里进行观察。

2. 禽体外貌部位的识别

按禽体各部位，从头、颈、肩、翼、背、胸、腹、臀、腿、胫、趾和爪等部位仔细观察，并熟悉其各部位的名称。

在观察过程中，需注意各部位特征与家禽健康的关系以及禽体在生长发育上有无缺陷，例如歪嘴、胸骨弯曲和曲趾等。

鸡的头部有冠，冠有多种形状。但在国内以单冠、玫瑰冠和豆冠比较普遍，观察时要指出组成鸡冠的各部分名称以及玫瑰冠和豆冠的区别，用实物或挂图说明。

中国鹅的头部有凸起的肉瘤，俗称"额疤"，有些鹅颌下有垂皮，称为"咽袋"。鸭的喙扁平，在上喙的尖端有一坚硬的豆状突起物，色略暗，称为"喙豆"。

健康的家禽，其羽毛光泽油润，精神饱满，好动，鸡冠及肉垂鲜红。

3. 禽体各部位羽毛的识别

观察和认识禽体各部位羽毛的名称、形状、羽毛结构、新生羽毛和旧羽毛的区分等。同时注意观察羽毛与家禽性别和年龄的关系。

家禽体躯全身覆盖羽毛，其各部位的名称与羽毛有密切的关系，如颈部的羽毛称为"颈羽"，翼部的羽毛称为"翼羽"等。羽毛色泽有白、黑、红、浅黄等。羽毛斑型有横斑羽、镶边羽、条斑羽、点斑羽、弧状斑羽、彩点斑羽和霜斑羽等。

雌雄性鸡的辨别：鸡的覆尾羽如镰刀状称为"镰羽"，母鸡的鞍羽、颈羽末端呈钝圆形，公鸡的鞍羽、颈羽较长，末端呈尖形。公鸡鞍羽特称为"蓑羽"，颈羽特称为"梳羽"。

新旧羽毛的区别：新羽羽片整洁有光泽，在秋冬换羽期间，旧羽毛的羽片破烂干枯；新的主翼羽的羽轴较粗大柔软，充血或呈乳白色。旧羽羽轴坚硬、较细、透明。旧羽在羽片基部有一小撮副绒羽，而新羽则没有。

鸭翼较小，在副翼羽上比较光亮的羽毛，称为"镜羽"。公鸭在尾的基部有2～4根覆尾羽向上卷成钩状，称为"卷羽"或"性指羽"，母鸭则无。

4. 家禽性别与龄期的鉴别

性别鉴别参考表 2-1。

表 2-1　家禽性别的鉴别表

家禽性别	性 别 特 征		
	鸡	鸭	鹅
公	体躯比母鸡高大，昂首翘尾、体态轩昂。头部稍粗糙、冠高、肉垂较大、颜色鲜红。梳羽、蓑羽、镰羽长而尖。胫部有距，性成熟时，发育良好，距愈长则公鸡的年龄愈大，一岁时，距的长度约 1cm。公鸡啼声洪亮，"喔喔"长鸣	体躯大，颈粗体长，北京公鸭的喙和脚颜色较深，羽毛整齐光洁。公鸭有卷羽或性指羽。叫声嘶哑，发出"丝丝"、"沙沙"噪音	体格大，头大，额包高，颈粗长，胸部宽广，脚高，站立时轩昂挺直，鸣声洪亮。翻开其泄殖腔，可见螺旋状的阴茎
母	体躯比公鸡小，体态文雅，头小，纹理较细，冠与肉垂较小。颈羽、鞍羽、覆尾羽较短，末端呈钝圆形。后躯发达，腹部下垂。胫部比公鸡短而细，距不发达，成年母鸡仅见残迹	体躯比公鸭小而身短，北京母鸭的喙色和脚色较浅，鸣声颇大，作"呷呷"声	体格比公鹅小，头小，额包也较小，颈细，脚细短，腹部下垂，站立时不如公鹅挺直，鸣声低细而短平，行动迟缓

家禽准确的龄期，只有根据出雏日期推定，但其大概龄期可凭它的外形来估计。青年鸡的羽毛结实光润，胸骨直，其末端柔软，胫部鳞片光滑细致、柔软，小公鸡的距尚未发育完成。小母鸡的耻骨薄而有弹性，两耻骨间的距离较窄，泄殖腔较紧而干燥。

老鸡在换羽前的羽毛枯涩凋萎，胸骨硬，有的弯曲，胫部鳞片粗糙，坚硬，老公鸡的距相当长。老母鸡耻骨厚而硬，两耻骨间的距离较宽，泄殖腔肌肉松弛。

5. 家禽体尺的测定

测量家禽体尺，目的是为了更精确地记载家禽的体格特征和鉴定家禽体躯各部分的生长发育情况，在家禽育种和地方禽种调查工作中经常用到。

在进行体尺测量之前，应引导学生复习家禽的骨骼，熟悉骨骼和关节的正确位置，使测量的结果更精确。方法是每组学生准备家禽骨骼标本一副，有重点地指出测量时用得着的各种骨骼部位，同时阐明它们和禽体生长发育的关系，并要求学生熟记骨骼位置。

现将禽体与生产性能有密切关系的几个部分的测量方法说明如下。

（1）体斜长　可了解禽体在长度方面的发育情况，用皮尺测量锁骨前上关节到坐骨结节间的距离。

（2）胸宽　可了解禽体的胸腔发育情况，用卡尺测量两肩关节间距离。

（3）胸深　可了解胸腔、胸骨和胸肌发育状况，用卡尺度量第一胸椎至胸骨前缘间的距离。

（4）胸骨长　可了解体躯和胸骨长度的发育情况，用皮尺度量胸骨前后两端间距离。

（5）胫长　可了解体高和长骨的发育，通常采用测量胫的长度的方法，用卡尺度量跖骨上关节到第三趾与第四趾间的垂直距离。

（6）胸角　可了解肉鸡胸肌发育情况，采用测量胸角的大小来表示，方法是将鸡仰卧在桌案上，用胸角器两脚放在胸骨前端，即可读出所显示的角度，理想的胸角为90°以上。

【实训报告】

1. 讨论总结鸡体尺测量的部位和方法。
2. 每组测量 3～5 只鸡，将测量结果记录于表 2-2 中。

表 2-2　鸡的体尺测量记录表　　　　　　　　　单位：cm

项目\鸡号	体斜长	胸宽	胸深	胸骨长	胫长

实训二　家禽的品种识别

【实训目标】　能根据家禽体型外貌识别国内、外著名的家禽品种，认识当地饲养的主要鸡、鸭、鹅品种的外貌特征，了解其生产性能，获得认识品种的基本技能。

【实训材料】　幻灯机、视频播放机、投影仪、家禽品种图片、幻灯片等。

【实训内容与操作步骤】

1. 品种介绍

观看家禽品种图片或活禽，介绍其产地、类型、外貌特征和生产性能。

2. 鸡的品种特征

(1) 标准品种鸡的外貌特征　见表 2-3。

表 2-3　主要标准品种鸡的外貌特征

品种	羽毛颜色	冠	耳	胫	皮肤	体型
白来航鸡	全身白色	单冠	白或黄色	黄或白色	黄色	体型小而清秀
芦花鸡	全身为黑白相间的横条纹,公鸡颜色较淡	单冠	红色	黄色	黄色	体型中等呈长圆形
洛岛红鸡	深红色而有光泽,主尾羽尖端和公鸡镰羽均为黑色并带翠绿色	单冠或玫瑰冠	红色	黄色	黄色	背宽平而长,体躯呈长方形
澳洲黑鸡	全身黑色,并带有绿色光泽	单冠	红色	黑色、脚底为白色	白色	体深而广,胸部丰满
白洛克鸡	全身白色	单冠	红色	黄色	黄色	体椭圆
白科尼什鸡	全身白色	豆冠	红色	黄色	黄色	体躯坚实,羽毛紧密,胸腿肌肉发达
黑狼山鸡	全身黑色	单冠	红色	白色	白色	体高,脚长,背短,头尾翘立,背呈"U"形
丝毛鸡	全身白色,丝毛	复冠,如桑葚状	绿色	黑色	黑色	体小骨细,行动迟缓

(2) 地方品种鸡的外貌特征　见表 2-4。

表 2-4　主要地方品种鸡的外貌特征

品种	羽毛颜色	冠	胫	体型
仙居鸡	黄色、白色、黑色	单冠	黄色、肉色及青色	小巧秀丽,羽毛紧贴
浦东鸡	以黄色、麻褐色者较多	单冠	黄色	体硕大宽阔,近似方形,骨粗脚高,羽毛疏松
桃源鸡	黄色者居多,亦有麻色等	单冠	黄色或灰黑色	体硕大,近似正方形

续表

品种	羽毛颜色	冠	胫	体 型
惠阳鸡	黄色	单冠	黄色	体中等,背短、脚矮,后躯发达,呈楔形。肉垂较小或仅有残迹,颌下有羽毛
北京油鸡	浅黄色或红褐色	单冠多褶皱,呈"S"形	黄色,有胫羽	体中等,有冠毛,红褐色油鸡的公鸡羽毛灿烂有光泽
固始鸡	黄色、黄麻色较多	单冠	靛青色或黑色	体质紧凑,羽毛紧贴,冠叶分叉呈鱼尾状
庄河鸡	全身黑色,带有光泽	单冠	黄色	体格硕大,骨骼粗壮
寿光鸡	淡黄色	单冠	黑色	体格较大,皮肤白色

（3）现代鸡种的外貌特征

① 蛋鸡系的白壳蛋系。该类鸡均具有白来航鸡的外貌特征,即体型小而清秀,全身羽毛白色而紧贴,单冠大而鲜红,喙、胫和皮肤均为黄色,耳叶白色。例如海兰 W-36、京白938、星杂238、海赛克斯白等白壳蛋鸡品种。

② 蛋鸡系的褐壳蛋系。该类鸡较白壳蛋系鸡体型稍大,羽毛颜色有深褐色和白色两种,有的品种曾祖代鸡白羽带有深褐色斑点,单冠较白壳蛋系鸡矮小而稍厚,胫、皮肤黄色,耳叶红色。例如京红1号、海兰褐、伊莎褐、海赛克斯褐等褐壳蛋鸡品种。

③ 蛋鸡系的粉壳蛋系。该类鸡是由洛岛红品种与白来航品种间正交或反交所产生的杂种鸡,其蛋壳颜色介于褐壳蛋与白壳蛋之间,呈浅褐色。其羽毛以白色为主,有黄、黑、灰等杂色羽斑。例如京粉1号、星杂444、京白939、海兰灰等粉壳蛋鸡品种。

④ 肉鸡系的快速生长型白羽肉鸡。该类鸡体型重大,胫趾粗壮,全身羽毛白色,单冠或豆冠,喙、皮肤黄色,耳叶红色。例如爱拔益加肉鸡（AA）、艾维茵肉鸡、罗曼肉鸡、海佩科肉鸡等现代肉鸡品种。

⑤ 肉鸡系的快速生长型黄色肉鸡。该类鸡体型重大,全身黄色羽毛,耳叶红色。例如中国培育的岭南黄鸡、京星黄鸡、雪山草鸡、鲁禽麻鸡等商用肉鸡品种以及中国肉鸡地方品种均属于此类。

3. 鸭的品种特征

见表2-5。

表2-5 主要品种鸭的外貌特征

品种	羽毛颜色	胫、蹼	体 型
北京鸭	全身白色	橘红色	体硕大,胸部丰满突出,腿短粗状
康贝尔鸭	公鸭的头、颈、尾和翼肩为青铜色,其余为暗褐色,母鸭为暗褐色	暗褐色	体型中等,头部优美,颈细长,腹部发育良好而不下垂
金定鸭	以灰色黑斑和褐色黑斑者居多	橘黄色及黑色	体型较小,外貌清秀,头中等大,颈细长,有的颈部有白圈
绍鸭	麻雀羽色,公鸭较母鸭颜色深	橘黄色	体小似琵琶形,头似蛇头
瘤头鸭	纯黑、纯白或黑白间杂	橘红色及黑色	体呈橄榄形,头大而长,头部两侧长有赤色肉瘤,喙色鲜红或暗红,眼鲜红,胸丰满,脚矮

4. 鹅的品种特征

见表2-6。

表 2-6 主要品种鹅的外貌特征

品 种	羽毛颜色	胫、蹼	体 型
狮头鹅	毛色棕褐色、灰褐色和灰白色3种	橘红色	体硕大,头大而深,头顶上有肉瘤向前倾,颌下咽袋发达,脸部皮肤松软
豁眼鹅	全身羽毛白色	暗褐色	小型白鹅,独特特征是上眼睑有一个疤状缺口,故称"豁眼鹅"

【实训报告】

1. 区别品种与品变种的含义,并举例说明。

2. 写出鸡的4个标准品种、3个引进蛋鸡品种、3个引进肉鸡品种以及4个鸭品种的产地和经济类型。

3. 比较白壳蛋鸡、褐壳蛋鸡和肉鸡等现代鸡种的外貌特征。

实训三 种蛋的构造和品质鉴定

【实训目标】 通过本实训,了解禽蛋结构、品质鉴定的方法,种蛋应具备的条件,种蛋消毒的意义,以及掌握消毒的各种方法。

【实训材料】 生鸡蛋、熟鸡蛋、照蛋器、蛋秤、粗天平、液体密度计、游标卡尺、蛋壳厚度测量仪、放大镜、培养皿、玻璃缸、小剪刀、小镊子、吸管、高锰酸钾、食盐等。

【实训内容与操作步骤】

1. 蛋重称量

用蛋秤或粗天平将鸡蛋逐个称重,称得的数据分别写在蛋的小头,鸡蛋的重量一般为40~65g,鹅蛋为120~200g,鸭蛋和火鸡蛋重量的范围均为70~100g。

2. 蛋形指数测量

蛋形由蛋的长轴和短轴的比例即蛋形指数决定,测定工具是游标卡尺。蛋形指数通常是长径与短径的比值,但也有用短径和长径的比值来表示的。正常鸡蛋的蛋形指数为1.32~1.39,1.35为标准形(如用短径/长径则分别为0.72~0.76,0.74为标准形);鸭蛋蛋形指数在1.20~1.58(0.63~0.83)之间,标准形为1.30(或0.77)。

3. 密度测定

蛋的密度即反映蛋的新鲜度,也与蛋壳厚度有关。测定方法是在每3L水中加入不同量的食盐,配制成不同密度的溶液,用密度计校正后分盛于玻璃缸内。每种溶液的相对密度依次相差0.005,详见表2-7。

表 2-7 溶液密度与食盐量的关系

溶液相对密度	加入食盐量/g	溶液相对密度	加入食盐量/g
1.060	276	1.085	390
1.065	298	1.090	414
1.070	320	1.095	438
1.075	342	1.100	463
1.080	365		

测定时先将蛋浸入清水中,然后依次从低密度到高密度的食盐溶液中通过,当蛋悬

浮在溶液中即表明其密度与该溶液的密度相等。蛋壳质量良好的蛋相对密度在 1.080 以上。

4. 蛋的照检

用照蛋器检视蛋的构造和内部品质，可检视气室大小、蛋壳质地、蛋黄颜色深浅和系带的完整与否等。刚产出 1～2 天的新鲜蛋，气室直径仅为 3～4mm。照检时要注意观察蛋壳组织及其致密程度，也要判断系带的完整，蛋黄的阴影由于旋转鸡蛋而改变位置，但又能很快回到原来位置；如系带断裂，则蛋黄在蛋壳下面晃动不停。观察蛋内有蛋黄以外的阴影，可能属于血蛋、肉斑蛋或坏蛋。

5. 蛋的剖检

此过程可直接观察蛋的构造和进一步研究蛋的各部分重量的比例以及蛋黄和蛋白的品质等。将鲜蛋置于培养皿内，静止 10min，用小剪刀刀尖在蛋壳中央开一个小洞，然后小心地剪出一个直径为 1～1.5cm 的洞口，胚盘（或胚珠）就位于这个洞口下面。受精蛋胚盘的直径为 3～5mm，并有稍透明的同心边缘结构，形如小盘。未受精蛋的胚珠较小，为一不透明的灰白色小点。

将内容物小心倒在培养皿中，注意不要弄破蛋黄膜，在蛋壳的里面有两层蛋白质的膜，可用镊子将它们与蛋壳分开。这两层壳膜在蛋壳的钝端，气室所在处最密易看清楚。紧贴蛋壳的膜，也叫外蛋壳膜，包围蛋内容物的膜叫蛋白膜，也叫内蛋壳膜。

为观察和统计蛋壳上的气孔及其数量，应将蛋壳膜剥下，用滤纸吸干蛋壳，并用乙醚或酒精棉去除油脂。在蛋壳内面滴上高锰酸钾溶液，约经 15～20min，蛋壳表面即显出许多小的蓝点或紫红点。

胚盘位于蛋黄的上侧，为观察蛋黄的层次和蛋黄心，可用快刀将熟鸡蛋沿长轴切开。蛋黄由于鸡体日夜新陈代谢的差异，形成深浅两层，深色层为黄蛋黄，浅色层为白蛋黄。

6. 测定蛋壳厚度和蛋白高度

用蛋壳厚度测量仪分别测定蛋的锐端、钝端和中部三个部位的蛋壳厚度，然后加以平均。蛋壳质量良好的蛋平均厚度在 0.33mm 以上。用蛋白高度测定仪测定新鲜蛋（产出当天或于第二天中午前）和陈旧蛋各 1～2 枚，先称蛋重，然后破壳倾在蛋白高度测定仪上，测定浓蛋白的高度，取蛋黄边缘与浓蛋白边缘之中点，测量三个点的蛋白高度平均值（单位，mm）。

7. 种蛋入孵前消毒

为了预防家禽疾病，在孵化前将种蛋进行消毒，以杀灭蛋表面的病原微生物，可采用下述方法中的一种对种蛋进行消毒。

（1）浸泡消毒　配制 0.05% 的高锰酸钾溶液，或 0.005% 的碘化钾，或 0.1% 的新洁尔灭溶液，置于大瓷盆内，使药液温度保持在 40～45℃，将种蛋放入 2min 取出沥干，再放入孵化器内入孵。

（2）熏蒸消毒　先测量并记录孵化机的体积，单独熏蒸鸡舍、孵化器，门窗应密闭 24h 以后再打开，以充分发挥药效，但种蛋只能熏蒸 20～30min，按每立方米空间 40% 福尔马林 30ml、高锰酸钾 15g 的比例熏蒸消毒，经 0.5h 应当打开孵化器门，用电扇驱散药气。再转入正式孵化。

【实训报告】

1. 将测得的蛋数据填入表 2-8，并计算每个蛋的蛋形指数，最后求平均值。

表 2-8 种蛋数据

蛋 号	蛋重/g	纵径/cm	横径/cm	蛋 形 指 数
1				
2				
3				
4				
5				
平均值				

2. 你认为种蛋消毒使用哪种方法较好？是否还有其他的消毒方法？试举例说明。

3. 按鸡蛋构造的挂图，绘出蛋的纵剖面图并注明各部分名称。

实训四　家禽体重与均匀度的测定

【实训目标】　通过实验熟练掌握家禽体重抽测的方法、均匀度计算的方法和喂料量的调整。

【实训场地与材料】　养鸡场或养鸭场（禽只数量不少于 500 只）。体重记录表格、某品种鸡或鸭各周龄均匀度标准、台秤、围栏等。

【实训内容与操作步骤】

1. 随机抽样、确定测定时间

在进行均匀度测定时，称重鸡的数量平养时以全群的 5% 为宜，但不得少于 50 只，笼养时比例为 10%。从 4 周龄起直到产蛋高峰前每周 1 次，必须在同一天相同时间进行空腹称重，每日限喂的下午称重，隔日限喂的在停喂日称重。

2. 称重操作和计算比较

随机在鸡群中围栏，被围的鸡不论多少，逐只称重。用围栏圈住后，逐只放入鸡筐在台秤上称重，1 人抓鸡，1 人称重记录。称重后计算体重平均数和鸡群均匀度，计算方法如下。

$$均匀度 = \frac{体重在抽测群平均体重 \pm 10\% 范围内的鸡数}{抽测群} \times 100\%$$

将所计算的均匀度和该周龄某品种鸡的均匀度标准进行对照，如果在标准以上，说明鸡群一致，均匀度良好；如果均匀度低于 70%，说明鸡群不整齐；低于 50% 时就应采取措施，按体重分成小群进行饲喂，使之达到一致；如果均匀度低于 30%，说明鸡群发育有问题，应分析原因，采取补救措施。

3. 喂料量调整

把所测平均体重和该周龄鸡的标准体重进行对照，作为下周调整饲料给量的依据。如果体重大于标准体重 1% 时，下周应减少计划给料量的 1%；如果体重大于 5% 左右时，下周给料量在上周的基础上减少 1%～2%；如果平均体重比标准体重低 1% 时，料量在原标准给料量的基础上增加 1%；如果平均体重比标准体重低 5% 时，下周应增加计划给料量的 5%。

【实训报告】　将实测结果记录下来，对照本品种的标准体重，分析原因，并提出解决的办法。

实训五　家禽的屠宰及屠宰率的测定

【实训目标】　了解屠宰家禽的方法，认识家禽消化和生殖系统各器官，掌握家禽屠宰率的测定和计算方法。

【**实训材料**】　公母鸡若干只。屠宰刀，解剖用具每组一套，盛血盆、方瓷盘、台秤、温度计、鸡笼、吊鸡钩、热开水等。

【**实训内容与操作步骤**】

1. 宰前准备

先将欲宰家禽禁食12h只供饮水，这样不仅可节省饲料，而且可保证放血完全、肉质优良和屠体美观。

2. 屠宰方法

（1）颈部放血法　左手握鸡两翅，将鸡颈向背部弯曲，并以左手拇指和食指固定头部，左手小指勾住鸡的一脚。右手将鸡耳下颈部的开口部位拔去绒毛，然后用刀切断颈动脉或静脉，放血致死，将鸡血滴入盛血盆中，注意握鸡不宜过于用力，以免翅部淤血。

（2）口腔内放血法　将鸡两腿分开倒悬于吊鸡钩上，左手握鸡头于手掌中，并以拇指和食指将鸡嘴顶开，右手用解剖刀，刀面与舌面平行伸入口腔，待刀进到左耳部附近即翻转刀面向下，用力切断静脉和桥静脉联合处，血沿口腔下流，待刀拉出一半时，再转向硬腭中央裂缝的中部（两眼之间）与硬腭成30°的角度斜刺延脑，以破坏其羽毛肌肉的神经中枢，使羽毛松弛，易于干拔羽毛。此法使屠体没有伤口，外表完整美观，放血完全。

宰鸭子时应从口内将舌头稍稍扭转拉出在口角的外面，使血流畅，以防咽血。

（3）拔羽

① 干拔法。采用口腔内放血宰杀的家禽可用干拔法，在血放净后，将家禽羽毛拔去，注意勿损伤皮肤。拔羽顺序是：尾→翅→颈→胸→背→臀→两腿的粗毛→绒毛。

② 湿拔法。血放净后，用 55～60℃ 的热水浸烫 2min，热水渗进毛根，因毛囊周围肌肉的放松而使羽毛宽松，便于拔毛。水温和浸烫时间视鸡体重、年龄和季节而定，不宜太高、太久，否则容易影响皮肤的完整性。烫鸡时，可用温度计测定水温。

（4）割除头、颈和脚　头部从第一颈椎处截下，再将颈椎从肩胛骨处截下留颈皮；脚从跗关节割断，剥去脚皮、趾壳。

（5）开腹去内脏　先挤压肛门，使粪便排出，在肛门下横剪一刀，长度3cm，伸进手指把鸡肠拉出，再挖肌胃、心、肝、胆、脾等内脏，仅肺和肾保留在屠体内。

3. 观察和认识内脏器官

（1）消化器官　按顺序了解器官的部位和形态，如口咽、食管、嗉囊、腺胃、肌胃、小肠、大肠、泄殖腔、肝、胆及胰腺等。

（2）生殖器官　雄性生殖器官包括睾丸和附睾、输精管、阴茎；雌性生殖器官包括卵巢、输卵管（漏斗部、蛋白分泌部、峡部、子宫、阴道）。

4. 屠宰率的测定

（1）活重　家禽肉用性能指标之一，指在屠宰前停饲2h的体重，以"g"为单位。

（2）屠体重　家禽去羽毛后体重。湿拔法须沥干水分。

$$屠宰率 = \frac{屠体重}{活重} \times 100\%$$

（3）半净膛重　是家禽宰杀加工后的一种规格，也是测定家禽屠宰率的一项经济指标，即屠体去气管、食道、嗉囊、肠、脾、胰和生殖器官，留心、肝（去胆）、肾、腺胃、肌胃（除去内容物及角质膜）和腹脂（包括腹部板油及肌胃周围的脂肪）的重量。

$$半净膛率 = \frac{半净膛重}{活重} \times 100\%$$

（4）全净膛重　即半净膛去心、肝、腺胃、肌胃、腹脂及头脚的重量（鸭、鹅保留头脚）。

$$全净膛率 = \frac{全净膛重}{活重} \times 100\%$$

$$胸肌率 = \frac{胸肌重}{全净膛重} \times 100\%$$

$$腿肌率 = \frac{大小腿净肌肉重}{全净膛重} \times 100\%$$

【实训报告】

1. 就观察所见，说明公、母鸡生殖器官各部分的形状和特点。

2. 每小组宰杀鸡1~2只，详细记载各个步骤，并计算鸡的屠宰率、半净膛率、全净膛率和胸肌率。

实训六　家禽产蛋性能的外貌和生理特征鉴定

【实训目标】　通过实训能根据家禽一般外貌和生理特征选择高产蛋鸡，正确区分产蛋鸡和停产鸡、新鸡和高产鸡，掌握根据外貌和生理特征鉴定家禽产蛋能力的方法。

【实训材料】　不同生产性能的母鸡若干只，禽笼若干个。

【实训内容与操作步骤】　家禽产蛋性能鉴定主要在鸡群中进行。产蛋性能的高低在外貌和生理特征上有明显反映。因此，通过家禽的外貌和生理特征在一定的程度上可以鉴定出家禽产蛋性能的高低，作为选种和淘汰的一种手段。

1. 根据禽体结构和外貌特征的鉴定（表2-9）

以鸡为例，其他禽类可根据其特征参照进行。

表 2-9　高产鸡与低产鸡外貌和身体结构的差异

项　目	高　产　鸡	低　产　鸡
头部	清秀、头顶宽、呈方形	粗大或狭窄
喙	短而宽、微弯曲	喙长而窄直、呈乌鸦嘴状
冠和肉垂	发育良好、细致、鲜红色	发育不良、粗糙、色暗
胸部	宽深向前突出、胸骨长直	窄浅、胸骨短或弯曲
体躯	背部宽、直	背部短、窄或呈弓形

2. 根据家禽生理表征的鉴定

(1) 腹部容积　母禽消化系统和生殖系统的发育状况在腹部容积上有相应的反映（表2-10）。因此，可区分出产蛋性能的高低。

表 2-10　高产鸡与低产鸡腹部容积的差异

项　目	高产鸡	低产鸡
胸骨末端与耻骨间距离	在4指以上	在3指以下
耻骨间距	相距3指以上	相距2指以下

(2) 触摸品质（表2-11）

表 2-11　高产鸡与低产鸡冠、肉垂、腹部、耻骨的区别

项　目	高产鸡	低产鸡
冠、肉垂	细致、温暖	粗糙、凉冷
腹部	柔软、皮肤细致有弹性、无腹脂硬块	皮肤粗糙、弹力差，过肥的鸡往往有腹脂硬块
耻骨	薄而有弹性	硬而厚、弹力差

（3）主翼羽的脱换　成年母鸡每年秋季换羽一次，换羽时生理变化强烈，一般在脱换主翼羽时引起停产。其规律是换羽早则换羽慢，同时脱换主翼羽数少，停产时间长是低产鸡；换羽迟则换羽快，同时脱换主翼羽多，停产时间短是高产鸡。据研究，一根旧主翼羽从脱落到新羽长成需 6 周时间，前后两根主翼羽从脱落到新羽长成，相距时间为两周。根据这一规律可用如下公式估测母鸡的换羽停产时间，作为秋季母鸡产蛋力鉴定的依据。

$$母鸡换羽停产周数 = 6 + 2 \times \left(\frac{n}{x} - 1\right)$$

式中，n 为已脱换、长完全的新羽数；x 为每次同时脱换的旧羽数。

例：20 号母鸡在秋季鉴定时已有 6 根新羽长完全，每次脱换旧羽一根；21 号母鸡也已有 6 根新羽长完全，每次脱换旧羽 3 根，试计算两只母鸡已换羽停产的周数。

$$20 号母鸡已换羽停产的周数 = 6 + 2 \times \left(\frac{6}{1} - 1\right) = 16 周$$

$$21 号母鸡已换羽停产的周数 = 6 + 2 \times \left(\frac{6}{3} - 1\right) = 8 周$$

由以上计算可知，21 号母鸡比 20 号母鸡换羽快，停产时间短。

（4）色素变换　具有黄色皮肤的家禽是由于其表皮层沉积叶黄素所致，在产蛋期间，饲料中的叶黄素大量贮积于蛋黄中，从而使黄色皮肤褪白，特别是无羽毛覆盖肛门、喙、眼睑、耳叶、胫、脚趾等尤为明显可见，在停产期皮肤的黄色也按相同顺序恢复，其速度比褪色快一倍。因此，可根据褪色部位和恢复的情况估测家禽已产蛋的时间和产蛋数量。

采用色素变换鉴定家禽产蛋力时应注意：①此法只适用于黄色皮肤的家禽；②色素变换的速度受饲料中叶黄素含量以及鸡只个体大小、皮肤厚薄、质地粗细和疾病等的影响，因此在鉴定时应注意。把色素鉴定与羽毛脱换鉴定法同时进行，并予校正则可靠程度更高。

【注意事项】

1. 在保定家禽时，手抓住胫部，以防被家禽抓伤、啄伤。

2. 鉴定不同家禽时，注意比较不同家禽相应部位的区别。

3. 在鉴定家禽的年龄、健康状况、生产性能时，不但要注意观察外貌差异，还要注意其行动及触摸品质，做到全面比较。

【实训报告】

1. 识别家禽的性别，鉴别健康鸡与病弱鸡。

2. 根据表 2-12 中所列举的项目练习母鸡产蛋力的鉴定。

表 2-12　母鸡产蛋力鉴定表

母鸡号	身体结构和外貌特征	腹部容积	触摸品质	羽毛脱换	色素褪换	总评
1						
2						

实训七　家禽的人工授精

【实训目标】　使了解家禽人工授精的目的，基本掌握家禽人工授精操作技术，为今后养禽生产中广泛应用人工授精技术打好基础。

【实训材料】 繁殖期的公鸡和母鸡、采精杯、集精管、输精管、显微镜、保温杯、酒精棉球、温度计、干燥箱、剪刀等。

【实训内容与操作步骤】

1. 采精

（1）采精前的准备 公母鸡提前3～5天隔离，剪去公鸡泄殖腔周围的羽毛，未采过精的公鸡同时要进行采精训练，每天1～2次，训练3～4天。集精杯、集精试管、输精器用生理盐水冲洗，烘干备用。

（2）采精操作 需2人协同操作，1人用左手抓住公鸡双腿，使鸡头向后，并轻轻夹于腋下，使公鸡呈自然交配状态。采精员右手的中指和无名指夹住集精杯的柄，四指并拢与拇指分开，轻轻扶在紧挨耻骨下缘的腹部。左手也四指并拢与拇指分开，手心朝下，稍用力从颈后翅膀基部沿身躯背部向尾根区域推滑并且用拇指和另外四指捏的动作刺激尾根3～4次。当公鸡外翻泄殖腔时，左手立即从背部绕到鸡尾后面，用中指、无名指及小指挡住尾羽，拇指和食指的指尖放在肛门稍上缘的两侧，做好挤压泄殖腔的准备。右手随之以较高的频率抖动腹部，直到泄殖腔全部露出；右手停止抖动，手心迅速上翻。将集精杯口放在泄殖腔开口下缘接取精液。

（3）精液的保存 新鲜精液在18～20℃范围内，保存时间不超过1h输精，可用生理盐水稀释，比例为1∶1。大规模人工授精可将采集的精液稀释后贮存在2～5℃的冰箱中，供24h内使用。

2. 输精

（1）输精前的准备 输精器具有1ml的注射器，带胶头的玻璃吸管，移液管及固定注射器的输精架等。精液最好现采现用，有精液的试管要注意保温、避光。

（2）输精量、输精部位和输精时间 每次输精量为0.025～0.05ml，在生产中，多采用阴道输精。阴道输精可分为浅部输精（2～3cm）、中部输精（4～5cm）和深部输精（6～8cm），一般应采用浅部阴道输精。种母鸡每4～5天输精1次，在15:00～17:00输精。

（3）输精方法 一人用左手大拇指与食指和小指与无名指分别捏住母鸡的两腿，掌心紧贴鸡的胸部，随之将手直立，使母鸡背部紧贴自己的胸部，鸡头部向下，泄殖腔向上，然后再将右手拇指和其余手指分开呈"八"字形，横跨于泄殖腔两侧柔软部分，轻轻地向下一压，同时用支撑母鸡胸部的左手向上一推，即可使开口于泄殖腔的输卵管翻出（位于鸡体左侧）。输精者用吸有0.025～0.05ml精液的输精器，插入输卵管开口处2～3cm将精液输入，在输精的瞬间，助手压迫腹腔的手要稍微放松，使阴道部自然缩回泄殖腔内。

笼养鸡人工授精可用左手握住母鸡的双腿，将鸡提至笼口处，使鸡的背部朝上、腹部朝下；右手拇指与其余四指分开，在母鸡左侧腹部稍稍挤压，即可将输卵管开口翻出。输精者将吸好精液的输精管插入输卵管2～3cm，将精液缓慢挤出。

（4）影响受精率的因素

①种公鸡精液的影响；②稀释的影响；③输精的影响；④种鸡日龄的影响；⑤气候的影响。

【注意事项】

1. 采精人员应相对固定。采精时要停食，以防吃得过饱，采精时排粪，污染精液品质。

2. 每只公鸡1～2天采1次精，每只公鸡最好使用一只集精杯。

3. 采精期间日粮中蛋白质和维生素含量要充足。

4. 采出的精液必须在30min内输完，否则受精率显著降低。

5. 母鸡产完当天的蛋后再输精。

【实训报告】

1. 简述母鸡的输精部位、输精量和输精时间。

2. 采精时应注意哪些事项？

3. 输精操作的方法有哪些？

4. 家禽人工授精应做哪些准备工作？

实训八　（讨论）如何提高雏鸡的成活率

【实训目标】　通过本次讨论，进一步熟悉雏鸡饲养管理的基本知识，培养学生运用基本理论知识分析和解决生产实践中具体问题的能力，培养学生综合运用理论知识的能力。

【讨论提示】

1. 在明确雏鸡成活率的概念基础上，从雏鸡生理特点入手，分析影响雏鸡成活率的因素，进而总结出提高雏鸡成活率的具体措施。

2. 讨论要结合本地区当时养鸡生产实际，针对本地区育雏方式、雏鸡饲养管理水平、雏鸡培育技术现状等具体问题，提出切实有效地提高雏鸡成活率的措施。

3. 讨论之前，学生除认真学习教材中有关内容外，还应该调查了解本地区养鸡生产现状，查阅雏鸡培育相关资料。

【讨论步骤】

1. 讨论材料的搜集

教材中的相关知识、本地区养鸡生产情况、雏鸡培育的新技术。

2. 讨论分组

根据授课班级学生人数，将授课班级分成几个讨论小组，由任课教师任命或学生自己推荐讨论小组长和书记员。

3. 分组讨论

在任课教师的组织指导下，由讨论小组长主持进行讨论，书记员记录同学发言并归纳讨论结果。

4. 讨论交流

分组讨论结束，由讨论小组长代表本组向全班同学汇报本组讨论结论。

5. 讨论总结

任课教师在听取讨论交流后，对本次讨论做总结发言。

【讨论要点】

1. 雏鸡成活率的概念与计算方法

雏鸡成活率是指育雏期末成活的雏鸡数与入舍雏鸡数的百分比，其计算方法为：

$$雏鸡成活率＝育雏期末雏鸡成活数÷入舍雏鸡数×100\%$$

2. 雏鸡的生理特点

（1）雏鸡体温调节功能不健全　雏鸡脑部体温调节功能没有发育完善；雏鸡绒毛稀而短保温能力弱；雏鸡体重小产热量少，单位体重所占的体表面积大、散热快；因此，雏鸡对环境温度适应能力低，畏冷怕热。

（2）雏鸡抗病能力差　雏鸡一些器官、系统尚未发育成熟，生理机能还不完善，抗病能力差，易患许多疾病，特别是传染病，如法氏囊病、大肠埃希菌病、鸡白痢、球虫病、呼吸道疾病等。

（3）雏鸡抗损伤能力弱　雏鸡弱小，没有自卫能力，容易受到意外伤害而致死，如压死、踩死、烧死、鼠害等。

（4）雏鸡消化机能不完善，消化能力弱。

（5）雏鸡生长发育迅速　雏鸡生长速度非常快，例如蛋鸡商品代雏鸡出生体重40g左右，育雏期结束（6周龄末）体重达到440g左右，42天增重约11倍。

3. 雏鸡死亡原因分析

通过对本地区养鸡生产情况进行调查，查阅雏鸡饲养管理及鸡病防治材料，完成表2-13，通过对表2-13的各种导致雏鸡死亡的因素进行分析，找到导致雏鸡死亡的主要因素。

表2-13　本地区雏鸡死亡原因调查表

死亡原因　　　　雏鸡种类	疾病/%				弱雏/%	意外伤害/%	其他/%
	传染病	代谢病	中毒	其他			
蛋用雏鸡							
肉用雏鸡							

4. 本地区雏鸡培育及疾病防治水平分析

（1）防疫制度是否健全。

（2）疫苗接种及药物预防情况。

（3）饲料生产、加工及使用情况。

（4）育雏设施设备及环境控制情况。

（5）技术人员指导生产实践能力。

（6）饲养员培训情况。

5. 提高雏鸡成活率的措施

根据雏鸡生理特点、雏鸡死亡原因分析、雏鸡培育及疾病防治水平分析等，对本地区雏鸡培育水平给予评估。找出导致雏鸡死亡的主要因素，总结出改进和提高雏鸡成活率的措施。总结时，从以下几个方面考虑。

（1）雏鸡疾病防疫制度。

（2）主要雏鸡疾病防治。

（3）使用适合本地区实际的先进雏鸡培育设备和环境控制设备。

（4）提高工作人员的技术水平和职业素质。

（5）新技术、新产品引进。

【实训报告】

1. 完成本地区雏鸡死亡原因调查表。

2. 讨论提高雏鸡成活率的方法。

单元二　综合实训

实训一　禽场的设计与规划

【实训目标】　学生能在选定的场址上进行规划设计，明确禽场各种建筑物的功能和相对的位置关系，设计出布局合理、利于生产、便于防疫的规模化养禽场。

【实训场地与材料】　标准化养禽场、禽场的规划设计图、绘图纸、铅笔、橡皮、尺子等。

【实训内容与操作步骤】

1. 禽场的规划与布局

禽场主要包括生活管理区、生产区和隔离区等，根据卫生防疫、方便工作需求，结合场地地势和当地全年主风向，按上风向到下风向的顺序安排以下各区（参见图2-1）。

（1）生活管理区　包括行政和技术办公室、饲料加工及料库、车库、杂品库、更衣消毒和洗澡间、配电房、水塔、职工宿舍、食堂、娱乐场所等。

（2）生产区　生产区包括各种禽舍，是禽场

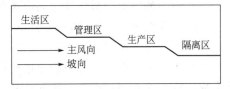

图 2-1　禽场布局按地势、风向的优先顺序

的核心。为保证防疫安全，无论是综合性养禽场还是专业性养禽场，禽舍的布局应根据主风向与地势，按孵化室、幼雏舍、中雏舍、后备禽舍、成禽舍顺序设置。即孵化室在上风向，成禽舍在下风向。

（3）隔离区　隔离区应设在全场的下风向和地势最低处，且隔离区与其他区的间距不小于50m；病禽隔离舍及处理病死禽的尸坑或焚尸炉等设施，应距禽舍300m以上，周围应有天然的或人工的隔离屏障；贮粪场要设在全场的最下风处，对外出口附近的污道尽头，与禽舍间距不小于100m。

2. 禽场的公共卫生设施

（1）消毒设施　禽场的大门口应设置消毒池，以便对进场的车辆和人员进行消毒。生活管理区进入生产区通道处设置消毒池、紫外灯照射、喷雾等立体消毒设施。每栋舍的门口也设置消毒池，用浸过消毒液的脚垫放在池内，供进出人员消毒鞋底。

（2）禽场道路　生产区的道路应设置净道和污道，利于卫生防疫。生产联系、运送饲料和产品使用净道，运送粪便污物、病死禽使用污道，净道和污道不得交汇。场前区与隔离区应分别设与场外相通的道路。通行载重汽车并与场外相连的道路宽度需3.5～7m，通行电瓶车、小型车、手推车等场内用车辆道路宽度需1.5～5m。

（3）禽场排水　可在道路一侧或两侧设排水沟，沟壁、沟底可砌砖石，也可将土夯实做成梯形或三角形断面。排水沟最深处不应超过30cm，沟底应有1‰～2‰的坡度，上口宽30～60cm。隔离区要有单独的下水道将污水排至场外的污水处理设施。

（4）场区绿化　进行禽场规划时，必须规划出绿化地，其中包括防风林、隔离林、行道绿化、遮阳绿化、绿地等，以防病原微生物通过鸟粪等杂物在场内传播，场区内除道路及建筑物之外全部铺种草坪，也可起到调节场区内小气候、净化环境的作用。

3. 鸡舍的设计

（1）鸡舍的朝向　鸡舍朝向以坐北朝南最佳。在找不到朝南的合适场址时，朝东南或朝东的也可以考虑，但绝对不能在朝西或朝北的地段建造鸡舍。

（2）鸡舍的布局　一般情况下，鸡舍间的距离以不小于鸡舍高度的3～5倍为宜。

（3）鸡舍的长度　按建筑规模，鸡舍长度一般为66m、90m、120m，中小型普通鸡舍为36m、48m、54m。

（4）鸡舍的跨度　笼养鸡舍要根据鸡笼排的列数，并留有适宜的走道后，方可决定鸡舍的跨度。一般以6～9m为宜，采用机械通风的跨度可达9～12m。

（5）鸡舍的高度　跨度不大、平养、气候不太热的地区，鸡舍不必太高，一般从地面到屋檐口的高度为2.5m左右；而跨度大、夏季气温高的地区，又是多层笼养，可增高到3m左右。

（6）鸡舍的屋顶　在气温较高、雨量较多的地区，屋顶的坡度宜大些，但任何一种屋顶都要求防水、隔热和具有一定的负重能力。

（7）鸡舍的墙壁　墙壁是鸡舍的围护结构，要求可防御外界风雨侵袭、隔热性良好，为舍内创造适宜的环境。墙外面用水泥抹缝，内墙用水泥或白石灰盖面，以便防潮和利于冲刷。

（8）鸡舍的地面　地面要求高出舍外地面 30cm，防潮，平坦。在地下水位高及比较潮湿的地区，应在地面下铺设防潮层（如石灰渣、炭渣、油毛毡等）。在北方的寒冷地区，如能在地面下铺设一层空心砖，则更为理想。

（9）鸡舍的门窗　鸡舍一般单扇门高 2m、宽 1m，双扇门高 2m、宽 1.6m（2×0.8m）。网上或棚状地面养鸡，在南北墙的下部一般应留有通风窗，窗的尺寸为 30cm×30cm，并在内侧蒙以铅丝网和设有外开的小门，以防禽兽入侵和便于冬季关闭。

（10）鸡舍的通道　通道的位置与鸡舍的跨度大小有关。跨度小的平养鸡舍，常将通道设在北侧，其宽约 1m；跨度大的鸡舍，可采用两走道，甚至是四走道。

4. 水禽舍的设计

（1）育雏舍　育雏舍以容纳 500～1000 只水禽为宜，应隔成 5～10 个小间，每小间可容纳 3 周龄以内的水禽 100 只，要求舍檐高 2～2.5m。育雏一般舍长为 40～50m，舍宽为 7～8m。

（2）育肥舍　育肥舍内可设计成棚架，分若干小栏，每小栏 10～15m²，可容纳中等体型育肥水禽 70～90 只。也可不用棚架，水禽直接养在地面上，但须每天清扫，经常更换垫草，并保持舍内干燥。

（3）种禽舍　每栋种禽舍以养 400～500 只种用水禽为宜。禽舍内分隔成 5～6 个小间，每小间饲养 70～90 只种禽。

（4）舍外运动场　水禽舍的陆上运动场一般应为舍内面积的 2～2.5 倍，水上运动场与陆上运动场的面积几乎相等，或至少有陆上运动场面积的 1/2，水深要求为 80～100cm。

【实训报告】某鸡场饲养 10 万只肉用仔鸡，场址地形为长方形，每栋鸡舍饲养 5000 只肉用仔鸡，饲养方式是网上平养，肉仔鸡的饲养密度为 10 只/m²。请合理布局鸡场的功能区；根据鸡场组织结构、福利用房、附属用房设计管理区用房数量和建筑总面积；根据饲养规模、饲养方式、饲养密度计算生产区鸡舍建筑面积；设计隔离区，并计算其建筑面积；运用所学知识绘制肉用仔鸡场的总平面布局图。

实训二　家禽饲养设备的构造及使用

【实训目标】　使学生了解养禽场常用设备的结构，掌握养禽场常用设备的评价和使用技能。

【实训材料】　供料设备、饮水设备、环境控制设备、孵化设备、防疫设备、鸡粪处理设备、人工智能设备等。

【实训内容与操作步骤】

1. 养禽场常用设备的识别及参数的测量

以组为单位，认识养禽场内的饲养设备、供料设备、饮水设备、环境控制设备、孵化设备、防疫设备、鸡粪处理设备、人工智能设备等，完成基本参数的测量，填入表 2-14。

表 2-14 养禽场主要的常用设备名称表

设备种类	主要设备的名称	产 地	型 号	主要技术参数
饲养设备	育雏笼			
	育成笼			
	蛋鸡笼			
	种鸡笼			
供料设备	料塔			
	输料机			
	喂料设备			
饮水设备	乳头式饮水器			
	杯式饮水设备			
	水槽式饮水设备			
	吊塔饮水设备			
	真空式饮水器			
孵化设备	箱式孵化机			
	巷道式孵化机			
	出雏机			
防疫设备	多功能清洗机			
	固定管道喷雾消毒设备			
其他设备	鸡粪处理设备			
	人工智能设备			
	照明设备			
	采暖设备			
	通风设备			
	清粪设备			

2. 养禽场常用设备的评价

各组根据养禽场的现有设备,结合所学的养禽设备知识,对认识的养禽场设备做出评价,将结果填入表 2-15。

表 2-15 养禽场常用设备评价表

设备种类	理论要求设备的名称及性能	实有设备的名称及性能	评 价
饲养设备			
供料设备			
饮水设备			
孵化设备			
防疫设备			

【实训报告】

1. 各组根据养禽场的现有设备，结合所学的养禽设备理论，对养禽场的设备做出评价。

2. 根据养禽场常用设备的理论和学到的技能，结合实训目的写出体会。

实训三　孵化机的构造和使用

【实训目标】　认识孵化机的各部构造并熟悉其使用方法，实际参加各项孵化操作，熟悉人工孵化的基本管理技术。

【实训材料】　孵化机、控温仪、继电器、水银导电表、干湿球温度计、孵化室有关设备用具、记录表格、孵化规程等。

【实训内容与操作步骤】

1. 孵化机的构造

按实物依次识别孵化机和出雏机的各部构造并熟悉其使用方法。重点熟悉以下几个系统：加热及控温系统（包括高、低温报警）、加湿系统、通风系统（包括风扇）以及翻蛋系统（包括定时器）等。

（1）孵化机的主体构造　利用孵化场的实物，依次识别入孵机和出雏机的主体构造和使用方法，即：孵化器外壳——种蛋盘——蛋架车——出雏盘——出雏车。

① 箱体。孵化机的箱体由框架、内外板和中间夹层组成，壁厚约50mm。

② 蛋架车和蛋盘。蛋架车为全金属结构，蛋盘架固定在四根吊杆上可以活动。用于鸡蛋孵化的蛋架车常有12～16层，每层间距为120mm。孵化盘和出雏盘多采用塑料蛋盘，既便于洗刷消毒，又比较坚固不易变形。

③ 活动翻蛋架。以纵或横中轴为圆心，用木材或金属制蛋盘拖架，将蛋盘插入并固定，以板闸或手动蜗杆使蛋盘架翻转。

（2）自控系统

① 控温系统。由电热管（或远红外棒）、控温电路和感温元件组成。

② 控湿系统。大型孵化机均采用叶片式供湿轮或卧式圆盘片滚筒自动供湿装置。该装置位于均温风扇下部，由贮水槽、供湿轮、驱动电机及感湿元器件等组成。

③ 报警系统。它是监督控温系统和电机正常工作的安全保护装置，分超温报警及降温冷却系统，低温、高湿和低湿报警系统，电机缺相或停转报警系统。

（3）机械传动系统

① 转蛋系统。八角式活动转蛋孵化器的转蛋系统由安装在中轴一端的扇形蜗杆组成，可采用人工转蛋。如采用自动转蛋系统，需增加微电机、减速箱及定时自动转蛋仪。跷板式活动转蛋孵化器均采用自动转蛋系统，设在孵化器后壁上部的翻蛋凹槽与蛋架车上部的长方形翻蛋板相配套，由设在孵化器顶部的电机转动带动连接翻蛋的凹槽移位，进行自动翻蛋。

② 通风换气系统。孵化器的通风换气系统由进气孔、出气孔、均温电机和风扇叶等组成。顶吹式风扇叶设在孵化器顶部中央内侧，进气孔在顶部近中央位置左右各一个，出气孔设在顶部四角。侧吹式风扇叶设在侧壁，进气孔设在靠近风扇轴处，出气孔设在孵化器顶部中央。进气孔设有通风调节板，以调节进气量；出气孔装有抽板或转板，可调节出气量。

（4）照明和安全系统　为了便于观察和安全操作，机内设有照明设备及启闭电机装置。一般采用手动控制，有的将开关设在孵化器门框上。当开孵化器门时，孵化器内照明灯亮，电机停止转动；关机时，孵化器内照明灯熄灭，电机转动。

2. 孵化的操作技术

根据孵化操作规程，在教师的指导和工人的帮助下进行各项实际操作。

（1）选蛋 首先将过大过小的、形状不正的、壳薄或壳面粗糙的、有裂纹的蛋剔出。每手握蛋 3 个，活动手指使其轻度冲撞，撞击时如有破裂声，将破蛋取出。

（2）码盘和消毒 选蛋的同时进行码盘，码盘时将种蛋钝端向上放置，装后清点蛋数，登记于孵化记录表中。种蛋码盘后即上架，在单独的消毒间内按每立方米容积福尔马林 30ml、高锰酸钾 15g 的比例熏蒸 20～30min。熏蒸时关严门窗，室内温度保持 25～27℃、相对湿度 75％～80％，熏后排出气体。

3. 种蛋预热

入孵前 12h 将种蛋移至孵化室内，使蛋初步温暖。暖蛋后按计划于下午 16 时上架孵化，出雏时便于管理。天冷时，上蛋后打开入孵机的辅助加热开关，使加速升温，待温度接近要求时即关闭辅助电热器。

4. 孵化条件

孵化室条件为温度 20～22℃、相对湿度 55％～60％，通风换气良好。出雏室温度适当提高些。见表 2-16。

表 2-16 孵化条件

孵化条件	入孵机	出雏机	孵化条件	入孵机	出雏机
温度	37.8℃	37.2～37.5℃	通气孔	全开	全开
相对湿度	55％	65％	翻蛋	每 2 小时 1 次	停止

5. 温、湿度的检查和调节

每隔 2 小时检查孵化机和孵化室的温、湿度情况，观察机器的灵敏程度，遇有超温或降温时，应立即查明原因，及时检修和调节。机内水盘每天加水 1 次。湿度计的纱布每孵化一批种蛋更换 1 次。

6. 孵化机的管理

应注意机器的运转情况，特别是电机和风扇的运转情况，注意有无发热和撞击声响的机件，定期检修加油。

7. 移盘和出雏

孵化 19 天照检后，将蛋移至出雏机中，同时增加水盘，改变孵化条件，作系谱记录的种蛋，按母鸡号放入谱系孵化出雏盘以便出雏后编号。孵化满 20 天后，将出雏机玻璃门用黑布遮掩，免得已出雏鸡骚动不安，每隔 6～8h 拣出雏鸡和蛋壳 1 次。出雏完毕，清理雏盘，消毒孵化机。

【实训报告】

1. 设有孵化机两台，各容 10000 枚蛋，出雏机一台容 7000 枚蛋，从 3 月 1 日开始孵化，至 5 月 20 日止，在尽可能有效利用孵化器条件下，请计算一共可孵化的批数、每批入孵蛋数、入孵日期、每批出雏数和总出雏数，并将计算结果按表 2-17 所列格式写出（已知：种蛋受精率 90％，受精蛋孵化率 95％，健雏率 98％）。

表 2-17 某孵化场孵化记录

批 次	入孵日期	入孵蛋数/枚	出雏日期	计划出雏数/只	健雏数/只	备 注

2. 按作业 1 的结果编制 3～4 月份的孵化日程表。

3. 写出实际参加孵化操作的体会。

实训四　家禽胚胎发育观察

【实训目标】　通过照检、剖检使学生了解家禽胚胎发育的外形特征，区别受精蛋、无精蛋、弱精蛋和死精蛋的蛋相，以及了解胚胎中、后期的发育情况，从而掌握孵化全过程的"看胎施温"技术。

【实训材料】　照蛋器、解剖器、培养皿、放大镜、小钢尺、剪子、药匙、滤纸、天平、鸡胚胎发育标本及挂图等。5～6 天、10～13 天、17～18 天的正常鸡胚蛋若干或 7～8 天、12～14 天、23～25 天的正常鸭蛋若干；不同时期的弱胚蛋、死胚蛋和无精蛋若干。

【实训内容与操作步骤】

1. 观察禽胚胎发育的外观特征

（1）通过放映幻灯片，观看标本、挂图了解胚胎孵化全过程每天的胚相变化，特别着重了解胚胎发育第 5 天的"单珠"、第 10.5 天的"合拢"和第 17 天的"封门"。这是掌握"看胎施温"的关键时刻。

（2）观察禽胚胎发育的外部特征　鸡胚蛋在 10～13 天、鸭胚蛋在 12～14 天进行第二次照检蛋，主要检查胚胎发育情况，将发育差或死胎蛋剔除。鸡、鸭、鹅胚胎发育不同日龄的外部特征见表 2-18。

表 2-18　鸡、鸭、鹅胚胎发育不同日龄主要的外部特征

胚龄/天			照蛋特征（俗称）	胚胎发育的主要特征
鸡	鸭	鹅		
1	1～1.5	1～2	"鱼眼珠"	器官原基出现
2	2.5～3	3～3.5	"樱桃珠"	出现血管，胚胎心脏开始跳动
3	4	4.5～5	"蚊虫珠"	眼睛色素沉着，出现四肢原基
4	5	5.5～6	"小蜘蛛"	尿囊明显可见，胚胎头部与胚蛋分离
5	6～6.5	7～7.5	"单珠"	眼球内黑色素大量沉着，四肢开始发育
6	7～7.5	8～8.5	"双珠"	胚胎躯干增大，活动力增强
7	8～8.5	9～9.5	"沉"	出现明显鸟类特征，可区分雌雄性腺
8	9～9.5	10～10.5	"浮"	四肢成形，出现羽毛原基
9	10.5～11.5	11.5～12.5	"发边"	羽毛突起明显，软骨开始骨化
10～10.5	13～14	15～16	"合拢"	尿囊合拢，龙骨突形成，胚胎在羊水中浮游
11	15	17		尿囊合拢结束
12	16	18		蛋白部分被吸收，血管加粗，颜色变深
13	17～17.5	19～19.5		躯体被覆绒羽，胚胎迅速增长
14	18～18.5	20～21		胚胎转动与蛋的长轴平行，头向气室
15	19～19.5	22～22.5		体内外器官基本形成，喙接近气室
16	20	23		冠和肉髯明显，绝大部分蛋白进入羊膜腔
17	20.5～21	23.5～24	"封门"	躯干增大，两腿抱头部，蛋白全部输入羊膜腔
18	22～23	25～26	"斜口"	羊水、尿囊液明显减少，气室倾斜，头弯曲，喙朝气室
19	24.5～25	27.5～28	"闪毛"	喙进入气室，肺呼吸开始，颈、翅突入气室，两腿弯曲朝头部，呈抱头姿势
20	25.5～27	28.5～30	"起嘴"	大批啄壳，开始破壳出雏
21	27.5～28	30.5～31	"出壳"	大量出雏

注："照蛋特征"空白项表示鸡、鸭、鹅胚胎此阶段照蛋时无明显特征，随日龄逐渐变化，常见血管加粗、颜色加深、胚体加大。

鸡胚蛋孵化第 5 天、第 10 天、第 17 天的发育过程见图 2-2。

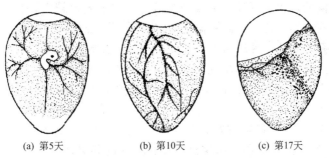

|(a) 第5天|(b) 第10天|(c) 第17天|

图 2-2 不同日龄胚胎的发育（照蛋所见）

（3）判断胚蛋的胚龄 在分批入孵的机内随意捡出部分胚蛋照检，判断胚蛋的胚龄。

2. 观察禽胚胎发育的照蛋特征

（1）头照 用照蛋器照检 5~7 天胚蛋，观察胚蛋的外部特征。各种头照蛋的外部特征见图 2-3。

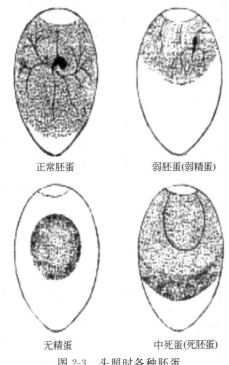

正常胚蛋   弱胚蛋(弱精蛋)

无精蛋   中死蛋(死胚蛋)

图 2-3 头照时各种胚蛋

① 受精蛋。整个蛋呈红色，胚胎周围血管分布明显，并可看到胚上的黑色眼点，将蛋微微晃动，胚胎亦随之而动。

② 弱精蛋。黑点、血丝不明显。

③ 死胚蛋。无黑点，可见到血圈或血线，无血管扩散。

④ 无精蛋。蛋内发亮，只见蛋黄稍扩大，颜色淡黄，看不到血管分布。

（2）抽检 鸡在 10~11 胚龄（合拢）（鸭、火鸡在 13~14 胚龄，鹅在 15~16 胚龄）进行，主要看鸡胚尿囊的发育情况，正常：入孵后的第 10 天，尿囊必须在种蛋背面合拢，俗称"合拢"。尿囊血管应到达蛋的小端，这是判断胚胎发育是否正常的关键胚龄和特征。异常：①尿囊血管提前"合拢"，死亡率提高；孵化前期温度偏高。②尿囊血管"合拢"推迟，死亡率较低；温度偏低，相对湿度过大或种鸡偏老。③尿囊血管未"合拢"，小头尿囊血管充血严重，部分血管破裂，死亡率高；温度过高。④尿囊血管未"合拢"，但不充血；温度过低，通风不良，翻蛋异常，种鸡偏老或营养不全。⑤胚胎发育快慢不一，部分胚蛋血管充血，死胎偏多；机内温差大，局部超温。⑥胚胎发育快慢不一，血管不充血；贮存时间明显不一。⑦头位于小头，一般是大头向下。⑧孵蛋爆裂，散发恶臭气味；脏蛋或孵化环境污染。

（3）二照（全检）　在移盘前进行，鸡 18～19 胚龄（鸭、火鸡 25～26 胚龄，鹅 28 胚龄）。取出死胚蛋，然后把胚蛋移到出雏机。发育正常的胚蛋，可在气室交界处见到粗大的血管，第 18 天可见到气室出现倾斜，第 19 天雏鸡喙部已啄破壳膜向气室，胚蛋气室处有黑影闪动，俗称"闪毛"。

3. 胚蛋剖检

（1）胚胎外部观察　用镊子轻轻敲破胚蛋钝端并剥去蛋壳，小心撕开内壳膜，直接观察卵黄囊或尿囊绒毛膜。再剥去蛋壳将胚胎及其内容物轻轻倒入培养皿中，观察尿囊、尿囊血管、羊膜、卵黄囊和卵黄囊血管。施用此项手术要小心，防止卵黄囊破裂。观察胚胎形态以及皮肤表面是否有羽毛乳头突起或绒毛发育部位等。

（2）观察活胚　打开孵化 5 天、10 天和 18 天的活胚蛋，从外部形态上观察各日龄胚胎发育情况，测量胚胎的体长、重量以及蛋黄和蛋白的重量，借以了解不同时期胚胎发育的外形变化。

5 天：血管分布蛋面 1/3，解剖胚长 10mm，胚重 0.13g。生殖腺已性分化，可分公母，胚体极度弯曲，头尾几乎相接，可明显见到胚胎黑色的眼睛，俗称"单珠"。

10 天：胚长 20mm，胚重 2.26g。尿囊血管到达蛋的小端，整个背、颈都覆盖有羽毛突起。龙骨突形成，除气室外，整个蛋布满血管，俗称"合拢"。

18 天：胚长 70mm，胚重 21.83g。头弯曲于右翼下，眼开始睁开，气室斜向一侧，俗称"斜口"。

【实训报告】

1. 绘制头照受精蛋、无精蛋和死精蛋的蛋相。

2. 叙述鸡胚、鸭胚两次照检的时间、目的和特征。

实训五　孵化效果的检查与分析

【实训目标】　根据孵化条件、照蛋、计算孵化率、绘制死亡曲线、解剖死胎和孵化记录，能正确检查与分析孵化效果。

【实训材料】　照蛋器、解剖器、培养皿、放大镜、小钢尺、剪子、药匙、滤纸、天平、计算器等。5～6 天、10～11 天、17～18 天的正常鸡胚蛋若干或 7～8 天、12 天、23～25 天的正常鸭蛋若干；不同时期的弱胚蛋、死胚蛋和无精蛋若干。孵化记录表、鸡胚胎发育标本及挂图等。

【实训内容与操作步骤】

1. 孵化效果的检查

孵化效果的检查包括孵化过程中的孵化条件及最终的孵化结果，目的是发现在孵化过程中出现的异常现象，及时采取技术措施给予纠正，总结经验，进一步提高孵化成绩。

（1）灯光照检　利用照蛋灯的灯光，透过蛋壳观看种蛋的内部情况。

第一次照检（全检）：目的是及时检出无精蛋、死精蛋、破壳蛋，观察胚胎发育情况，调整孵化条件。鸡蛋在孵化的第 5～6 天照检。受精蛋可见到发育的胚体和胚体周围的网状血管，并可明显见到胚胎的黑色眼睛。

第二次照检（抽检）：在第 10～11 天进行，主要看鸡胚尿囊的发育情况，入孵后的第 10 天，尿囊必须在种蛋背面合拢，尿囊血管应到达蛋的小端，这是判断胚胎发育是否正常的关键胚龄和特征。

第三次照检（抽检）：在第 17 天进行，主要看胚胎对蛋白的利用情况。胚胎发育到第 17 天，所有的蛋白全被胚胎吞食消化利用，除了气室，蛋内已全被胚体占据，因此，蛋锐端不再看到透明的蛋白。如果第 17 天蛋白尚未被胚胎利用完，则说明胚胎发育滞后，推迟出壳，出雏率降低，必须及时调整孵化条件。

第四次照检（全检）：在第 18～19 天进行，目的是取出死胚蛋，为准确移盘和创造良好出雏环境提供依据。照检后把胚蛋移到出雏机。发育正常的胚蛋，可在气室交界处见到粗大的血管，第 18 天可见到气室出现倾斜。第 19 天雏鸡喙部已啄破壳膜向气室，俗称"闪毛"。

（2）蛋重变化的测定　孵化过程中，因气体交换、水分蒸发，蛋重要减轻，测量蛋重减轻比例，可以判断胚胎发育是否正常。方法是在入孵前称测一个盘的蛋重，平均每个蛋的重量。孵化过程中，检出无精蛋和中死蛋，称量所剩活胚蛋的重量，平均每个活胚蛋重，然后算出各阶段的减重百分率并与正常减重率比较，以了解减重情况是否正常。

（3）啄壳、出壳和初生雏的观察　孵化满 19 天后，结合移蛋观察破壳情况，满 20 天以后，每 6 小时观察一次出壳情况，判断啄壳、出壳时间是否正常，并注意啄壳部位有无粘连雏体或雏鸡绒毛湿脏的现象。雏鸡孵出后，观察雏鸡的活动和结实程度、体重大小、蛋黄吸收情况、绒毛色素、雏体整洁程度和羽毛的长短，此外尚应注意有无畸形、眼疾、蛋黄未吸收、脐带开口而流血、骨骼短而弯曲、脚和头的麻痹等。

2. 解剖死胎

出雏结束后，解剖部分死胚蛋进行观察。检查时首先根据胚胎发育情况判定死亡日龄，注意皮肤、肝、胃、心脏等主要内脏器官的变化，如充血、出血、水肿、萎缩、变性、畸形等，以确定死亡原因。

3. 死亡曲线绘制与分析

在孵化期内，胚胎死亡分布不是均衡的，而是存在着两个死亡高峰，第一个死亡高峰出现在孵化前期（3～5 天），第二个死亡高峰出现在孵化后期（18 天以后）。根据胚胎的死亡日龄绘制曲线。如果初期死亡率过高，多半是由于种蛋保存不好、种鸡患病等；中期死亡率过高，多是由于种鸡营养不良；末期死亡率过高，多是由于孵化条件不良所致。

4. 孵化效果的分析

出壳的雏鸡体格健壮，精神活泼，大小均匀，绒毛清洁，出壳时间较集中，残次雏少，孵化成绩优良；反之则孵化效果不良。

优良的孵化效果：入孵蛋孵化率 90% 以上，无精蛋为 5%，头照死精蛋 2% 左右，二照死胚蛋为 2%～3%，落盘后死胚蛋在 5%。

5. 计算孵化率

孵化率有两种计算方法，公式如下：

$$入孵蛋孵化率 = \frac{出雏数}{入孵蛋总数} \times 100\%$$

$$受精蛋孵化率 = \frac{出雏数}{受精蛋数} \times 100\%$$

【实训报告】

1. 根据受精蛋孵化率、胚胎死亡曲线分析孵化成功或失败的原因。

2. 如何利用胚胎发育的特征进行孵化检查？

3. 一批种蛋孵化情况如下：入孵 11000 枚种蛋，检出头照无精蛋 650 枚，死精蛋 280 枚。二次照蛋检出死胚蛋 130 枚，最后出健雏 9700 只、弱雏 150 只。计算这批种蛋入孵蛋孵化率及受精蛋和受精蛋孵化率；绘制胚胎死亡曲线；并分析孵化效果。

实训六 孵化计划的编制和孵化效果的计算

【实训目标】 通过本次实训，可掌握编制孵化计划的基本方法，能够熟练计算种蛋孵化率。

【实训材料】 计算器、生产现场记录资料。

1. 种蛋生产计划

某种鸡场 1000 套蛋种鸡种蛋生产计划见表 2-19。

表 2-19 某种鸡场 1000 套蛋种鸡种蛋生产计划

项目＼月份	1	2	3	4	5	6	7	8	9	10	11	12	全年估算值
饲养母鸡数/只	990	970	960	950	930	910	890	870	850	830	1100	1080	944
平均产蛋率/%	70	70	80	85	85	80	75	65	65	65	50	70	72
种蛋合格率/%	80	90	90	95	95	95	95	95	90	90	85	90	91
鸡只均产蛋量/枚	22	20	24	26	26	24	23	20	19	20	15	22	261
鸡只均产种蛋数/枚	18	18	22	25	25	23	22	19	17	18	13	20	240
总产蛋量/枚	21780	19400	23040	24700	24180	21840	20470	17400	16150	16600	16500	23760	245820
总产种蛋数/枚	17820	17460	21120	23750	23250	20930	19580	16530	15130	14940	14300	21600	226410

2. 种蛋孵化指标

一般生产技术水平下孵化指标参考表，见表 2-20。

表 2-20 一般生产技术水平下孵化指标

生产指标	蛋 鸡	肉 鸡	生产指标	蛋 鸡	肉 鸡
种蛋平均受精率/%	85～90	80～85	健雏率/%	96 以上	96 以上
受精蛋孵化率/%	88 以上	85 以上	公母比例	1:1	1:1

3. 种蛋孵化记录

可参见表 2-21 某孵化场种蛋孵化记录表（部分）。

表 2-21 某孵化场种蛋孵化记录表（部分）　　　　　单位：枚

入孵日期	品种	种蛋数	第一次照蛋		第二次照蛋		孵化结果		
			受精蛋	无精蛋	发育正常蛋	中死蛋	出雏数/只	健雏数/只	弱雏数/只
4 月 12 日	海兰褐	10800	9936	864	9717	219	9072	8709	363
4 月 19 日	海兰褐	10800	9942	858	9756	186	9180	8823	357

【实训内容与操作步骤】

1. 种蛋孵化率的计算

种蛋孵化率包括入孵蛋孵化率和受精蛋孵化率两项指标，下面以表 2-21 中 4 月 12 日入孵的种蛋孵化记录为例介绍种蛋孵化率的计算步骤。

（1）入孵蛋孵化率的计算　入孵蛋孵化率是出雏数占入孵种蛋数的比例，其计算公式是：

$$入孵蛋孵化率 = \frac{出雏数}{入孵种蛋数} \times 100\% \qquad (1)$$

① 在表 2-21 中，查出 4 月 12 日入孵的种蛋数和孵化结果中的出雏数分别为 10800 和 9072。

② 将查得的数字代入公式（1），得

$$入孵蛋孵化率 = \frac{出雏数}{入孵种蛋数} \times 100\%$$
$$= 9072 \div 10800 \times 100\% = 84\%$$

（2）受精蛋孵化率的计算　受精蛋孵化率是出雏数占受精种蛋数的比例，其计算公式是：

$$受精蛋孵化率 = \frac{出雏数}{受精种蛋数} \times 100\% \qquad (2)$$

① 在表 2-21 中，查出 4 月 12 日入孵的受精种蛋数和孵化结果中的出雏数分别为 9936 和 9072。

② 将查得的数字代入公式（2），得

$$受精蛋孵化率 = \frac{出雏数}{受精种蛋数} \times 100\%$$
$$= 9072 \div 9936 \times 100\% = 91.3\%$$

2. 孵化计划的编制

（1）根据种蛋生产计划确定本年度各个月份饲养母鸡数、生产种蛋数和全年生产种蛋数。

（2）根据本场生产技术水平、孵化设备条件确定各个月份种蛋受精率、受精蛋孵化率（参考表 2-20 中的指标）和入孵种蛋数。如果孵化设备充足，雏鸡销售渠道畅通，各个月份入孵种蛋数等于各个月份生产种蛋数。

（3）计算各个月份出雏数和各个月份平均每只母鸡提供雏鸡数。

$$各个月份出雏数 = 各个月份产种蛋数 \times 种蛋受精率 \times 受精蛋孵化率$$

$$各个月份平均每只母鸡提供雏鸡数 = \frac{各个月份出雏数}{饲养母鸡数}$$

（4）计算各个月份提供的母雏数和公雏数及每只母鸡各个月份提供的母雏数和公雏数。

$$各个月份提供的母雏数 = 公雏数 = \frac{各个月份出雏数}{2}$$

$$每只母鸡各个月份提供的母雏数 = 公雏数 = \frac{各个月份每只母鸡提供雏鸡数}{2}$$

（5）计算全年数量，将上述计算结果填入表 2-22。

表 2-22 孵化计划表

项目 \ 月份	1	2	3	4	5	6	7	8	9	10	11	12	全年估算值
饲养母鸡数/只	990	970	960	950	930	910	890	870	850	830	1100	1080	944
产种蛋数/枚	17820	17460	21120	23750	23250	20930	19580	16530	15130	14940	14300	21600	226410
种蛋受精率/%	90	90	90	90	90	90	90	90	90	90	90	90	90
受精蛋孵化率/%	88	88	88	88	88	88	88	88	88	88	88	88	88
入孵种蛋数/枚	17820	17460	21120	23750	23250	20930	19580	16530	15130	14940	14300	21600	226410
出雏数/只	14113	13828	16727	18810	18414	16577	15507	13092	11983	11832	11325	17107	179317
每只母鸡提供雏鸡数/只	14	14	17	20	20	18	18	15	14	14	10	16	16
母雏数/只	7056.5	6914	8363.5	9405	9207	8288.5	7753.5	6546	5991.5	5916	5662.5	8553.5	89658.5
公雏数/只	7056.5	6914	8363.5	9405	9207	8288.5	7753.5	6546	5991.5	5916	5662.5	8553.5	89658.5
每只母鸡提供母雏数/只	7	7	8.5	10	10	9	7.5	7	7	7	5	8	8
每只母鸡提供公雏数/只	7	7	8.5	10	10	9	7.5	7	7	7	5	8	8

（6）根据雏鸡销售合同、孵化设备条件和种蛋贮存条件再拟定出实施性年度孵化计划，填入表 2-23。

表 2-23 年度孵化计划

批次	入孵日期	来源品种	入孵蛋数/枚	孵化率/%	出雏总数/只 健雏数/只 母雏数	公雏数	弱雏数/只	备注

【实训报告】

1. 根据表 2-19 计算该场 4 月 19 日入孵的种蛋入孵蛋孵化率和受精蛋孵化率。
2. 编制饲养 100 套父母代肉种鸡的孵化计划。

实训七　初生雏的雌雄鉴别、分级及剪冠

【实训目标】 了解初生雏鸡羽速雌雄鉴别法和翻肛雌雄鉴别法，掌握雏鸡羽色雌雄鉴别法。

【实训材料】 初生雏鸡（羽速、羽色自别雌雄及其他雏鸡）若干只。操作台、雏鸡笼（或纸箱）、翅标（或脚标）、台灯（60W 乳白色光灯泡）。有关初生雏鉴别操作手法和判别标准的图片（或幻灯片、录像片等）。

【实训内容与操作步骤】

1. 初生雏的雌雄鉴别

（1）羽色自别雌雄的雏鸡性别鉴定 将雏鸡放在操作台上观察其羽毛颜色，如果金黄色

羽毛的公鸡与银白色羽毛的母鸡杂交，其后代具有金黄色羽毛的雏鸡为母鸡，具有银白色羽毛的雏鸡为公鸡。例如，褐壳蛋系鸡中，海兰、罗曼、依莎、迪卡、罗斯等商品代雏鸡具有金黄色羽毛的雏鸡为母鸡，具有银白色羽毛的雏鸡为公鸡。

（2）羽速自别雌雄的雏鸡性别鉴定

① 操作方法。操作者左手手掌保定雏鸡躯干，中指与无名指夹住雏鸡两腿，拇指、食指及右手展开雏鸡羽翼。观察并比较主翼羽与覆主翼羽长度。

② 判断标准。主翼羽长于覆主翼羽的雏鸡为母鸡，主翼羽短于或等于覆主翼羽的雏鸡为公鸡。

（3）初生雏鸡的翻肛雌雄鉴别　对于没有引用羽色和羽速自别雌雄育种手段的雏鸡，需要进行性鉴别时，要采用翻肛雌雄鉴别法。

① 操作方法。将台灯置于操作台上，打开开关。操作者左手手掌握住雏鸡，中指与无名指轻轻夹住颈部，小手指与无名指夹住两腿，用拇指轻压雏鸡腹部左侧髋骨下缘，使其排粪。雏鸡排粪后，操作者左手拇指按在雏鸡腹部左侧，右手拇指和食指按在雏鸡泄殖腔两侧，三指一齐用力挤压，雏鸡泄殖腔就会被翻开。翻开泄殖腔后，观察生殖突起形状和状态。

② 判别标准。雌雄雏鸡生殖突起形态特征见表 2-24。

表 2-24　初生雏鸡生殖突起形态特征

性别	类型	生殖突起	八字皱襞
雌性	正常型	无	退化
	小突起	突起较小,隐约可见,不充血,突起下有凹陷	不发达
	大突起	突起稍大,不充血,突起下有凹陷	不发达
雄性	正常型	突起饱满,大且圆,轮廓明显,充血	很发达
	小突起	小而圆	比较发达
	分裂型	突起分为两部分	比较发达
	肥厚型	比正常型大	发达
	扁平型	突起扁平,大且圆	发达且不规则
	纵型	突起直立,尖而小	不发达

2. 初生雏的分级

雏禽孵出后稍经休息，就应根据雏禽的生产目标，按不同禽群或禽舍，结合雏禽强弱、出雏时间进行分级。分级时，轻轻地用手掠过雏禽头、颈部，马上抬起头的多是健雏，再结合"一看、二摸、三听"进行判断。

一看，就是看雏禽的精神状态。健康雏禽一般站立有力，活泼好动，反应机敏，眼大有神，羽毛覆盖完整、有光泽，腹部柔软，卵黄吸收良好；弱雏则缩头闭眼，羽毛蓬乱残缺，特别是肛门附近的羽毛多被粪便沾污，腹大、松弛、脐口愈合不良、带血等。

二摸，就是摸雏鸡的脐部、膘情、体温等。用手抓雏禽时手指贴于脐部，若感觉平整无异物则为强雏，若手感有钉子帽或丝状物存在则为弱雏。同时手握雏禽感到温暖、有膘、体态匀称，有弹性，挣扎有力的是强雏；弱雏手感较凉、瘦小、轻飘，挣扎无力。

三听，就是听雏禽的叫声。强雏叫声洪亮、清脆、短促；弱雏叫声微弱、嘶哑，或鸣叫不停、有气无力。

另外，孵化率高的、在正常出壳时间出雏的雏禽比孵化率低的、过早或过迟出壳的质量要好。过于软弱或腿、喙畸形或有残疾、折翅等个体，一般不能成活，容易患病，不应留用。

3. 雏鸡的剪冠

初生雏鸡出壳后 24h 内剪冠。操作时左手握鸡，拇指和食指固定鸡头两侧，右手用眼科剪刀贴冠基部从前向后将冠叶一次全部剪掉。先用碘酊棉球将鸡冠部羽毛消毒处理，同时使鸡冠充分暴露，便于剪冠操作。剪完后用碘酊棉球再次消毒创口。

4. 断趾

在雏鸡 2～3 日龄进行。操作时左手握鸡，拇指和食指固定鸡爪，用通电后的断喙器或电烙铁将鸡爪的第 1、2 趾指甲根部的关节切去。

【注意事项】分级后，将雏禽定量分盘，存放在室温 25～29℃、相对湿度 65% 左右、空气新鲜的专用存雏室内。分盘存放时，盘与盘可重叠堆放，但最下层要用空盘或木板垫起，防止存雏室温度过低造成雏禽挤压死亡。盘重叠堆放的高度也不宜过高，堆与堆间应留有通风间隙，防止过热使雏禽出汗甚至闷热窒息死亡。雏禽在存雏室存放时间不可过久，应尽快完成相应的任务实施，并及时运往育雏室喂水开食。

【实训报告】

1. 将羽色鉴别雏鸡雌雄的结果填入表 2-25 中。

表 2-25　雏鸡雌雄鉴别结论

雏鸡编号	羽色(或羽速、生殖突起)特征	鉴别结论
1		
2		
3		
4		

2. 根据剪冠、断趾的操作方法及注意事项写出实训报告。

实训八　雏鸡的断喙

【实训目标】　通过本次实训，了解雏鸡断喙所需条件和注意事项，明确断喙的目的和要求，学会断喙的方法、步骤。

【实训材料】　断喙器、育雏笼、6～10 日龄雏鸡。

【实训内容与操作步骤】

1. 断喙器的结构和使用

目前养鸡场使用的断喙器有台式断喙器、脚踏式断喙器和手持式断喙器等 (图 2-4)，广泛使用的是台式断喙器。下面以 9DQ-4 型台式电动断喙器为例，介绍断喙器的结构和使用方法。

(1) 断喙器的结构　9DQ-4 型台式电动断喙器由变压器、低速电机、冷却风机、电热动刀、定位刀片、电机启动船形开关、电热动刀电压调节多段开关等组成。工作时，低速电机通过链杆转动机件，带动电热动刀上下运动，并与定位刀片自动对刀，快速完成切喙、止血、消毒等断喙步骤。

(2) 断喙器的使用方法　将断喙器放置在操作台上，接通电源；旋动电压调节开关（电

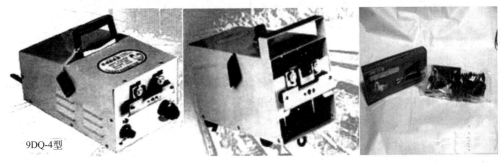

9DQ-4型

(a) 台式断喙器　　　　　(b) 脚踏式断喙器　　　　　(c) 手持式断喙器

图 2-4　各种类型断喙器

热动刀温度指数旋钮），同时观察电热动刀刀片的红热情况，一般将刀温调到约 600℃（在背光条件下，电热动刀刀片颜色呈桃红色）；打开电机及风扇船形开关，调节动刀运动速度；根据雏鸡大小选择放入鸡喙的定刀刀片的孔径，定刀刀片上有直径分别为 4.0mm、4.37mm 和 4.75mm 的三个孔，一般将 6～10 日龄的雏鸡喙放入直径为 4.37mm 的孔断喙；如果发现刀片热而不红，先检查固定刀片的螺丝是否旋紧，再检查刀片氧化层的情况，氧化层过厚时，应拆下动刀刀片，用细砂纸清除氧化层；断喙结束后，拔下电源插头，关闭所有开关，待整机冷却后用塑料袋套好，以防积尘和潮湿。

2. 断喙前的准备工作

（1）断喙前 2～3 天，在每千克雏鸡饲料中添加 2～3mg 的维生素 K，以利于断喙过程中和断喙结束后止血。

（2）安装好断喙器电源插座，接通断喙器电源，检查断喙器运转是否正常。

（3）将准备断喙的雏鸡放入一个鸡笼（如果采用平面育雏方式，用隔网将雏鸡隔在育雏舍一侧），在准备放断喙后雏鸡的鸡笼内（或育雏舍的另一侧）放置盛适量清凉饮水的钟形饮水器。

3. 断喙的方法步骤

（1）保定　雏鸡断喙采用单手保定法，用中指和无名指夹住雏鸡两腿，手掌握住躯干，将拇指放在雏鸡头部后端，食指抵住下颌，向后屈起，拇指和食指稍用力，轻压头部和咽部，使雏鸡闭嘴和缩舌，以免切喙时损伤口腔和舌头。

（2）切喙　选择适宜的定刀孔眼，待动刀抬起时，迅速将鸡喙前端约 1/2（从喙尖到鼻孔的前半部分）放入定刀孔眼内，雏鸡头部稍向上倾斜。动刀下落时，自动将鸡喙切断。

（3）止血　将鸡喙切断后，使鸡喙在动刀上停顿 2s 左右，以烫平创面，防止创面出血，同时也起到消毒和破坏生长点的作用。

（4）检查　烧烫结束后，使鸡喙朝向操作者，检查一下上下喙切去部分是否符合要求、创面是否烫平、创面是否出血等。如果不符合要求，再进行修补。

（5）放鸡　将符合要求的断喙雏鸡放入另一个鸡笼（或育雏舍的另一侧），使其迅速饮用清凉的饮水，以利于喙部降温。

4. 断喙的操作要点

（1）正确使用断喙器，防止触电和被电热动刀烫伤。

（2）正确保定雏鸡头部，掌握好拇指与食指间挤压力度，既起到使雏鸡闭嘴缩舌的作用，又不能导致雏鸡窒息死亡。

（3）鸡喙切去不要过多，防止切伤舌头，在切喙时应遵循宁少勿多原则。

（4）切喙后的创面一定要烧烫平整，不能出血。

5. 断喙的技术要求

（1）正确使用断喙器，断喙方法步骤正确。

（2）上喙切去 1/2，下喙切去 1/3，上喙比下喙略短或上下喙平齐。

（3）创面烧烫平整，烧烫痕迹明显，不出血。

（4）放鸡后，雏鸡活动正常。

（5）断喙速度每分钟 15 只以上。

【注意事项】

1. 断喙时，鸡群应该健康无病。鸡群患病或接种疫苗前后 2 天，不要进行断喙。

2. 断喙时，刀片的温度不能过高或过低。温度过高，容易导致雏鸡烫伤和过强的应激反应；温度过低，不利于止血和破坏鸡喙生长点。

3. 断喙过程中要组织好人力，保证断喙工作在短时间内完成，以减轻雏鸡应激反应，防止集中到育雏舍一侧（或一个鸡笼中）的雏鸡因为高密度和应激反应而挤压死亡。

4. 断喙后 3 天内应该在料槽中多添加一些饲料，以利于雏鸡采食，防止料槽底碰撞创面而导致创面出血。

【实训报告】

1. 试述雏鸡断喙的操作方法步骤。

2. 简述雏鸡断喙的技术要求。

3. 查阅资料，说明脚踏式和手持式断喙器的使用方法。

实训九　雏鸡的饲养

【实训目标】　通过育雏实践，了解育雏器的构造和使用方法；通过育雏的组织工作，学会制订育雏计划，熟悉育雏操作规程；掌握育雏技术，能获得优良育雏成绩，每批育雏后，做出经济分析。

【实训材料】　伞形育雏器和分层育雏笼，初生雏、雏鸡用食槽、饮水器和配合饲料，温度计、湿度计和育雏舍其他用具设备，消毒药品，记录表格和育雏操作规程等。

【实训内容与操作步骤】

1. 育雏前的准备

（1）育雏设备的使用　观察伞形育雏器和分层育雏笼的构造并进行操作练习：热源和调节装置，换气装置，育雏笼的尺寸大小，笼门及底网结构，清粪设备，给料和供水方式等。

（2）制订育雏计划　根据育雏舍大小和生产规模制订本年度各批次育雏计划，内容包括每批接雏数量、全年度育雏批次和数量。根据各批次雏鸡数量制订饲料需要计划，确定人员分工和生产指标，如育雏期 1～6 周龄死亡率 1.5%，不得超过 2% 等。

（3）根据育雏计划，编制经费预算　内容包括所需育雏器或分层育雏笼、食槽、饮水器、饲料、垫料的数量和经费开支。

（4）确定育雏器需要量　按每平方米热源面积可容 300 只雏鸡计算。饮水器每 100 只雏鸡要有 3 只。

（5）准备饲料　按表 2-26 或表 2-27 计算。

表 2-26 蛋用雏鸡饲料需要量

周龄	1	2	3	4	5	6	7	8	累计
每周料量/g	70	126	182	231	280	329	364	399	1981

表 2-27 肉用雏鸡饲料需要量

周龄	1	2	3	4	5	6	7	8	累计
每周料量/g	40	175	315	406	553	658	742	798	3687

（6）计算育雏期垫料用量 按每只雏鸡 1kg/45d，每只雏鸭 2.5kg/30d，每只雏鹅 3kg/30d 计算。

（7）做好卫生防疫准备 编制免疫接种计划，做好消毒药品和疫苗的种类、数量需用计划。在接雏前两天就应做好育雏舍和育雏设备的消毒和试温等准备工作，育雏舍门口准备好消毒池。每 3 天用过氧乙酸消毒地面和空间 1 次。

2. 日常管理

（1）接雏和安置 应挑出壳时间早、体质健壮的初生雏在孵化结束 8～12h 内运到育雏舍，接雏时间最好在上午，以便有充分时间进行工作。运雏途中注意幼雏的安全，勿使受热、受冷、受惊或压伤。雏鸡到达育雏舍后，在运输箱内稍使休息 1～2h 后，将强、弱雏分开迅速分送到各育雏间，并把雏鸡按一定数量安置于育雏器下。

（2）开食和休息 观察雏禽动态，见半数以上的雏禽以喙啄食垫料有求食行为时即可开食，要求参加调制开食饲料和喂饲、饮水工作。平时常观察雏鸡吃食是否正常，有弱雏即随时捡出单独饲养。

（3）保温和夜间管理 注意育雏器和育雏室的温度是否合适。每隔 2 小时记录一次育雏器温度与育雏室温度、相对湿度。注意观察雏鸡的状态，以判断温度是否合适。雏禽在 15 天以前，夜间管理很重要，温度要比白天提高 1～2℃，炉火不能熄灭，夜间管理值班时，发现问题及时处理，并记好工作日志和交接班手续。

（4）消毒制度 进入育雏舍必须更换工作衣鞋，经消毒后才能入内。育雏人员不得随便进入成年鸡舍。

3. 各周管理

第一周：伞形育雏器下温度调节到 35℃，在育雏器下装有弱光指引灯，当雏鸡学会进入伞下取暖，2～3 天后可关掉，开始两晚通宵开灯照明，灯光不宜太亮，使雏鸡看到饲料能吃食，让雏鸡 48h 内学会吃料和饮水，以后每天傍晚或清晨开灯 2h。舍内空气要流通，但不能让雏鸡身上直接吹到风。最初几天自由采食，经常检查雏鸡是否全部吃到料和水，添加的次数宜多，每次添加的量宜少，育雏器围栏开始距育雏器 80cm，第二日起逐渐扩大围栏范围。本周可开始用大的料槽及水槽。7 日龄鸡新城疫Ⅱ系苗饮水免疫或滴鼻免疫，记录饲料消耗量及幼雏死亡数量及原因。

第二周：白天育雏器温度稍低，但要保持 32℃。逐日扩大育雏器围栏，到本周末可完全撤去育雏器围栏，增加料槽及水槽，经常注意幼雏吃料、饮水和健康状况，留意有无饲料浪费现象，饲料槽内饲料装 1/3 并用有铁丝格的食槽，可防止浪费饲料。蛋用雏鸡在 6～9 日龄第一次断喙，利用断喙器，每只鸡断喙后和热刀片接触 3s，烙烧切口以止血，随着雏鸡日龄的增加，鸡舍内空气流通量要求增加，故应开窗或打开布帘。记录饲料消耗量及幼雏死亡数量和原因。

第三周：育雏器温度可降至 30℃，开始吊高饲料槽和水槽，与鸡背同高或比鸡背高

2.5cm；清扫、清洗、消毒各种器具一次；增加通风换气量；经常检查幼雏状况；记录饲料消耗量和幼雏死亡数量及原因。

第四周：育雏器温度可降至27℃，吊高饲料槽和水槽，开窗和卷起布帘，使空气流通；本周进行第二次鸡新城疫Ⅱ系苗接种，注意防止疾病发生；观察饲料有无浪费；记录饲料消耗量和幼雏死亡数量及原因。

第五周：可停用育雏器，如室温低于18℃时可延长保温时间；增加通风换气量，可应用抽风电扇；把垫料翻晒一次，使之干燥，工作时小心，尽量勿使灰尘飞扬；注意保证随时有新鲜饲料和清洁的水供应鸡群；如白天天气太热，鸡多饮水、少吃料，则晚上应多开几小时的灯，使在凉爽气候里多进食，注意有无疾病发生；记录饲料消耗量和幼雏死亡数量及原因。

第六周：育雏期于周末逐渐更换育成鸡饲料；调整料槽高度，增加通风换气量；尽量使鸡群安静；预防疾病，特别是球虫病；记录饲料消耗量和幼雏死亡数量及原因。

第七周：转入育成鸡鸡舍饲养。

4. 雏鸡转群的清洁卫生工作

每批育雏结束之后，鸡舍要彻底清扫和消毒，并为下一批雏鸡进舍做好准备。清洁过程包括清除所有陈旧垫料，彻底清扫消毒鸡舍，清洗设备。

【实训报告】

1. 根据育雏记录计算出本批育雏成活率、累计饲料消耗，作出经济分析，可根据各项费用（人工、饲料、设备修理费、燃料、水电、药品等）和收入（成活中雏作价、鸡粪等）计算盈亏，并找出盈或亏的原因。

2. 写出育雏过程中的体会，本实习在牧场实地进行，由同学分组自始至终固定参加一批育雏，在教师和工人师傅的指导下完成。

实训十　育成鸡的饲养

【实训目标】　通过参加育成鸡生产实践，了解育成鸡的整个生产过程；通过生产的组织工作，学会制订生产计划，熟悉操作规程；掌握饲养技术，为日后的生产实践打下基础。

【实训材料】　育成鸡饲养设备（鸡笼、料槽、水槽、饮水器、加温设备、通风设备），测量设备（家禽秤、温度计、湿度计），育成鸡、育成鸡饲料，消毒药品，驱虫药物，记录表格、操作规程等。

【实训内容与操作步骤】

1. 转群与过渡

（1）转群　如果育雏和育成鸡不在同鸡舍饲养，到7周龄就把雏鸡转到育成鸡舍中。转群前必须对育成鸡舍及其用具进行彻底的清洗和消毒，转群时严格挑选，严格淘汰弱小个体，保证育成率。育成鸡在饲养到17～18周龄时，应转到产蛋鸡舍，因特殊原因不能转群的，最迟不能超过20周龄。

（2）脱温　只要昼夜温度达到18℃以上，就可以脱温。降温要求缓慢，脱温要求稳妥。特别是早春育雏，虽已到脱温周龄，但室外气温还较低，而且昼夜温差大，必须延长供暖时间。如遇降温天气仍需适当给温，并要加强对鸡群的夜间观察，以减少意外事故发生。

（3）换料　按一定的比例、在一定的时间内，逐渐增加育成鸡饲料量、减少育雏饲料量，使育成鸡对换料有一个适应过程。

2. 饲养密度

适宜的饲养密度见表 2-28。

表 2-28　育成期的饲养密度

品　　　种	周　　　龄	饲　养　方　式		
		地面平养/(只/m²)	网上平养/(只/m²)	笼养/(只/m²)
中型蛋鸡	8～12	7～8	9～10	36
	13～18	6～7	8～9	28
轻型蛋鸡	8～12	9～10	9～10	42
	13～18	8～9	8～9	35

3. 育成鸡的营养

育成鸡饲料中粗蛋白的含量从 7～20 周龄逐渐减少，6 周龄前为 19%，7～14 周龄为 16%，15～18 周龄为 14%。育成鸡的饲料中矿物质含量要充足，钙磷比例应保持在（1.2～1.5）∶1。饲料中各种维生素以及微量元素比例要适当。育成阶段食槽要充足，每天喂 3～4 次，为改善育成鸡的消化功能，地面平养每 100 只鸡每周喂 0.2～0.3kg 沙砾，笼养鸡按饲料量的 0.5% 喂给。

4. 限制饲养

蛋鸡一般从 9 周龄开始实施限制饲养。

（1）限制饲喂量　限制饲喂量为正常采食量的 80%～90%。要求先掌握鸡的正常采食量，每天的喂料量应当正确称量。

（2）限时饲喂　隔日限制饲喂：2 天的饲喂量集中在 1 天喂完。给料日将饲料均匀撒在料槽中，然后停喂 1 天，料槽中不留料，但要供给充足的饮水，特别是热天不能断水。该法适用于体重超标的青年鸡。每周限制饲喂：每周停喂 2～3 天。

（3）限质饲喂　是使日粮中某些营养成分低于正常水平。各地应根据鸡群状况、技术力量、鸡舍设备、季节、饲料条件等具体情况而定。

5. 育成鸡的体重控制

体重适中而又整齐的鸡群产蛋多，总产蛋重也大。保证提高鸡群的均匀度，均匀度应达到 80% 以上。当平均体重超过标准体重时，若超过 20% 以上，就要采取限制饲养的方法，使其平均体重降到标准范围之内。为使鸡群快速达到标准体重，首先要提高日粮的营养水平，主要是能量水平；其次是增加喂料量，如某鸡群的平均体重比标准体重低 100g，则应在最近 3 周内增加 100g 饲喂量。要注意掌握在标准范围之内，宁可使体重偏大，也不能太小。

6. 育成鸡的日常管理

（1）饮水　必须让每只鸡有充分的清洁饮水。定期对水槽和饮水器进行清洗、消毒，并保证槽位充分。

（2）喂料　不能突然更换饲料，应逐步进行，喂料要均匀。

（3）驱虫　地面饲养的鸡 15～60 日龄预防绦虫病，可按每千克体重 0.15～0.2g 灭绦灵拌入饲料打虫。

（4）温度　育成鸡的最佳生长温度为 21℃ 左右，控制在 15～25℃ 左右。

（5）通风　在保证温度的条件下，应该随着季节的变换，保证一定的通风量。

（6）卫生防疫　按照免疫程序做好免疫工作，每周带鸡消毒 2～3 次。要及时清粪，避免诱发呼吸道疾病。

（7）分群饲养　按大小、强弱分群，弱小的鸡要加强营养。对不合格的鸡进行隔离饲养或淘汰。

（8）光照管理　每天8～9h为宜，光照强度5～10lx。封闭式鸡舍的光照管理可以采用恒定的光照程序，从4日龄开始，到20周龄，每天光照时间为8～9h，从21周龄开始，使用产蛋期光照程序。

【注意事项】

1. 限制饲养前挑出病鸡和弱鸡，备足水槽、饲槽，撒料要均匀，使每只鸡都有采食位置，使鸡吃料同步化，每1～2周（一般隔周）称重一次，在固定的时间随机抽出鸡群的5%进行空腹称重，如体重超过标准体重的1%，则每天饲料量要减少1%；体重低于标准体重的1%，则应增料1%。

2. 如遇鸡群发病或处于应激状态，则应停止限饲，改为自由采食。限制饲养一般到18周龄转群上笼前结束。限饲过程中，饲养水平和喂料量应根据鸡群的体重、发育情况进行调整。

【实训报告】

1. 育成鸡的日常管理应该注意哪些问题？

2. 你认为限制饲养应该从何时开始为最好？试举例说明。

3. 为何要对育成鸡进行均匀度的控制？

实训十一　产蛋鸡的饲养

【实训目标】　通过产蛋鸡生产实践，了解产蛋鸡的整个生产过程；通过生产的组织工作，学会制订生产计划，熟悉操作规程，掌握饲养技术，为日后生产实践打下基础。

【实训材料】　产蛋鸡，鸡笼、产蛋鸡饲料、温度计、湿度计、水槽、饮水器、消毒药品、家禽秤、加温设备、驱虫药物、通风设备等。

【实训内容与操作步骤】

1. 熟悉产蛋鸡所需设备的构造并进行使用操作练习

（1）制订生产计划　根据实习需要和生产规模制订本年度各批次生产计划，内容包括每批产蛋鸡数量、全年度生产批次和数量。根据各批次数量制订饲料需要计划。确定人员分工和生产指标，如应根据产蛋时间和产蛋量及时捡蛋，一般每天应捡蛋2～3次等。

（2）订出各批免疫接种计划，做好消毒药品和疫苗的种类、数量需用计划。在开产前就应做好设备的消毒和转群等准备工作，鸡舍门口准备好消毒池。

2. 产蛋鸡的饲喂与饮水

（1）喂料量、次数　喂料量应根据体重、周龄、产蛋率、气温等进行调整。每只蛋鸡产蛋期喂料量为每天110～120g，喂料次数每天3次，产蛋高峰期增加到每天4次。

（2）保证充足饮水　产蛋鸡的饮水量随气温、产蛋率和饮水设备等因素不同而异，每天每只的饮水量为200～300ml。水是鸡生长发育、产蛋所必需的营养，必须确保水质良好的饮水全天供应，每天清洗饮水器或水槽，有条件的鸡场最好用乳头式饮水器。

3. 产蛋期的分阶段饲养管理

（1）三阶段饲养法

第一阶段，即产蛋前期，为自开产至40周龄（或产蛋率80%以上时期）。此期应该提高饲料中的蛋白质、矿物质、维生素含量水平。每只鸡每日供给 18g 蛋白质、1.26MJ 代谢能（天气炎热时降低代谢能）。

第二至第三阶段，即产蛋中期和后期（产蛋率分别为 70%～80% 以及 80% 以上时期），母鸡分别在 40～60 周龄和 60 周龄以后。此时应使产蛋率缓慢和平衡下降，适当降低饲料中的蛋白质水平。

（2）两阶段饲养法　开产至 42 周龄为产蛋前期，42 周龄以后为产蛋后期。

4. 产蛋前期的饲养管理

（1）适时转群　根据育成鸡的体重发育情况，在 18～19 周龄由育成鸡舍转入产蛋鸡舍。转群前先调弱舍内灯光，以减轻转群应激。转群时，来自同一层的鸡最好转入相同的层次，避免造成大的应激。将发育良好、中等和迟缓的鸡分栏或分笼饲养；对发育迟缓的鸡应放置在环境条件较好的位置（如上层笼），加强饲养管理，促进其发育。

（2）更换饲料　产蛋率达到 5% 时，将预产阶段饲料更换为产蛋初期饲料。

（3）监测体重增长　开产后体重的变化要符合要求，在产蛋率达到 5% 以后，至少每两周称重一次，体重过重或过轻都要设法弥补。

5. 产蛋高峰期的饲养管理

（1）维持相对稳定的饲养环境　环境温度为 13～25℃，鸡舍的相对湿度控制在 65% 左右。鸡舍要注意做好通风换气工作，保证氧气的供应，排除有害气体。产蛋期光照要维持 16h 的恒定光照，不能随意增减光照时间，尤其是减少光照时间，每天要定时开灯、关灯，保证电力供应。

（2）更换饲料　当产蛋率上升到 30% 以后，要更换产蛋高峰期饲料。

（3）减少应激　在日常管理中，要坚持固定的工作程序，各种操作动作要轻，产蛋高峰期要尽量减少进出鸡舍的次数。开产前要做好疫苗接种和驱虫工作，高峰期不能进行这些工作。

（4）商品蛋的收集　每天收集 3 次，上午 11:00，下午 14:00、18:00。减少鸡蛋在鸡舍内的停留时间是保持鸡蛋质量的重要措施。

6. 产蛋后期的饲养管理

（1）更换饲料　59 周龄时更换产蛋后期饲料。

（2）淘汰低产鸡、停产鸡　高、低产蛋鸡鉴别。

（3）加强卫生消毒　做好粪便清理和日常消毒工作。

7. 日常管理

（1）观察鸡群　注意观察鸡群的精神状态和粪便情况，做好记录。

（2）产蛋鸡的饲喂　产蛋鸡每天大约采食 100～110g，要求根据具体情况进行调整，既要够吃又不要剩料。

（3）光照控制　20 周龄起，每周延长 0.5～1h，25～30 周龄起每周增加 0.5h，使产蛋期的光照时间逐渐增加至 16h，稳定到产蛋结束。

（4）温度控制　产蛋鸡生产的适宜温度范围是 13～25℃，最佳温度范围是 18～23℃。

（5）湿度控制　产蛋鸡环境适宜的相对湿度是 60%～65%。

（6）通风换气　炎热季节加强通风换气，寒冷季节减少通风。进气口与排气口设置要合理，气流能均匀进入鸡舍而无贼风。气流速度夏季不能低于 0.5m/s，冬季不能高于 0.2m/s。

（7）捡蛋　根据生产实际及时捡蛋，每天捡蛋 2～3 次。

（8）做好记录　做好对日常管理活动中蛋鸡死亡数、产蛋数、产蛋量、产蛋率、蛋重、料耗、舍温、饮水等实际情况记录，填入表 2-29。

表 2-29　蛋鸡生产日报表

日期	日龄	存栏/只	死淘/只		产蛋数/枚			产蛋率/%	产蛋量/kg	耗料量/kg
			淘汰	死亡	完好	破损	小计			

【实训报告】

1. 产蛋鸡生产期间常见的问题有哪些？如何解决？
2. 写出产蛋鸡生产过程中的体会，找出不足，写出改进方案。

实训十二　鸡产蛋曲线的分析与应用

【实训目标】　学会绘制产蛋曲线，并根据产蛋曲线分析鸡群产蛋水平，以便找出问题、总结经验、改进生产技术措施、提高蛋鸡生产能力。

【实训材料】　某鸡场各周饲养日产蛋率，该鸡场饲养的本品种鸡产蛋性能标准，见表 2-30，坐标纸及绘图工具或计算机及 Excel 程序等。

表 2-30　某鸡场饲养蛋鸡实际饲养日产蛋率和该品种国际标准饲养日产蛋率　　单位：%

周龄	本场实际	国际标准	周龄	本场实际	国际标准	周龄	本场实际	国际标准
19	0.6	11.0	37	87.7	92.0	55	89.8	86.0
20	5.6	32.0	38	90.6	91.0	56	89.1	86.0
21	27.4	65.0	39	91.1	91.0	57	89.4	85.0
22	66.0	78.0	40	89.8	91.0	58	87.8	85.0
23	89.9	87.0	41	89.4	91.0	59	88.8	85.0
24	94.8	93.0	42	89.0	90.0	60	87.9	84.0
25	94.8	93.0	43	89.0	90.0	61	88.0	84.0
26	94.4	93.0	44	88.9	90.0	62	87.8	83.0
27	95.5	94.0	45	87.2	90.0	63	88.3	83.0
28	94.7	94.0	46	86.4	90.0	64	88.9	83.0
29	94.9	94.0	47	86.0	90.0	65	88.1	82.0
30	95.1	94.0	48	85.9	89.0	66	87.9	82.0
31	95.4	93.0	49	86.1	89.0	67	87.6	81.0
32	94.7	93.0	50	87.7	88.0	68	87.4	81.0
33	94.7	93.0	51	86.8	88.0	69	87.3	80.0
34	93.9	93.0	52	87.0	87.0	70	86.4	80.0
35	94.0	92.0	53	87.9	87.0	71	85.8	79.0
36	91.2	92.0	54	88.3	87.0	72	85.6	79.0

【实训内容与操作步骤】

1. 在坐标纸上将该品种鸡的产蛋率指标及其所对应的周龄连成曲线，即成标准曲线。
2. 在同一坐标纸上将某鸡场产蛋率及所对应周龄连成曲线，即为该鸡群的实际产蛋曲线。
3. 将两条曲线进行对比分析，分析产蛋率变化规律及判断该场鸡群产蛋是否正常。
4. 具备条件的可使用 Excel 程序绘制标准曲线和实际产蛋曲线。

5. 写出分析判断结果，初步分析该鸡场饲养管理方面可能存在的问题及提出下一步的饲养管理建议。

【实训报告】

1. 写出分析对比结果，找出该鸡场饲养管理方面存在的问题。

2. 根据以上分析，对该鸡场下一阶段的饲养管理提出合理建议。

实训十三　拟订蛋鸡光照计划

【实训目标】　按照蛋用鸡的光照原则，学会根据当地自然光照规律，对出雏日期不同的蛋鸡拟定光照方案。

【实训材料】　不同纬度地区日照时间表（表 2-31）和蛋用鸡出雏日期与 20 周龄查对表（表 2-32）。

表 2-31　我国不同纬度地区日照时间表

日期 （×月×日）	不同纬度日出至日落大约时间						
	10°	20°	30°	35°	40°	45°	50°
1 月 15 日	11:24	11:00	10:15	10:04	9:28	9:08	8:20
2 月 15 日	11:40	11:34	11:04	10:56	10:36	10:26	10:00
3 月 15 日	12:04	12:02	11:56	11:56	11:54	11:52	12:00
4 月 15 日	12:26	12:32	12:58	13:04	13:20	13:28	14:00
5 月 15 日	12:48	12:56	13:50	14:02	14:34	14:50	15:46
6 月 15 日	13:02	13:14	14:16	14:30	15:14	15:36	16:56
7 月 15 日	12:54	13:08	14:04	14:20	14:58	15:16	16:26
8 月 15 日	12:26	12:44	13:20	13:30	13:52	14:06	14:40
9 月 15 日	12:16	12:19	12:24	12:26	12:30	12:34	12:40
10 月 15 日	11:40	11:30	11:26	11:18	11:06	11:02	10:40
11 月 15 日	11:28	11:15	10:30	10:20	9:50	9:34	5:45
12 月 15 日	11:16	11:04	10:02	9:48	9:09	8:46	4:40

表 2-32　蛋用鸡出雏日期与 20 周龄查对表

出雏日期	20 周龄	出雏日期	20 周龄	出雏日期	20 周龄
1 月 10 日	5 月 30 日	5 月 1 日	9 月 27 日	9 月 10 日	次年 1 月 28 日
1 月 20 日	6 月 9 日	5 月 20 日	10 月 7 日	9 月 20 日	次年 2 月 7 日
1 月 31 日	6 月 20 日	5 月 31 日	10 月 18 日	9 月 30 日	次年 2 月 17 日
2 月 10 日	6 月 30 日	6 月 10 日	10 月 28 日	10 月 10 日	次年 2 月 27 日
2 月 20 日	7 月 10 日	6 月 20 日	11 月 7 日	10 月 20 日	次年 3 月 9 日
2 月 28 日	7 月 18 日	6 月 30 日	11 月 17 日	10 月 31 日	次年 3 月 20 日
3 月 10 日	7 月 28 日	7 月 10 日	11 月 27 日	11 月 10 日	次年 3 月 30 日
3 月 20 日	8 月 7 日	7 月 20 日	12 月 7 日	11 月 20 日	次年 4 月 9 日
3 月 31 日	8 月 18 日	7 月 31 日	12 月 18 日	11 月 30 日	次年 4 月 19 日
4 月 10 日	8 月 28 日	8 月 10 日	12 月 28 日	12 月 10 日	次年 4 月 29 日
4 月 20 日	9 月 7 日	8 月 20 日	次年 1 月 7 日	12 月 20 日	次年 5 月 9 日
4 月 30 日	9 月 17 日	8 月 31 日	次年 1 月 18 日	12 月 31 日	次年 5 月 20 日

【实训内容与操作步骤】

1. 拟订光照计划应遵守的原则

蛋用鸡育雏育成期的光照原则是：每天的光照时间只能逐日减少或恒定，不能增加，但每天不能少于 8h 光照时间；产蛋期的光照原则是：每天的光照时间应逐渐增加或恒定，不能减少，但每天不能多于 16h 光照时间。对于光照强度掌握的原则是：育雏初期可达 20lx，以后逐渐减少至 10lx，并保持到产蛋期不变。

2. 密闭式鸡舍的光照方案

如果育雏育成期和产蛋期都饲养在密闭式鸡舍中，根据蛋用鸡不同养育阶段的光照原则制订光照方案（表 2-33）。增加光照进行光照刺激的时间并不是完全按周龄确定的，当以下任何一项达到时必须对鸡加以光照刺激：平均体重已达 20 周龄时平均体重标准；产蛋率自然达到 5%；体型发育成熟。

表 2-33　密闭式鸡舍光照方案

周龄	光照时间/h	周龄	光照时间/h
1	22	21	12
2	18	22	12.5
3	16	23	13
4～17	8	24	13.5
18	9	25	14
19	10	26	14.5
20	11	27～72	15～16

3. 开放式鸡舍的光照方案

制订开放式鸡舍的光照方案，必须了解本地区一年四季自然光照的变化规律。开放式鸡舍利用自然光照，日照时间随季节和纬度的变化而异。我国大部分地区处于北纬 20°～45°之间，较适合使用开放式鸡舍的地区在北纬 30°～40°。冬至日（12 月 21～22 日）日照时间最短，夏至日（6 月 21～22 日）日照时间最长。开放式鸡舍的光照方案应根据当地实际日照情况，遵循光照管理程序原则来确定（表 2-34）。

表 2-34　开放式鸡舍光照方案

周龄	光照时间/h	
	5 月 4 日～8 月 25 日出雏	8 月 26 日～次年 5 月 3 日出雏
0～1	22～23	22～23
2～7	自然光照	自然光照
8～17	自然光照	恒定此期间最长光照
18～68	每周增加 0.5～1h 至 16h 恒定	每周增加 0.5～1h 至 16h 恒定
69～72	17	17

【实训报告】

1. 根据本地区日照时数，拟定出密闭式鸡舍 5 月份、10 月份育雏的蛋用鸡育雏育成期及产蛋期的光照方案。

2. 根据本地区日照时数，拟定出开放式鸡舍 4 月份、9 月份育雏的蛋用鸡育雏育成期及产蛋期的光照方案。

实训十四　肉用仔鸡的饲养

【实训目标】　通过参加肉用仔鸡生产实践，使学生了解肉用仔鸡生产设备的构造和使用方法；通过肉用仔鸡生产的组织工作，学会制订肉用仔鸡生产计划，熟悉肉用仔鸡生产操作规程；掌握肉用仔鸡生产技术，获得实践技能。

【实训材料】　育雏器、饮水器、温度计、湿度计、鸡笼、供热设备、肉用仔鸡、饲料、垫料、消毒药品、记录表格和生产操作规程等。

【实训内容与操作步骤】

1．观察设备的构造并进行操作练习

设备熟悉和操作：热源和调节装置，换气装置，肉用仔鸡笼的尺寸大小，笼门及底网结构，清粪设备，给料和供水方式等。

2．制订生产计划

根据鸡舍大小和生产规模制订本年度各批次生产计划，内容包括每批生产数量、全年度生产批次和数量。根据各批次鸡数量制订饲料需要计划。确定人员分工和生产指标，如采用全进全出饲养制度其死亡率不能超过 2％等。

3．进雏前的准备

（1）制订各批鸡免疫接种计划，编制消毒药品和疫苗的种类、数量需用计划。

（2）在接雏前两天就应做好育雏舍和育雏设备的消毒和试温等准备工作，在育雏舍门口准备好消毒池。每三天用过氧乙酸消毒地面和空间一次。

（3）饲槽等需要量　第一周每 100 只雏鸡需要一个饲料盘，每 100 只雏鸡需要 3m 长的两边可用的饲料槽，每只雏鸡槽位约 6cm，每 100 只雏鸡需要 2 个圆形吊桶。每 100 只雏鸡需要 4L 容量的饮水器 1 个。每个直径 2cm 的保姆伞可容纳 500 只雏鸡。围篱高度 45～50cm。

（4）计算饲料用量　按表 2-35 或表 2-36 计算。

表 2-35　蛋用雏鸡饲料需要量

周　龄	1	2	3	4	5	6	7	8	累计
每周料量/g	70	126	182	231	280	329	364	399	1981

表 2-36　肉用雏鸡饲料需要量

周　龄	1	2	3	4	5	6	7	8	累计
每周料量/g	40	175	315	406	553	658	742	798	3687

（5）确定育雏期垫料用量　按每平方米面积大约需要 5.5kg、厚度 10～12cm 计算。

4．日常管理

（1）饮水　雏鸡运到后，安静片刻，随即饮清洁温开水，饮水中加 5％的葡萄糖或 0.05％～0.1％的甲硫氨酸效果较好。为控制鸡白痢的发生，可用 3mg/kg 的恩诺沙星饮水 5～7 天。

（2）开食和休息　一般开食时间在出壳后 24～36h 之间。观察雏禽动态，见半数以上的雏禽以喙啄食垫料有求食行为时即可开食，要求参加调制开食饲料和喂饲、饮水工作。平时常观察雏鸡采食是否正常，发现弱雏及时捡出单独饲养。

（3）温度　能否提供最佳的环境温度是育雏成败的关键之一。温度是否适宜，一是直接检查温度计，看其和要求是否一致；二是通过观察鸡群的行为来进行判断。育雏温度见表 2-37。

表 2-37　育雏温度

周　龄	育雏器温度/℃	室内温度/℃	周　龄	育雏器温度/℃	室内温度/℃
0～1	35～32	24	3～4	27～24	18～16
1～2	32～29	24～21	4 周以后	21	16
2～3	29～27	21～18			

（4）湿度　第一周鸡舍内保持 $60\%\sim65\%$ 的相对湿度。2周以后，应保持舍内干燥，注意通风换气。防止垫料潮湿。

（5）光照　训练雏鸡在育雏器下休息以保证雏鸡不致受冻，最初几天在育雏器周围设置围篱，限制雏鸡远离育雏器。育雏器中用一弱光的指引灯，可引诱雏鸡进入伞内。

（6）通风换气　要保持鸡舍内空气新鲜，避免贼风和穿堂风。

（7）适当的密度　密度不宜过大，肉用仔鸡的饲养密度见表2-38。

表 2-38　肉用仔鸡的饲养密度　　　　　　　单位：只/m²

周龄	育雏室（平面）	立体笼养密度	技 术 措 施
0～2	40～25	60～50	强弱分群
3～5	20～18	42～34	公母分群
6～8	15～10	30～24	大小分群

（8）观察鸡群　要学会观察肉用仔鸡的采食、饮水、粪便、活动等来判断鸡群的健康状况。

（9）夜间管理　注意育雏器和育雏室的温度是否适当。每隔2h记录育雏器温度与育雏室温度、相对湿度一次。注意观察雏鸡的状态，以判断温度是否合适。雏禽在15天以前，夜间管理很重要，温度要比白天提高 $1\sim2℃$。夜间管理值班时，发现问题及时处理。并记好工作日志和交接班手续。

（10）消毒制度　进入育雏舍必须更换工作衣鞋，经消毒后才能入内。育雏人员不得随便进入成年鸡舍。

（11）采用"全进全出制"饲养　每批生产结束之后，鸡舍要彻底清扫、消毒，封闭空置 $1\sim2$ 周，并为下一批雏鸡进舍做好准备。清洁过程包括清除所有垫料，彻底清扫消毒设备和鸡舍。

（12）及时出栏　公鸡养到8周龄、母鸡养到7周龄就可上市。

5. 特殊管理

（1）加强垫料管理　保证垫料的柔软和干燥。

（2）完善的卫生管理　消毒要彻底，鸡场鸡舍门口要设有消毒池；要建立完善的防疫制度；必要时进行药物预防疾病；完善管理制度，实行严格的隔离制度，禁止非工作人员进入鸡场，严禁饲养员串舍，对病死鸡必须及时从鸡群中捡出深埋或焚烧。

（3）防止应激反应　要保持鸡舍环境的良好稳定，更换饲料时要有一个过渡期，预防因为疫病引起的应激。

【注意事项】　每批肉鸡生产结束之后，鸡舍要彻底清扫、消毒，并为下一批雏鸡进舍做好准备，包括清除所有垫料，彻底清扫消毒鸡舍和设备。

【实训报告】

1. 根据实训内容和实际生产情况，制定出肉用仔鸡饲养管理操作规程。

2. 写出肉用仔鸡生产过程中的体会，找出不足，提出改进措施。

实训十五　肉用种鸡的饲养

【实训目标】　通过参加肉用种鸡的生产实践，使学生了解肉用种鸡生产的组织工作，学会制订生产计划，熟悉生产操作规程；掌握饲养管理技术。

【实训材料】　肉用种鸡，肉用种鸡笼及配套饲养设备、饲料、消毒药品等。

【实训内容与操作步骤】

1. 制订饲养计划

（1）制订肉用种鸡生产计划　根据鸡舍大小和生产规模制订本年度肉用种鸡生产计划，内容包括选择品种和接雏数量。根据雏鸡数量制订饲料需要计划。确定人员分工和生产指标。

饲养管理方案包括：饲料营养水平、气候环境控制标准、疾病预防计划、喂料和限饲方案、病死鸡处理、种蛋收集、人工授精、饲养员管理制度等。

（2）根据生产计划，编制经费预算　内容包括所需鸡笼、食槽、饮水器、饲料、垫料的数量及其经费开支。

2. 肉用种鸡饲养

（1）饲养方式

① 漏缝地板　有木条、硬塑网和金属网等漏缝地板，均高于地面约 60cm。目前多采用木条的板条地板。木条宽 2.5～5.1cm，间隙为 2.5cm。板条的走向应与鸡舍的长轴平行。每平方米可养种鸡 4.8 只。

② 混合地面　漏缝结构地面与垫料地面之比通常为 6∶4。舍内布局常是在中央部位铺放垫料，靠墙两侧安装木条地板，产蛋箱在木条地板的外缘，排向与鸡舍的长轴垂直，一端架在木条地板的边缘，一端悬吊在垫料地面的上方，便于鸡只进出产蛋箱，也减少了占地面积。每平方米可养种鸡 4.3 只。

③ 笼养　每笼饲养两只种母鸡的单体笼，采用人工授精。肉用种母鸡每只占笼底面积 720～800cm²，笼架上装两层鸡笼，便于抓鸡与输精以及喂料与捡蛋。

（2）育成期的限制饲养　鸡群达到 3 周龄时开始实施限饲程序。

① 每日限饲，每天饲喂正常喂料量的 80%～90%。

② 隔日限饲，将两天的饲料一天喂给，每隔一天喂一次料。适合于 3～8 周龄。

③ 喂四天限三天（4/3），7 天的饲料分喂 4 天，适合于 3～12 周龄。

④ 喂五天限二天（5/2），7 天的饲料分喂 5 天，适合于 8～16 周龄。

⑤ 喂六天限一天（6/1），7 天的饲料分喂 6 天，适合于 17～22 周龄。

从 23 周龄起，每日定量给料，直至 40 周龄。每日的喂料量最好在早上 8:00 投给，切忌分次喂料。41～68 周龄，种鸡产蛋率逐渐下降，需根据每日产蛋量的情况，减少日饲料量。产蛋率每降低 1%，每只鸡料量减少 0.6g。每只鸡每次减料量不能多于 2.3g。

对于限饲程序，在生产中应根据鸡群健康状况或饲料的质量等进行灵活掌握。让每只鸡吃到等的饲料，从而使鸡体重相近，提高体格发育均匀度。

（3）产蛋期的饲养管理

① 从 22～23 周龄开始，限饲的同时，将生长料改换为产蛋前期料（含钙量 2%）。

② 在开产前的 3～4 周，应提前安置好产蛋箱和训练母鸡进产蛋箱内产蛋。

③ 在开产后第 3～4 周（约 27～28 周龄）饲料量应达到最大量。

④ 产蛋高峰（约 30～32 周）后的 4～5 周内，饲料量不要减少。当鸡群产蛋率下降到 80% 时，应逐渐减少饲料量，以防母鸡超重。

⑤ 在每次减料的同时，必须观察鸡群的反应，任何产蛋率的异常下降，都需恢复到原来的喂料量。

（4）备足饲槽和水槽　要保证每只鸡都有足够的饲槽和饮水位置，以免位置不足发生抢食、饥饱不匀、发育不整齐出现伤残弱小鸡。0～6 周龄每只鸡应占饲槽 5cm，每 100 只鸡 3 个料桶；7～15 周龄每只鸡应占饲槽 10cm，每 100 只鸡 10 个料桶；16～64 周龄每只鸡应占饲槽 15cm，每 100 只鸡 15 个料桶。饲槽和饮水器摆放位置均匀，距鸡活动范围要求在 3m 之内，使任何地方的鸡都能方便采食和饮水。

（5）光照管理　光照时间和强度直接决定肉种鸡的性成熟。20 周龄前不需要有太长的光照刺激。这一时期可采用自然渐减或恒定时间的光照方案。光照计划因鸡舍形式而异。开放式鸡舍光照计划见表 2-39。

表 2-39　开放式鸡舍光照计划

时　间	周　龄	光照时间 /(h/d)	人工补光	时　间	周　龄	光照时间 /(h/d)	人工补光
3～5 月份育雏的光照计划（春雏）	1 2～15 16～17 18～21 22～68	24 自然光照 15 16 16～17	根据本地区太阳出没时间表，通过人工补光达到光照总时数	7～9 月份育雏的光照计划（秋雏）	1 2～13 14～17 18～19 20～21 22～25 26～68	24 自然光照 12 13 14 15 16～17	根据本地区太阳出没时间表，通过人工补光达到光照总时数

【注意事项】肉用种鸡对环境的要求、种蛋的收集和管理、卫生防疫等方面具体要求与蛋鸡相同。

【实训报告】

1. 在肉用种鸡生产中，如何进行限制饲养？
2. 结合本地实际生产情况，制订整个肉鸡生产计划。

实训十六　鸭的饲养技术

【实训目标】　能独立地进行雏鸭、育成鸭、产蛋鸭、种鸭以及肉鸭的饲养管理工作。

【实训材料】　校内实训基地或校外养鸭场，雏鸭、育成鸭、产蛋鸭、种鸭和肉鸭各一批，饲料、保温设备等。

【实训内容与操作步骤】

1. 雏鸭饲养

（1）进舍前的准备工作　首先要备足新鲜优质的全价配合饲料；其次，对育雏室、运动场、饲养用具和必要设施要配备齐全；最后，育雏室、运动场和饲养用具等要用 1%～20% 的烧碱水（NaOH 溶液）或 20% 的石灰水进行消毒，干燥后用清洁水冲洗干净。

（2）适时"开水"与开食　雏鸭出壳后 12～24h 内，将毛干后的雏鸭分批赶入深 0.5～1.0cm 的浅水盘中戏饮 5～10min。也可将雏鸭分装在竹篓里，每个竹篓放 40～50 只，慢慢将竹篓浸入水中，以浸没鸭爪为宜，让雏鸭在浅水中站立活动 5～7min，即为"开水"。在饮水中加适量葡萄糖或维生素 C，能排除胎粪、清理肠胃、促进新陈代谢、增进食欲、增强体质。"开水"后即可开食，开食的饲料用拌湿的全价配合饲料，将雏鸭群赶到塑料薄膜或草席上，一边撒料，一边调教，吸引鸭群啄食，让雏鸭吃六七成饱即可，同时用浅水盘或饮水器盛清洁的水让雏鸭饮用。

（3）提供适宜的温度　1 周龄内的雏鸭对温度的要求为 32～30℃，以后每周降低 2℃ 左右，21 天育雏温度可达 20℃ 左右。

（4）雏鸭的饲喂方法　1 周龄内的雏鸭应让其自由采食，经常保持料盘内有饲料。1 周龄以后可采用定时喂料，2 周龄时每天喂料 6 次，一次安排在晚上。3 周龄时每天喂料 4 次。第一周平均每天每只鸭 35g，第二周 105g，第三周 165g。

（5）合理分群　雏鸭的分群应根据大、中、小、强、弱雏等，鸭舍中使用隔栏，1～14日龄，每平方米20～25只，每群100～150只；15～28日龄，每平方米10～15只，每群250～300只。

（6）适时下水训练　雏鸭5日龄后可训练下水，每天上、下午各1次，每次不超过10min。以后增加到每天3～4次，每次10～15min，水温以不低于15℃为宜。

（7）搞好清洁卫生　随着鸭雏日龄增大，排泄物不断增多，垫料板易潮湿。垫料要经常翻晒、更换，保持干燥，所用食槽、饮水器每天要清洗消毒，鸭舍要定期消毒等。保证合理的通风换气，使室内空气清新，排除室内多余水分，保持鸭舍干燥清洁。另外，还要认真抓好防疫灭病工作。

（8）做好日常记录　每日的饲料消耗、死亡淘汰情况、气温和环境条件变化、防疫防病用药情况等工作都应做好详细的记录，以便今后分析和总结饲养效果。

2. 育成鸭饲养

（1）采食训练　在放牧前要有意识地进行吃落地谷的训练，方法是将谷子洗净后，加水于锅中用猛火煮至米粒从谷壳里爆开，再放冷水中浸凉。然后将饥饿的鸭群围起来，待鸭子产生强烈的采食欲后撒几把稻谷。喂几次之后，将喂食移到鸭滩边，并把一部分谷子撒在浅水中，让鸭子去啄食。这样使鸭子慢慢建立起水下、地上有谷即吃的条件反射。

（2）信号调教　要用固定的信号进行训练，使鸭群建立起听指挥的条件反射。放牧训练要从雏期开始，用固定的口令训练。口令因地因人而异。在训练过程中，必须非常严格。

（3）放牧饲养　育成鸭放牧的方法主要有两种。一种是将鸭群赶到放牧地，让鸭群自由分散，自由采食。另一种是由2～3人管理，前面1人带路，后面2人两侧压阵，赶鸭群缓慢前进觅食。放牧场地可选用浅水塘、小河流、稻田、麦田等，让鸭觅食螺蛳、鱼虾、遗谷、草籽等天然动植物饲料。放牧时以每群500～1000只为宜，按大小分群放牧，在不同季节里，放牧时间要合理安排，夏天应在清晨或傍晚放牧为好。

（4）舍饲饲养　育成期营养水平宜低不宜高，饲料宜粗不宜精，目的是使育成鸭得到充分锻炼，使蛋鸭长好骨架。半圈养鸭尽量用青绿饲料代替精饲料和维生素添加剂，约占整个饲料的30%～50%，青绿饲料可以大量利用天然的水草，蛋白质饲料约10%～15%。舍饲鸭则要重视限制饲喂，一般从8周开始，到16～18周龄结束。限喂前必须称重，每两周抽样称重一次，整个限制饲喂过程是由体重→分群→饲料量三个环节组成，最后将体重控制在一定范围。育成鸭每天饲喂2～3次。

（5）舍饲管理　舍饲的育成鸭每天定时在鸭舍内驱赶鸭群做2～4次转圈运动，每次5～10min，也可在鸭舍附近空地和水池中活动、洗浴。一般200～300只为一小栏分开饲养，饲养密度5～8周龄每平方米15只左右，9～12周龄每平方米12只左右，13周龄起每平方米10只左右。育成鸭的光照时间宜短不宜长，每天光照8～10h，光照强度为5lx。每日清扫鸭舍，保持清洁卫生。

3. 产蛋鸭饲养

（1）营养与饲喂量　产蛋鸭采用舍内、舍外相结合的地面平养方式。日粮营养水平应按产蛋量适当调整，特别是蛋白质的含量及其品质，注意维生素和矿物质的供应。产蛋鸭平均每天喂配合饲料约150g，一昼夜喂4次，其中夜间喂料1次。

（2）放牧饲养　产蛋鸭无论是采用何种饲养方式，在放牧时应根据季节和牧地的情况和产蛋量确定放牧的时间以及补饲的次数和饲料量。

（3）合理的密度与分群　产蛋鸭以6～8只/m² 为宜，每群500～800只。

（4）创造舒适的环境　鸭舍每日清扫保持卫生，定期消毒，保持干燥；运动场地要求不湿、不潮、不泥泞；饲具勤洗、勤晒。适宜温度为 10～20℃，鸭舍采用微弱灯光通宵光照，光照强度为 5～10lx，便于鸭群夜间饮水、食料，以及到产蛋窝产蛋。

（5）及时淘汰低产、停产鸭　对低产鸭、停产鸭及时发现、及时淘汰。低产鸭：体重过大或过小，不符合本品种要求的个体均为低产鸭。停产鸭：喙、脚、趾的颜色已褪或较淡，羽毛松乱，无光泽。

（6）季节管理　春季是鸭产蛋旺季，要保证供应丰富的营养和饲料，安排专人及时捡蛋。夏季炎热多雨，注意防暑降温，做好防霉及通风工作，饮水不能中断，放牧应采取上午早出早归、下午晚出晚归，夜间让鸭在露天乘凉。秋季要注意补充人工光照，使每日光照达16h，做好防寒、防风、防湿、保温工作。冬季应加强防寒保暖，舍内加厚垫料，保持干燥，增加光照，保证每日光照时间不低于 14h。

4. 种鸭饲养

（1）养好种公鸭　所选公鸭要比母鸭早 1～2 个月，在母鸭产蛋前，公鸭已经达到性成熟。在青年鸭阶段，公母最好分群饲养。性成熟但未到配种期的公鸭，尽量放旱地，少下水活动，以减少公鸭之间相互嬉戏形成恶癖。配种前 20 天，放入母鸭群中。此时要多放水、少关饲，创造条件，引诱并促使其性欲旺盛。

（2）增加营养　除了按母鸭的产蛋率高低，给予必需的营养物质外，还要多喂维生素、青绿饲料，特别是要适当增加维生素 E，因为维生素 E 能提高种蛋的受精率和孵化率，日粮中维生素E 含量为每千克 25mg、不低于 20mg。蛋白质饲料的比例，也要比平常略高些。

（3）合理的公母配比　蛋用型麻鸭品种，公母配比为 1：25。

（4）搞好管理工作　鸭舍内的垫草必须保持干燥、清洁。对于初开产的新母鸭，可在鸭舍一角或沿墙一侧多垫干草做成蛋窝，再放几个蛋，引诱新母鸭集中产蛋。运动场要流水畅通，不能积有污水。房舍内通风必须良好，外界温度高时，要加强通风换气，但不能在舍内地面上洒水。鸭子交配是在水上进行的，种鸭要延长下水活动的时间；及时收集种蛋，不要让种蛋受潮、受晒、被粪便沾污，不同日期收集的种蛋要分别贮存。

5. 肉鸭饲养

（1）供给丰富的营养　肉鸭应采用高能量高蛋白的全价配合饲料，最好是采用全价颗粒饲料，0～3 周龄时喂小鸭料，4～5 周龄时喂中鸭料，6～7 周龄时喂大鸭料，全天供料，给足饮水，直至出售。

（2）创造良好的环境　育雏的温度比蛋鸭要高，雏鸭出壳当天，育雏舍的温度要求在32～34℃，第 2～7 日龄时为 28～30℃，第 8～14 日龄时为 25～28℃，第 15～21 日龄时为21～24℃，第 22～28 日龄时为 20～21℃，直至与环境温度一致。肉仔鸭生长期最适宜的温度为 15～20℃，育雏室在第 1 周内的相对湿度应为 70%，其后降为 60%，3 周龄后保持在55% 为宜。一般在使用普通电灯泡作光源时，光照强度每平方米鸭舍以 4W 为宜，即每 10平方米鸭舍安装 1 只 40W 的灯泡，有利于提高日增重和饲料利用率。

（3）合理的饲养密度　一般地面圈养饲养密度：0～7 日龄时每平方米饲养 15～20 只，8～14 日龄时每平方米饲养 10～15 只，15～21 日龄时每平方米 8～10 只，22～49 日龄时每平方米饲养 6～8 只。

（4）做好点水、漂水和放水等工作　雏鸭到达育雏舍后在开食前就必须调教雏鸭饮水。传统方法是将雏鸭分批放到水深 0.5～1cm 的浅水盆浸脚，浸水 2～3min，俗称为点水。雏鸭的第 1 次饮水，水温以 30℃ 左右为宜，在水中加入 5% 的葡萄糖或速补-14。肉鸭在 1周龄左右，调教雏鸭下水，俗称漂水。漂水的时间要根据天气和季节的不同、气温和水温的高低灵活掌握。原则上夏季、晴天、气温和水温高时，漂水可以较早些；冬季、春季、阴天、气温和水温较低时，漂水则应推迟。雏鸭一般是在喂食后漂水，夏天应在上午 9:00～10:00 有阳光时进行，冬天最好是在中午有阳光时进行。开始每天 1～2 次，每次漂水 5min 左右，以后的次数和时间可逐渐延长。采用传统放牧饲养时，在夏季或较暖和的天气，2 周龄的肉仔鸭便可开始放水和放牧。

（5）采用"全进全出"的管理制度　同一日龄的鸭群要同一批出售，出售后彻底清扫并消毒。

（6）及时上市　肉用麻鸭一般饲养 70～80 天，体重 1.5～2.0kg；大型肉鸭饲养 50～56 天，体重达 2.7kg 左右时，即可上市。

（7）预防疾病　注意保持鸭舍环境清洁卫生，每日清除鸭舍内鸭粪，经常洗刷食槽，定期消毒，不喂腐败劣质饲料，保证料槽内饲料不湿、不霉。肉仔鸭的饲养期一般只有 6 周龄左右，在当地有禽病流行或可能受到禽病威胁时，必须尽早做好防疫接种。特别应做好鸭病毒性肝炎疫苗、鸭瘟疫苗、禽霍乱菌苗的接种工作。

【实训报告】

1. 如何提高种鸭生产的经济效益？

2. 简述大型肉鸭生产的饲养管理要点。

实训十七　肉用仔鸭的填肥技术

【实训目标】　掌握肉鸭填肥的技术要点。

【实训材料】　需填喂的鸭子数只、填肥饲料、填喂机、塑料水桶等。

【实训内容与操作步骤】

1. 填饲适宜周龄与体重

鸭填饲适宜周龄和体重随品种和培育条件不同而有差异，但都要在其骨骼基本长足、肌肉组织停止生长，即达到体成熟之后进行填饲才好。一般兼用型麻鸭在 12～14 周龄，体重 2.0～2.5kg，肉用型仔鸭体重 3.0kg 左右；瘤头鸭和骡鸭在 13～15 周龄，体重 2.5～2.8kg 为宜。

2. 填饲季节的选择

填饲最适温度为 10～15℃，20～25℃尚可进行，超过 25℃以上不适宜。这是因为鸭在高能量饲料填饲后，皮下脂肪大量储积，不利于体热的散发。如果环境温度过高，特别是在填饲后期会出现瘫痪或发病。

3. 填肥饲料与填饲量

（1）填饲期的饲料调制　肉鸭前期料中蛋白含量高，粗纤维也略高；而后期料中粗蛋白含量低（14%～15%），粗纤维略低，但能量却高于前期料。鸭填肥饲料配方见表 2-40。

表 2-40　鸭填饲期的饲料配方　　　　　单位：%

配方	玉米	大麦	小麦面	麸皮	鱼粉	菜籽饼	骨粉	碳酸钙	食盐	豆饼
1	59	4.8	15	2.2	5.4	—	1.9	0.4	0.3	11
2	60	—	15	10.8	3.5	5	—	1.4	0.3	4

（2）填饲量　肉鸭填料量：第 1 天填 150～160g，第 2～3 天填 175g，第 4～5 天填 200g，第 6～7 天填 225g，第 8～9 天填 275g，第 10～11 天填 325g，第 12～13 天填 400g，第 14 天填 450g。最初肉鸭由于将采食改为强迫填食，可能不太适应，不要喂得太饱，以防止造成食滞疾病，待习惯后，即可逐日增加填量。

4. 填饲方法

（1）人工填喂法　先将填料用水调成干糊状，用手搓成长约 5cm、粗约 1.5cm、重 25g 的剂子。填喂时，填喂人员用腿夹住鸭体两翅以下部分，左手抓住鸭的头，大拇指和食指将鸭嘴上下喙撑开，中指压住舌的前端，右手拿剂子，用水蘸一下送入鸭子的食道，并用手由上向下滑挤，使剂子进入食道的膨大部，每天填 3～4 次，每次填 4～5 个，以后则逐步增多，后期每次可填 8～10 个剂子。

（2）机器填喂法　填料时用左手抓住鸭头，右手握住食道膨大部底部，以左手拇指和食指使鸭嘴张开，中指压住舌头，将胶管轻轻插入鸭的食道内，松开左手，扶住鸭头，把饲料压入食道内，右手顺着颈部把饲料向下抹。填喂时鸭体要放平，以免伤害食道。填喂的同时要注意料桶是否有料，如果饲料已用光，会将空气压入食道内，造成死亡。如果压进空气，要立即用手把空气排出。

5. 填肥期的管理

（1）每次填喂后适当放水活动，清洁鸭体，帮助消化，促进羽毛的生长，每隔 2～3h 左右赶鸭子走动 1 次，以利于消化，但不能粗暴驱赶。

（2）舍内和运动场的地面要平整，防止鸭跌倒受伤，舍内保持干燥，夏天要注意防暑降温，在运动场院搭设凉棚遮阴，每天供给清洁的饮水。

（3）白天少填、晚上多填，可让鸭在运动场上露宿，鸭群的密度为前期每平方米 2.5～3 只、后期每平方米 2～2.5 只，始终保持鸭舍环境安静，减少应激。

6. 适时出售

经过上述育肥后的鸭子，其肥育程度可根据两羽下体躯皮肤和皮下组织的脂肪沉积而确定，若摸到皮下脂肪结实，富有弹性，胸肌饱满，尾椎处脂肪丰满，翼羽根呈透明状态时，表明育肥良好，即可上市。一般鸭体重在 2.5kg 以上便可出售。

【注意事项】

1. 填喂时动作要轻，如用机器填饲，每次填喂完后，要将填喂机清洗干净。

2. 要及时供给充足的饮水，饮水盘中可加些砂砾，以促进消化。

3. 适当放水活动，清洁禽体，帮助消化，促进羽毛的生长。

4. 保持圈舍地面平整，防止肉禽跌倒受伤；舍内保持干燥。

5. 保持鸭舍环境安静，减少应激。

【实训报告】

1. 简述肉鸭填肥技术的操作方法和步骤。

2. 简述肉鸭填肥技术的注意事项。

实训十八　鹅的饲养技术

【实训目标】　熟练掌握鹅的饲养管理技术及基本操作技能。

【实训场地与材料】　校内实训基地或校外养鹅场或专业户养鹅场，雏鹅、育成鹅、种鹅各一批，饲料、保温设备等。

【实训内容与操作步骤】

1. 雏鹅饲养

（1）保温与防湿　大群育雏的育雏舍内应有良好的保温和通风设施，1 周内的雏鹅舍温控制在 28～32℃，以后每周下降 2～3℃。农村家庭养鹅，育雏一般采用自温育雏或普通灯泡给温育雏。1～5 日龄，如室温在 15℃ 以上，白天可将雏鹅放在地面柔软的垫草上，用 30cm 高的竹篱围成面积为 0.3m² 的小栏，进行分栏饲养，每栏 10～12 只，晚上放回育雏笼内；如室温低于 15℃，除喂饲时间外，白天、晚上均需放在育雏笼内保温。5 日龄后，温暖天气可昼夜放在室内地面铺草的小栏内。20 日龄后，雏鹅耐寒能力增强，舍内小栏可逐步拆除合群。结合初次"放牧与放水"工作，热天在 3～7 日龄、冷天在 10～20 日龄，逐步外出放牧活动，以锻炼和增强雏鹅体质，开始逐步脱温，但在晚上必须注意保温，以免受凉。一般在 3 周龄时可以完全脱温，冬天约在 4 周龄完全脱温。完全脱温时，要注意气温的变化，在脱温的前 2～3 天，若气温突然下降，也要适当保温，待气温回升后再完全脱温。因此，育雏室应选择地势高爽、排水良好的地方兴建。育雏室要注意通风透光，门窗不宜密闭，注意勤换垫草，保持地面干燥。

（2）分群与隔离 雏鹅出壳后，应按体质强弱或定期按大小分群饲养。采用自温育雏时，1～5 天每群 10 只，6～10 天每群 8 只，11～20 天每群 4～6 只。此外，在日常管理中一旦发现体质瘦弱、行动迟缓、食欲不振、粪便异常者，应及时剔出隔离，加强饲养，对病鹅进行治疗。

（3）放牧 雏鹅初次放牧和放水的时间可根据气温而定，热天在 3～7 天、冷天在 10～20 天。初次放牧和放水必须选择风和日暖的天气，喂饲后将雏鹅缓慢赶放到附近的草地上活动，采食青草，放牧约 0.5h，然后赶至清洁的浅水塘中，任其自由下水，放水约数分钟，赶上岸边理羽，羽干后才赶回鹅舍。放牧和放水时间随日龄的增加而逐渐延长。20 天后白天可整天放牧，晚上补料 1～2 次。放牧应选择牧草青嫩、水源较近的牧地。必须待大部分雏鹅吃饱后才让鹅群蹲下休息，并定时驱动鹅群，以免睡熟着凉。

2. 中鹅饲养

（1）中鹅的育肥 不作种用的中鹅，在上市出售前可进行短期育肥。

① 上棚育肥。先用竹料或木料搭一个棚架，架底离地面约 60～70cm，以便于清粪，棚架四周围以竹条。食槽和水槽挂于栏外，鹅在两竹条间伸出头来采食、饮水。为了限制鹅的活动，可在棚架上再分别隔成若干个小栏，每栏以 10m² 为宜，每平方米养鹅 4 只。育肥期间以稻谷、碎米、番薯、玉米、米糠等碳水化合物含量丰富的饲料为主，日喂 3～4 次，每次吃饱为止，最后 1 次在晚上 22 时喂饲，整天应供给清洁的饮水，每次仅喂少许青料。

② 圈养育肥。圈养育肥，就是把鹅圈养在地面上，限制其活动，并给予大量富含碳水化合物的饲料，让其长膘长肉。农家圈养常用竹片（竹围）或高粱秆围成小栏，每栏养鹅 1～3 只，栏大小不超过鹅的 2 倍，高为 60cm，鹅在栏内站立，但不能昂头鸣叫，经常鸣叫不利育肥。饲槽和饮水器放在栏外，鹅可以伸出头来吃料、饮水。白天喂 3 次，晚上喂 1 次。所喂的饲料可以玉米、糠麸、豆饼、稻谷为主，效果很好。为了增进鹅的食欲，在育肥期应有适当的水浴和日光浴。隔日让鹅下池塘水浴 1 次，每次 10～20min，浴后在运动场进行日光浴，梳理羽毛，最后才赶鹅进舍休息。这样大约经半月的育肥，膘肥毛足即可宰杀，否则逾期又会换羽掉膘。

③ 强制育肥。俗话讲的"填鹅"，是将配制好的饲料填条，一条一条地塞进食管里强制鹅吞下去，再加上安静的环境，活动减少，鹅就会逐渐肥胖起来，肌肉也丰满、鲜嫩。填鹅法是采用玉米、山芋、碎米、细糠和豆饼等加适量水混合搓捏成粗 1～1.15cm、长 6cm 的条状饲料。开始每天填 3 次，以后增加到 5 次。开始时每次填 3～4 个，以后增至 5～6 个。填好后把鹅安置在安静的舍内休息，大约经过 20 天育肥，鹅体脂肪增多，肉嫩味美，等级

提高。鹅的肥膘，只需用手触摸鹅的尾椎与骨盆部连接的凹陷处，以肌肉丰满为合格。

(2) 后备种鹅的饲养　一般从 120 天至开产前 50～60 天对后备种鹅采取限制饲养。公母鹅分开饲养管理，采取放牧和舍饲相结合的饲养方式，可将每天喂料由 3 次改为 2 次。母鹅的平均给料量比生长阶段减少 50%～60%。日粮代谢能 10.0～10.5MJ/kg，蛋白质 12%～14%。生长期不能增加光照时间与光照强度，种鹅开产前 6 周开始逐渐增加光照刺激，达到多产蛋的目的，每周增加光照 20～30min，直至达到 16～17h 为止。公母鹅配种比例，小型鹅 1:(6～7)、中型鹅 1:(4～5)、大型鹅 1:(3～4)。

3. 种鹅饲养

(1) 种鹅的选择　最后一次选择应在鹅 150～180 天、羽毛已长齐、第二性征明显时，有利于第三次选种和定群。应选择品种特征明显，生长发育良好，体质结实，体形结构好的留种。入选种鹅每群 120～150 只，公母比例为 1:(5～6)。

(2) 产蛋期母鹅的饲养　以舍饲为主，放牧为辅。小型鹅每天每只喂混合精料 150～200g，大型鹅 200～250g。青粗饲料一般不限量，按照先青后精的原则饲喂。夜间产蛋鹅体能消耗较大，第 1 次早晨 5～7 点开始先喂精料，然后喂青饲料，其余时间先青后精；第 2 次喂饲时间为 10～11 点；第 3 次为下午 17～18 点。

(3) 做好产蛋鹅的放牧工作　一般在产蛋基本结束后进行，即上午 7～8 点出牧、11 点左右收牧，下午 15～16 点出牧、晚 17～18 点收牧。力争每天让鹅采食四五成饱。放牧要防止烈日暴晒、中暑和雷雨袭击。放牧与放水要很好地结合，选择清洁塘或流动水面，水深应在 1m 左右。公母鹅喜欢在水上交配，一般早上 7～9 点公鹅性欲旺盛，优秀的公鹅在这段时间能交配 6～9 次；下午 17～18 点，也是公母鹅配种的好时间，1 只公鹅可完成交配 2～4 次。

(4) 温度与光照　鹅舍应冬暖夏凉、清洁干燥，及时清除潮湿板结的垫草。母鹅产蛋适宜温度是 8～25℃，公鹅产优质精液的适宜温度是 10～25℃。采用自然光照加上人工光照每天应不少于 15h，通常为 16～17h 光照，一直维持到产蛋结束。光照强度每平方米 2～3W。灯泡度数宜小不宜大，数量宜多不宜少，应交错安装，光照均匀。灯泡应保持干净无灰尘。

(5) 饲养密度与通风换气　舍饲（圈养）每平方米 1.3～1.6 只，放牧条件下每平方米 2 只左右，冬季天冷可酌情增加饲养密度。保持鹅舍空气新鲜，必须做好通风换气。

(6) 训练母鹅在产蛋箱内（窝内）产蛋　利用母鹅择窝产蛋的习惯，在舍内周围，按 2～3 只母鹅安置 1 个产蛋箱，规格为长 60cm、宽 40cm、高 50cm、门槛高 8cm，铺上垫草。母鹅有择窝产蛋习惯，第一次在哪个窝产蛋，以后保持不变。一经发现母鹅不爱活动，东张西望，不断鸣叫，表现出产蛋行为，就应把母鹅捉入产蛋箱内产蛋，训练几次以后就会主动去产蛋箱产蛋。

(7) 注意种蛋的收存　母鹅产蛋多集中在下半夜至第二天上午 8 点之间，部分鹅下午产蛋。所以在上午 10 点前后、下午 16～17 点各捡一次蛋。捡回的蛋要及时用软铅笔在蛋的小端记上产蛋日期。种蛋应存放在温度 5～18℃、相对湿度 65%～75%、清洁卫生、通风良好的地方。对于表面脏污的蛋只能用干布擦拭，禁止用水洗刷，因为水洗后蛋壳胶膜层被破坏，病原微生物容易入侵，损坏种蛋品质。

【实训报告】　结合实际，详细阐述鹅不同阶段的饲养管理要点。

实训十九　鹅活拔羽绒

【实训目标】　通过本次实训，使学生掌握鸭、鹅活体拔取羽绒的操作技术。

【实训材料】 鸭或鹅若干只、药棉、消毒用的药水、板凳、秤、围栏、酒、醋和装羽绒的容器等。

【实训内容与操作步骤】

1. 活拔羽绒鹅的选择

（1）适宜拔羽的鹅 健康的成年鹅都可以进行活拔羽绒，一般体形较大的鹅，如狮头鹅、淑浦鹅、皖西白鹅、四川白鹅、浙东白鹅等产绒较好，售价也就较高。由于白色羽绒比有色羽绒市场价格高，白羽鹅种更适宜拔羽。

（2）不适宜拔羽的鹅 雏鹅、中鹅由于羽毛尚未长齐，不适宜拔羽；老弱病残鹅不宜拔羽，以免加重病情，得不偿失；换羽期的鹅血管丰富，含绒量少，拔羽易损伤皮肤，不宜拔羽；产蛋期的公母鹅不能拔羽，以免影响受精率和产蛋率；出口的整鹅不宜拔羽，易在胴体上留下斑痕，影响外观，降低品质；饲养年限长的鹅不宜拔羽，因为其羽绒量少，羽绒的再生力也差。

（3）活拔羽绒鹅的分类

① 商品鹅。出栏上市前的肉用仔鹅或填饲前的产肝鹅，在不影响其产品质量的前提下，可以拔羽1次。

② 后备种鹅。留作后备的3月龄白色种鹅，产蛋配种前可进行2次拔羽。

③ 淘汰鹅。羽毛生长成熟的淘汰鹅，可先活拔羽后再进行育肥上市或留下继续饲养拔羽。

④ 休产期种鹅。种鹅每年大约有5～6个月的休产期，可拔羽3次。

2. 拔羽的准备

选择避风向阳的场地，地面打扫干净。参加拔羽的鸭或鹅在拔羽前几天勤放水，勤换垫料，保持鹅（鸭）体干净。拔羽前16h停喂，防止在拔羽前因排粪而污染羽绒。第一次拔羽前每只鹅灌服白酒加食醋10ml(酒醋比为1∶3)，不但可减轻鹅体痛苦，而且易拔羽，10～15min即可进行。

3. 拔羽时间和场地的选择

拔羽时间最好是选择晴朗无风的天气。要在避风向阳的室内进行，门窗关好，室内无灰尘、杂物，地面平坦、干净，地上可铺垫一层干净的塑料布，以免羽绒污染。毛绒的品质与生产季节有关，夏秋时，鹅羽绒的毛片小、绒朵少而小，杂质也较多，故品质较差；冬春时，毛片大、绒朵大而多，色泽与弹性好，血管毛等杂质也少。

4. 拔羽的步骤

（1）保定 操作者坐在板凳上，用绳捆住鹅（鸭）的双脚，将鹅（鸭）头朝向操作者，腹部向上，两翅夹在操作者双膝间。

（2）拔羽

① 拔羽的顺序。拔羽时按顺序进行，一般先拔腹部的羽绒，然后依次是两肋、胸、肩、背颈和膨大部等部位。按照从左到右的顺序，一般先拔片羽、后拔绒羽，可减少拔羽过程中产生飞丝，也容易把绒羽拔干净。

② 拔羽的方向。一般来说，顺毛及逆毛拔均可，但最好以顺拔为主。因为顺毛方向拔，不会损伤鹅毛囊组织，有利于羽绒再生。

③ 拔羽的部位。拔羽绒的部位应集中在胸部、腹部、体侧面，绒毛少的肩、背、颈处少拔，绒毛极少的脚和翅膀处不拔，鹅翅膀上的大羽和尾部的大尾羽原则上不拔。

④ 拔羽的方法。操作者用左手按住鹅体皮肤，右手拇指、食指和中指紧贴皮肤，捏住羽毛和羽绒的基部，用力均匀、速度快、一把一把有节奏地拔羽。所捏羽毛和羽绒宁少勿多，以 3～5 根为宜，紧挨着拔。所拔部位的羽绒要尽可能拔干净，否则会影响新羽绒的长出。拔取鹅翅膀的大翎毛时，先把翅膀张开，左手固定一翅呈扇形张开，右手用钳子夹住翎毛根部以翎毛直线方向用力拔出。注意不要损伤羽面，用力要适当，力求 1 次拔出。

5. 羽绒的处理与保存

鹅羽绒是一种蛋白质，保温性能好，如贮存不当，容易发生结块、虫蛀、霉变等，尤其是白色羽绒，一旦发潮霉变，容易变黄，影响质量，降低售价。因此，拔后的羽绒要及时处理，必要时可进行消毒，待羽绒干透后装进干净不漏气的塑料袋内，外面套以塑料编织袋包装后用绳子扎紧口保存。在贮存期间，应保持干燥、通风良好、环境清洁。地面经常撒鲜石灰，防止虫蛀、避免受潮。可在包装袋上撒杀虫药，有的毛绒拔下后较脏，可先用温水洗1～2 次，然后装在布袋里悬挂晒干，干燥以后再贮存保藏，切忌不装袋晾晒，以防羽绒被风吹散，造成损失。

6. 鹅活拔羽绒后的饲养管理

经历活拔羽绒这一较大的外界刺激后，鹅会表现出精神委顿、食欲减退、翅膀下垂、喜站、走路胆小怕人等症状，个别鹅体温还会升高。为确保鹅群健康，促使其尽快恢复羽毛生长，必须加强饲养管理。

（1）拔羽后鹅体裸露，3 天内不要放牧，7 天内不让鹅下水。1 周后，鹅皮肤毛孔已经闭合，可逐渐放牧饲养和下水。恢复放牧后每天下水可使鹅毛绒生长快、洁净有光泽，一般拔羽 1 周后就可见新的毛绒长出。

（2）鹅舍应背风、清洁干燥，舍内铺垫一层柔软干净的垫草。夏季要防止蚊虫叮咬；冬季舍内应保暖，温度不能低于 0℃。

（3）饲料中应增加蛋白质的含量，补充微量元素，每只鹅除每天供应充足的青饲料和饮水外，第 7 天要补精饲料 150～180g。

（4）种鹅拔羽后应公母分开饲养，停止交配，对弱鹅应挑出单独饲养。加强饲养管理，经常检查鹅的羽毛生长和健康状况，预防感染及传染性疾病，避免死亡。

【注意事项】

1. 拇指和食指紧贴羽根迅速拔下。

2. 每次拔羽数量不可太多，以 2～3 根为宜。

3. 要按顺序拔，不可乱拔，顺拔、逆拔均可，但最好是顺拔。有色羽绒单独存放。

4. 拔羽后的鹅（鸭）要加强饲养管理，3 天内不在强烈阳光下放养，7 天内不要让鹅下水和淋雨。

【实训报告】 根据拔羽时的操作过程，测定羽片和羽绒各占的比例和重量，完成实训报告。

实训二十　鸡场生产计划编制

【实训目标】 通过对生产指标的掌握，初步熟悉拟订鸡场生产计划的方法。

【实训材料】 育成鸡耗料与死亡指标（表 2-41）、产蛋鸡生产指标（表 2-42），有关资料和计算器等。

表 2-41　育雏育成鸡的耗料与死亡率指标

项　目	月　龄					全期
	1	2	3	4	5	
耗料/(kg/只)	0.6	1.4	1.8	2.0	2.2	8
死亡率/%	3.0	2.0	1.0	1.0	1.0	8

表 2-42　产蛋鸡生产指标

项　目	产　蛋　月												平均
	1	2	3	4	5	6	7	8	9	10	11	12	
产蛋率/%	30	70	80	75	75	70	70	65	65	60	60	50	64.2
种蛋合格率/%	20	60	80	90	95	95	95	95	95	90	90	90	82.9
耗料/[g/(只·日)]	100	110	115	115	115	110	110	110	110	105	105	105	109
死淘率/%	2.0	2.0	2.0	2.0	2.0	2.0	2.0	2.0	2.0	2.0	2.0	2.0	2.0

【实训内容与操作步骤】

1. 拟订鸡群周转计划

(1) 商品蛋鸡群的周转计划　商品蛋鸡原则上以养一个产蛋年为宜。这样比较合乎鸡的生物学规律和经济规律，遇到意外情况才实行强制换羽，延长产蛋期。根据鸡场生产规模确定年初、年末各类鸡的饲养只数；根据鸡场生产工艺流程和生产实际确定鸡群死淘率指标；计算每月各类鸡群淘汰数和补充数；统计全年总饲养只数和全年平均饲养只数以及入舍鸡数。

(2) 雏鸡的周转计划　专一的雏鸡场，必须安排好本场的生产周期以及本场与孵化场鸡苗生产的周期同步。根据成鸡的周转计划确定各月份需要补充的鸡只数；根据鸡场生产实际确定育雏育成期的死亡淘汰率指标；计算各月次现有鸡只数、死亡淘汰鸡只及转入成鸡群鸡只的数量，并推算出育雏日期和育雏数；统计出全年总饲养只日数和全年平均饲养只数。

(3) 种鸡群周转计划　根据生产任务确定年初和年末饲养只数，根据鸡场实际情况确定鸡群年龄组成，根据历年经验确定鸡群大批淘汰和各自死亡淘汰率，再统计出全年总饲养只日数和全年平均饲养只数；根据成鸡周转计划，确定需要补充的鸡数和月份，根据历年育雏成绩和本鸡种育成率指标，确定育雏数和育雏日期，计算出各月初现有只数、死亡淘汰只数及转成鸡只数，最后统计出全年总计饲养只日数和全年平均饲养只数。

(4) 鸡群周转模式　在实际编制鸡群周转计划时，还应考虑鸡的生产周期，其鸡群周转模式如表 2-43。

表 2-43　鸡群周转模式

项　目	雏　鸡	育成鸡	蛋　鸡	项　目	雏　鸡	育成鸡	蛋　鸡
饲养阶段日龄	1~42	43~132	133~504	鸡舍栋数	2	4	12
饲养天数	42	90	372	每批间隔天数	26	26	26
空舍天数	10	14	18	390 天养鸡批数	15	15	12
单栋周期天数	52	104	390	365 天养鸡批数	14.04	14.04	11.23

2. 产品生产计划的拟订

(1) 产蛋计划　根据饲养品种的生产性能、本场饲养管理条件及技术水平确定全年平均产蛋量和各月的产蛋率；根据全年平均饲养只数和各月平均饲养只数，算出全年总产蛋量和各月的产蛋量。

(2) 产肉计划　根据每月及全年淘汰的母鸡数和重量，定期编制各月的产肉计划。

3. 拟订饲料计划

根据各阶段鸡群每月的饲养数、月平均耗料量进行编制。饲料如为购入的成品，则只需注明编号，若为自配料，就应当列出饲料种类及数量（表 2-44）。

表 2-44 雏鸡、育成鸡、蛋鸡饲料计划

周　龄 ＼ 项　目	平均饲养只数	饲料总量	成品饲料编号	玉米	豆饼	鱼粉	麸皮	骨粉	石粉	添加剂
1～6										
7～14										
15～20										
成年蛋鸡(饲养只日数)										
合计										

【实训报告】 按上述方法制订出一个年初和年末都保持有 3000 只蛋用种母鸡和 250 只种公鸡的父母代鸡场的鸡群周转计划。

实训二十一　禽场管理制度的制定

【实训目标】 能根据本场的具体情况，制定出各种规章制度和方案，作为生产过程中的依据，使生产能够达到预定的指标和水平，从而提高经济效益。

【实训材料】 某禽场的基本情况资料，生产指标、各种记录表格、计算器等。

【实训内容与操作步骤】

1. 制定禽场综合防疫制度

对场内外人员、车辆、场内环境、装蛋放禽的器具及时或定期消毒，禽舍在空出后的冲洗、消毒，各类禽群的免疫程序，种禽的检疫等根据本场的具体情况和相关要求，制定出详细的制度和要求，悬挂或张贴在醒目的位置。

2. 制订各类鸡舍日工作程序

将各类禽舍每天从早到晚按时划分，每项常规的操作都要做出详细的规定，使每天的饲养工作有规律地全部按时完成。

笼养鸡每日工作程序示例：

（1）雏鸡舍每日工作程序

8:00　喂料。喂料要均匀，防止断料及料水浪费。严禁饲喂酸败、发霉变质的饲料。

9:00　清除粪便，打扫工作间及舍外门口周围；观察鸡群，检查温湿度和通风情况；提出笼内死鸡，抓回笼外鸡；疫苗注射。

10:00　检修调整笼门；检查饮水系统是否漏水；观察鸡采食、饮水、粪便及精神是否正常。

11:30　工作人员午餐。

13:00　喂料。观察鸡群，清扫地面。

15:00　检修调整笼门；调整鸡群，观察鸡采食、饮水、粪便及精神是否正常。

16:00　认真做好温度、湿度、增重（每周称重 1 次）、饲料消耗和死亡、淘汰鸡数等项目的记录。

17:00　值白日班饲养员下班，上夜班的饲养员就位。

（2）育成鸡每日工作程序

8:00　喂料。喂料要均匀，防止断料及料水浪费。严禁饲喂酸败、发霉变质的饲料。

9:00　机械刮粪（或人工清粪）；打扫工作间及舍外门口周围；观察鸡采食、饮水、粪

便及精神是否正常；及时解脱卡、吊鸡，提出笼内死鸡，抓回笼外鸡；检查照明及通风是否正常；疫苗注射。

10:00 检修调整笼门；检查饮水系统是否漏水；观察鸡采食、饮水、粪便及精神是否正常；个别治疗。

11:30 工作人员午餐

13:00 喂料。

15:00 观察鸡群，打扫卫生；整修笼门和笼底；调整鸡群；机械刮粪（或人工清粪）。

16:30 认真做好温度、湿度、增重（每周称重1次）、饲料消耗和死亡、淘汰鸡数等项目的记录。

17:00 工作人员下班

（3）蛋鸡每日工作程序

6:00 开灯。

7:00 喂料；观察鸡群和设备运转情况（包括饮水、通风等系统）；记录温度；洗刷水槽，打扫卫生。

7:30 工作人员早餐。

9:00 机械刮粪（或人工清粪）。

9:30 准备蛋盘、装蛋车；集中鸡蛋，为捡蛋做好准备工作；抓回地面和粪沟内的跑鸡。

10:30 捡蛋；提死鸡。

11:30 喂料；观察鸡群和设备运转情况（包括饮水、通风等系统）。

12:00 工作人员午餐。

15:30 喂料。准备蛋盘、装蛋车；集中鸡蛋，为捡蛋做好准备工作；观察鸡群和设备运转情况（包括饮水、通风等系统）；记录温、湿度。

17:00 捡蛋；打扫卫生；擦拭灯泡（每周1次）；做好温度、湿度、饲料消耗、产蛋和死亡淘汰鸡数等项目的记录。机械刮粪（或人工清粪）。

18:00 工作人员晚餐；开灯。

20:00 喂料；1h后关灯。

3. 制订技术操作规程

不同阶段的禽群，按其生产周期制定不同的操作规程。对饲养任务提出生产指标，指出不同饲养阶段的特点和饲养要点，按不同的操作内容分段列条，提出切合实际、简明的操作规程，分别张贴在不同的禽舍。如孵化操作规程、育雏操作规程等。

4. 建立岗位责任制

内容包括负担哪些工作职责、生产任务或饲养定额，必须完成的工作项目或生产量及质量指标，超产奖励、完不成任务受罚的明确规定。

5. 成本管理

制定并及时上报各种报表，包括饲养禽群的日龄、存活数、死亡淘汰数、产量、饲料、物品使用情况等。根据以上记录进行成本核算。如每个种蛋的成本可用下列公式计算：

$$每个种蛋的成本 = \frac{种蛋生产费用 - (种鸡残值 + 非种蛋收入)}{入舍母鸡出售种蛋数}$$

6. 物品保管制

严格出入库管理制度，健全手续。

【实训报告】 试制定出饲养20000只蛋鸡场的技术操作规程和定额管理方案。

实训二十二 禽场卫生防疫

【实训目标】 掌握禽场消毒药品的选购原则和具体要求；熟练掌握禽场消毒药品的配制方法和消毒器械的使用方法；掌握禽场的消毒方法，了解疫情控制和疫病扑灭的措施。

【实训材料】 病禽或可疑病禽，疫苗、血清、常用消毒药物、消毒器械、粗天平、灭菌针头、显微镜、玻片和剖检器械等。

【实训内容与操作步骤】

1. 禽场的消毒

(1) 制订消毒制度

① 生活区消毒制度。

② 生产区环境消毒制度。

③ 生产区人员、车辆消毒制度。

(2) 化学消毒剂的配制

① 配制前的准备。应备好配药时常用的量筒、台秤、搅拌棒、盛药容器（最好是塑料或搪瓷等耐腐蚀制品）、温度计、橡皮手套等。

② 配制要求。所需药品应准确称量。配制浓度应符合消毒要求，不得随意加大或减小。先将稀释药品所需要的水倒入配药容器（盆、桶或缸）中，再将已称量的药品倒入水中混合均匀或完全溶解即成待用消毒液。

(3) 消毒的实施

① 养殖场入口消毒

a. 车辆消毒池。生产区入口必须设置车辆消毒池，消毒池内放入 2%～4% 的氢氧化钠溶液，每周更换 3 次。有条件的可在生产区出入口处设置喷雾装置，喷雾消毒液可采用 0.1% 百毒杀溶液、0.1% 新洁尔灭或 0.5% 过氧乙酸。

b. 消毒室。场区门口要设置消毒室，人员和用具进入要消毒。消毒室内安装紫外线灯（1～2W/m³）；有脚踏消毒池，内放 2%～5% 的氢氧化钠溶液，每周至少更换 2 次。进入人员要换鞋、工作服等，如有条件，可以设置淋浴设备，洗澡后方可入内。

② 场区环境消毒。平时应做好场区环境的卫生工作，定期使用高压水洗净路面和其他硬化的场所，每月对场区环境进行一次消毒。进禽前对禽舍周围 5m 以内的地面用 0.2%～0.3% 过氧乙酸，或使用 5% 的氢氧化钠溶液进行彻底喷洒；道路使用 3%～5% 的氢氧化钠溶液喷洒；用 3% 氢氧化钠（笼养）或百毒杀、益康喷洒消毒。禽场周围环境保持清洁卫生，不乱堆放垃圾和污物，道路每天要清扫。

③ 禽舍门口消毒。每栋禽舍门前也要设置脚踏消毒槽（消毒槽内放置 5% 氢氧化钠溶液），进出禽舍最好换穿不同的专用橡胶长靴，在消毒槽中浸泡 1min，并进行洗手消毒，穿上消毒过的工作衣，戴上工作帽后方可进入。

④ 空舍消毒。任何类型的养禽场，其场舍在启用及下次使用之前，必须空出一定时间（15～30 天或更长时间），按以下工作顺序进行全面彻底消毒后，方可正常启用。

a. 机械清扫。对空舍顶棚、天花板、风扇、通风口、墙壁、地面彻底打扫，将垃圾、粪便、垫草、羽毛和其他各种污物全部清除并进行处理。

b. 净水冲洗。料槽、水槽、围栏、笼具、网床等设施采用动力喷雾器或高压水枪进行常水洗净，洗净按照从上至下、从里至外的顺序进行。最后冲洗地面、走道、粪槽等，待干后用化学法消毒。

c. 药物喷洒。常用 3%～5% 来苏儿、0.2%～0.5% 过氧乙酸、20% 石灰乳、5%～20% 漂白粉等喷洒消毒。泥土墙吸液量为 150～300ml/m²，水泥墙、木板墙、石灰墙为 100ml/m²。地面消毒喷药量为 200～300ml/m²，由内向外进行喷雾消毒，作用时间应不少于 60min。必要时，对耐燃物品还可使用酒精喷灯或煤油喷灯进行火焰消毒。

d. 熏蒸消毒。在进禽的前 5～7 天，将清洗消毒好的饮水器、料盘、料桶、垫料、禽笼等各种饲养用具搬进鸡舍进行熏蒸消毒。室温保持在 20℃ 以上，相对湿度在 70%～90%，密闭鸡舍。常用福尔马林熏蒸，用量为 28ml/m³，密闭 1～2 周左右，或按每立方米 25ml 福尔马林、12.5ml 水、12.5g 高锰酸钾的比例进行熏蒸，消毒时间为 24h。

⑤ 带禽消毒。常用的药物有 0.2%～0.3% 过氧乙酸，也可用 0.2% 的次氯酸钠溶液或 0.1% 新洁尔灭溶液，药液用量为 60～240ml/m²，以地面、墙壁、天花板均匀湿润和禽体表略湿为宜。喷雾粒子以 80～100μm，喷雾距离以 1～2m 为最好。消毒时从禽舍的一端开始，边喷雾边匀速走动，使舍内各处喷雾量均匀。一般情况下每周消毒 1～2 次，春秋疫情常发季节，每周消毒 3 次，在有疫情发生时，每天消毒 1～2 次。带禽消毒时可以将 3～5 种消毒药交替进行使用。

2. 建立生物安全体系

(1) 加强饲养管理

① 控制禽舍环境。通过对禽舍屋顶、墙壁、门窗等进行合理设计和建造，提高禽舍外墙结构的保温隔热性能，达到夏季防暑、冬季保暖的目的；通过对窗户、天窗、地窗、进气管和排气管进行设计和建造，达到夏季加大自然通风量缓解热应激，冬季降低舍内气流速度，排除污浊空气，保持空气清新的目的。必要时安装风机、水帘、热风炉等环境控制设备以进一步改善空气环境。

② 保证饲料营养卫生。除了保证饲料的营养外，还要注意饲料卫生，不从疫区购买饲料，每种饲料原料每次进场时要进行质量检验，控制饲料中细菌、霉菌及真菌含量不能超标，并且防止在使用过程中污染。同时要做好饲料的保管，防止被老鼠粪便污染和发生霉变。注意饲料贮存时间不要超过 15 天。

③ 控制水质。禽的饮用水应清洁无毒、无病原菌，符合人的饮用水标准，生产中要使用干净的自来水或深井水。选用密闭式管道乳头饮水器代替水槽，可以防止病原经饮水向禽群内扩散。

(2) 控制人员和物品的流动 养禽场中应专门设置供工作人员出入的通道，进场时必须通过消毒池，严禁一切外来人员进入或参观场区。工作人员不能在生产区内各禽舍间随意走动，工具不能交叉使用，非生产区人员未经批准不得进入生产区。养禽场内物品流动的方向应该是从最小日龄禽流向较大日龄的禽，从正常禽的饲养区转向患病禽的隔离区，或者从养殖区转向粪污处理区。

(3) 防止动物传播疾病

① 死禽处理。每个栋舍的病死禽集中存在排风口处密闭的容器中，安排专人每天集中收集，在专用焚化炉中焚烧处理，同时对容器进行清洗消毒。不具备焚烧条件的禽场应设置安全填埋井。

② 杀虫。昆虫聚居的墙壁缝隙、用具和垃圾等，可用火焰喷灯喷烧杀虫，用沸水或蒸汽烧烫车船、圈舍和工作人员衣物上的昆虫或虫卵，当有害昆虫聚集数量较多时，也可选用电子灭蚊、灭蝇灯具杀虫。在禽场内外的有害昆虫栖息地、孳生地大面积喷洒化学杀虫剂，可以杀灭昆虫成虫、幼虫和虫卵，但应注意化学杀虫剂的二次污染。

③ 灭鼠。禽舍建筑最好采用砖混结构，防止老鼠打洞。房舍大门要严紧，通风孔

和窗户加金属网或栅栏遮挡。根据老鼠多数栖息在禽场外围隐蔽处、部分栖息在屋顶、少数在舍内打洞筑巢的生活习性,灭鼠要全面投放毒饵,实行场内外夹攻。饲料库为防止污染最好用电子捕鼠器、粘鼠板、诱鼠笼、鼠夹捕打、人工捕杀等方法捕杀老鼠。

④ 控制野鸟。在禽舍周边约50m范围内只种草、不种树,减少野鸟栖息的机会。搞好禽舍周边环境卫生,对撒落在禽舍周边的饲料要及时清扫干净,避免吸引野鸟飞进禽场采食。禽舍所有出入风口、前后门、窗户等,必须安装防护网,防止野鸟直接飞入禽舍内。

⑤ 隔离。传染病发生后,兽医人员应深入现场,查明疫病在群体中的分布状态,立即隔离发病动物群,并对其污染的圈舍进行严格消毒处理。同时应尽快确诊并按照诊断的结果和传染病的性质,确定将要进一步采取的措施。

(4) 有计划地进行免疫接种与免疫监测　禽场一定要根据本场的疫情和生产情况,制定适合本场的免疫程序,并严格执行。有计划地对禽群进行免疫监测,通过摸清抗原、抗体水平的动态及高低,科学地制定免疫程序,把防疫工作认真落到实处。

(5) 合理地进行药物预防　大部分细菌性疾病如大肠杆菌病、沙门菌病、禽巴氏杆菌病等靠药物投喂预防,根据本场的发病情况和疫病的流行特点,制定投药程序,有计划地在一定日龄或在气候转变时期对禽群投药,减少或防止发病。

3. 疫情控制和扑灭措施

(1) 疫情控制措施

① 加强饲养管理,搞好卫生消毒工作,增强禽体抗病力。

② 制订和执行定期预防接种、药物预防和驱虫的程序与计划。

③ 定期杀虫、灭鼠,进行运动场及放牧地的翻土或垫土,妥善处理粪便及病死禽的尸体。

④ 最好采用全进全出的饲养方式,特别是种禽场更应自繁自养。如必须从外面进禽时,应在隔离舍单独饲养,观察1个月以上,并进行鸡白痢、鸡霉形体病的检疫后,方可合群饲养。

⑤ 经常了解其他禽场尤其是与工作有联系的禽场疫情情况,有针对性地采取防疫措施。

(2) 疫情扑灭措施

① 经常观察禽群的吃食、饮水、粪便及全身状态,以便及时发现疾病。一旦发生疫病,首先要进行确诊和上报疫情,并通知邻近禽场,以便共同采取措施,把疫病控制在最小范围内,及时扑灭。

② 迅速隔离病禽,禁止无关人员进入,并进行必要的场地消毒。

③ 根据发生的疫情,进行紧急接种,或在饲料、饮水中投药,必要时对病禽进行逐只治疗或淘汰。

④ 妥善处理已死亡的和需要淘汰的病禽。与病禽同栏舍的禽,即使没有症状,在一定时间内也应当作病禽对待。

⑤ 病禽处理完毕后,栏舍及全部设备应严格清扫消毒,并空置一定时间,避免新进入的禽群发生同样的疫病。

【实训报告】

1. 禽群发生疫病时怎样采取扑灭措施?

2. 如何建立禽场的生物安全体系?

家禽生产技能实训考评方案

一、考评方法

1. 在考试前10min,采取随机抽签方式,确定考生参加技能操作的考试题目。

2. 将参加技能操作的考生分为若干小组，每组 2～4 名，可同时参加操作考试。

3. 每组考生操作考试完成后，分别对每名考生进行口试，题目由主考教师确定。

4. 根据考生操作和口试的结果，给出每名考生的技能考评分数等级。

二、考评人员

考评人员要求必须有"双师型"教师或技术员至少 2 名，对学生进行实训技能的考评。

三、考场要求

现场操作、口试、笔试要求学生独立完成，实训报告要真实。

四、考评内容及评分等级标准

1. 考评内容

考评内容包括技术操作、规程制订、新技术引进与实施和养殖场的规划设计等。

2. 评分等级标准

（1）技术操作：操作规范且熟练；回答问题全面正确。

（2）规程制订：科学、合理、全面和可操作性强。

（3）新技术引进方案与实施：方案设计科学、合理，分析准确到位，可操作性强。

（4）养殖场的规划设计：规划设计科学，内容全面，方法规范，结论准确。

实训技能考评表

序号	考评项目	考评要点	评分等级与标准	考评方法
1	各类禽日粮的组织、选择和调配	各类禽日粮特点 各类禽日粮组织、选择和调配的原则 各类禽日粮调配设计的步骤	优：能独立完成各项考评内容，饲料配方设计方法合理，各项指标符合配方要求。回答问题全面正确 良：能独立完成各项考评内容，某两项操作规范熟练；编制的各种制度基本符合要求；饲料配方设计方法正确，各项指标基本符合配方要求 及格：在指导老师帮助下完成各项考评内容，某一项操作规范熟练；编制的部分制度基本符合要求；饲料配方设计方法正确，50%指标基本符合配方要求 不及格：在指导老师帮助下仍不能完成各项考评内容，操作不规范；回答问题多有差错；饲料配方设计方法错误	在规模化养禽场或实验室进行，根据实际操作情况与口述综合评定 实训报告 口试 笔试
2	孵化技术	种蛋构造和品质鉴定 种蛋的选择、消毒和保存 孵化机的类型与构造 孵化的生物学检查和胚胎发育的观察 孵化操作技术	优：在规定时间内能独立完成各项考评内容，操作规范熟练，回答问题正确 良：在规定时间内能独立完成各项考评内容，某三项操作规范但不熟练；回答问题基本正确 及格：在指导老师帮助下完成各项考评内容，操作规范但不熟练；回答问题有错误 不及格：在指导老师帮助下仍不能完成各项考评内容，操作不规范，态度不认真；回答问题错误较多	在规模化养禽场或实验室进行，根据实际操作情况与口述综合评定 实训报告 口试 笔试

续表

序号	考评项目	考评要点	评分等级与标准	考评方法
3	养鸡生产技术	雏鸡与育成鸡培育技术 产蛋鸡生产技术 种鸡生产技术 肉仔鸡饲养管理技术及方案的编制 水禽生产技术 鸭、鹅肥肝生产技术	优:操作规范且熟练;方案编制合理;回答问题全面正确 良:操作规范,但不够熟练;方案编制较合理;回答问题基本正确,较全面 及格:操作基本规范,有小错误;方案编制欠合理;回答问题不全面 不及格:操作不规范,有小错误;方案编制不合理;回答问题错误较多	在规模化养禽场或实验室进行,根据实际操作情况与口述综合评定 实训报告 口试 笔试
4	养禽场建设项目的可行性论证	养禽场建设的条件准备 养禽场建设项目的可行性研究	优:能独立完成以下各项,即按照项目可行性论证的形式与程序进行养禽场建设项目的论证;养禽场建设项目论证报告的写作格式正确;养禽场建设项目的论证科学,内容全面,方法规范,结论准确 良:基本按照项目可行性论证的形式与程序进行养禽场建设项目的论证,报告的格式较为正确,内容比较全面,结论较为准确 及格:基本按照项目可行性论证的形式与程序进行养禽场建设项目的论证 不及格:不能完成养禽场建设项目的可行性论证	在规模化养禽场或实训室进行,根据实际操作情况与口述综合评定 实训报告 口试 笔试
5	禽场的卫生防疫	禽场卫生防疫 禽的免疫接种计划和免疫程序 禽场防疫制度和防疫计划的编制 禽场保健计划和消毒计划的制订	优:能独立完成各项考评内容,操作规范熟练;编制的各种制度与计划科学、合理、全面且可操作性强 良:能独立完成各项考评内容,某三项操作规范熟练;编制的各种制度与计划基本符合要求 及格:在指导老师帮助下完成各项考评内容,某三项操作基本规范熟练;编制的部分制度与计划基本符合要求 不及格:达不到及格标准	在规模化养禽场或实训基地进行,根据实际操作情况与口述综合评定 实训报告 口试 笔试

模块三　牛　生　产

单元一　基本技能

实训一　牛的品种识别

【实训目标】　使学生了解不同牛品种的产地、类型、外貌特征和生产性能；能够根据牛的外貌特征识别引入牛和本地牛的主要品种。

【实训材料】　不同品种牛的图片、照片、幻灯片、录像带、VCD或实体牛。计算机、投影仪、电影放映机和VCD机等。

【实训内容与操作步骤】

1. 品种介绍

介绍本地饲养的牛的地方良种和国外引进品种的外貌特征、生产性能、主要优缺点。

2. 辨别品种

经过人们长期有目的地选择与培育，形成了许多专门化的牛品种，按经济用途可分为乳用、肉用、兼用、役用等品种，主要内容由指导教师对照图片进行介绍。

（1）观察不同牛品种的图片、照片

a. 乳用品种　荷斯坦奶牛（荷兰）、中国荷斯坦奶牛（中国）、更赛牛、爱尔夏牛、安格勒牛、娟姗牛（英国）等。

b. 肉牛品种　海福特牛（英国）、安格斯牛（英国）、夏洛来牛（法国）、利木赞牛（法国）、契安尼娜牛（意大利）等。

c. 兼用品种　西门塔尔牛（瑞士）、三河牛（中国）、草原红牛（中国）等。

d. 中国五大黄牛品种　秦川牛（陕西）、南阳牛（河南）、晋南牛（山西）、鲁西牛（山东）、延边牛（吉林）。

e. 其他牛品种　摩拉水牛（印度）、中国水牛（中国）、天祝白牦牛（中国）、辛地红牛（巴基斯坦）等。

（2）组织放映有关牛品种的影像片。

（3）带领学生实地参观牛场，观看牛群，观察并触摸牛的被毛、头型、颈、肩峰、背腰、胸腹、尻、尾、四肢、乳房、乳头及全身肌肉等。

（4）对观察的牛分别进行描述记载，并作鉴别比较。

【实训报告】

1. 调查本地区饲养的牛品种，叙述其品种特征和生产性能。

2. 填写表3-1，并比较不同牛品种的外貌特征与生产性能。

表 3-1　不同牛品种外貌特征及生产性能

品　种	经济用途	产地	毛色	体重		年泌乳量/kg	乳脂率/%	屠宰率/%
				公/kg	母/kg			
荷斯坦牛								
中国荷斯坦牛								
娟姗牛								
夏洛来牛								
利木赞牛								
皮埃蒙特牛								
西门塔尔牛								
三河牛								
秦川牛								
南阳牛								
鲁西牛								
晋南牛								
延边牛								

实训二　牛的编号与打号

【实训目标】　了解牛的编号、打号和去角的原理及作用，掌握牛的编号和打号的方法。

【实训材料】　打孔钳、耳标、记号笔、液氮、剪毛剪、牛保定栏、氢氧化钾等。

【实训内容与操作步骤】

1. 牛的编号

编号应简便，容易识别。

原则：①犊牛出生后，应立即给予编号。②编号时，要注意同一牛场或选育区不应有两头牛是相同的号码。如有牛只死亡或淘汰或出场时，不要以其他牛只替补其号码。从外地购入的公牛可继续沿用其原来的号码，不要随便变更，以便日后查考。

牛最简单的编号方法是按牛的出生年度、月份和年内出生顺序编号。出生顺序于每年 1 月 1 日开始，从 001 号（或 01，根据牛场规模而定）编排，在顺序编号前冠以年度号。简单的编号一般为四位数或六位数，当编号为四位数时，只反映出生年度和年内出生顺序，如 1347 就是 2013 年出生的，全场母牛编排顺序为第 47 号。当编号为六位数时，可反映出生年度、出生月份和年内出生顺序，如 130745 就是 2013 年 7 月份出生的，全场母牛编排顺序为第 45 号。

随着牛市交易日趋频繁，考虑到牛的出生地、品种、性别不同，为确保唯一性，可采用十位编号法，具体编号方法是：省（市、自治区）编号（2 位）＋省（市、自治区）内牛场编号（3 位）＋年度编号（2 位）＋年内牛出生顺序（3 位）。我国大陆各省（市、自治区）的编号见表 3-2。

表 3-2　我国部分省（市、自治区）编号

北京	01	上海	02	天津	03	重庆	04	河北	05	山西	06	内蒙古	07	辽宁	08
吉林	09	黑龙江	10	山东	11	安徽	12	江西	13	江苏	14	浙江	15	福建	16
湖北	17	河南	18	湖南	19	广东	20	广西	21	海南	22	四川	23	贵州	24
云南	25	陕西	26	甘肃	27	新疆	28	宁夏	29	青海	30	西藏	31		

当同一牛场同时饲养公、母牛时，一般用单号表示公牛、双号表示母牛。不同品种的牛用不同的符号表示，编号前冠以品种符号。当用塑料耳标时，可用不同颜色的耳标简单区别不同品种。

2. 牛的打号

给牛编号以后，就要进行标记，也称打号。打号的方法一般用耳标法，也可选用冷冻烙号法。

（1）耳标法　塑料耳标是用不褪色的色笔将牛号写在塑料耳标上，用专用的耳标钳固定在耳朵的中央，标记清晰，站在 2～3m 远处也能看清号码。

（2）冷冻烙号法　冷冻烙号是给家畜作永久标记的一项新技术。它是利用液态氮在家畜皮肤上进行超低温烙号，能破坏皮肤中产生色素的色素细胞，而不致损伤毛囊。以后烙号部位长出来的新毛是白色的，清晰明显，极易识别，永不消失。该方法操作简便，对皮肤损伤少，畜体无痛感。在当前养牛业广泛开展冻精配种的情况下，冷源容易提供，这就为推行冷冻烙号法创造了有利条件。

具体的冷烙技术操作步骤如下。

① 保定牛体和烙号部位　将准备烙号的牛保定在保定架上，令其自然站立，使之不能前进，亦不能后退或左右摆动。不要用绳子捆住牛体，因为捆绑将使体型失去自然状态，会影响字迹的美观。然后找出腰角与坐骨结节间近尾根的臀部烙号部位，烙号部位必须是在工作场所和放牧地均能看得见的，如果在牛体的下腹部进行烙号就不易观察。如牛体的被毛是黑白、黄白等花色时，应尽量避开在深浅被毛的界限处烙号，以免影响冷烙效果。

② 烙号部位的处理　用理发推剪或剪毛机贴近皮肤剪去烙号部位的被毛，要求越短越好。如牛群较大，可于烙号前 1～2 天剪去被毛，这样可以降低冷冻剂损耗。剪毕用硬刷刷去烙号部位的泥垢，用棉花浸蘸酒精涂湿剪毛部位。这样做是用酒精作为冷却的介质，因为干的被毛是最好的不导热体，用酒精湿润后，可使烙铁字号与皮肤之间形成液体接触面，使表皮极易受到冷冻作用。此项操作至关重要，不可忽视。在温暖及炎热季节，酒精蒸发很快，最好将酒精装入像牙膏瓶一样的罐子或油罐内，烙号前可随时将酒精挤在烙号部位。

③ 烙号　将需烙字号浸入盛有液态氮的金属容器中，液体表面须浸过烙铁字号。第一次烙号时约浸 10min，以后使用每次只浸 2～3min 即可。当烙铁字号已充分冷透后，迅速取出，立即贴按在酒精涂湿的剪毛部位，幼牛皮薄维持 15～20s，成年牛皮厚，维持 30s 左右即可取下。烙号时要压紧，用力要均匀，使烙铁字号所有面积均与皮肤接触到。如畜体稍有不安而移动时，可随之行动，务必达到要求的时间，烙号操作即完成。当烙印取下后，烙号字迹部位立即出现冻僵现象，发硬，凹进如烙印字号的形状一样。因皮肤溶解，其症状如冻伤一样，皮肤变红肿。大约 1 周左右烙号部位毛发脱落，变为光秃，6 周至 4 个月后伤疤部位长出明显的白色被毛，其长度与其他部位的被毛相同。

冷冻烙号在畜体皮肤上贴按的时间比火烙法要长（特别是干冰加醇冷烙法），因此不小心时易使烙铁字号错位，影响烙号效果。给白毛的牛体冷烙时，要比深毛色的牛体延长10～15s 的烙号时间，以破坏真皮和毛囊，抑制被毛生长，使其光秃。因此白毛牛烙号不如深毛色的牛清晰。

【实训报告】　教师进行现场讲解示范，学生结合牛场实际进行牛的编号与打号。

实训三　牛的体尺测量与体重估测

【实训目标】　熟悉牛的体尺测量部位，学会体尺的测量方法及用体尺指标来估测体重。

【**实训材料**】　成年母牛若干。测杖、圆形触测器和皮卷尺等。

【**实训内容与操作步骤**】

1. 牛的体尺测量

测量时，要求被测牛端正地站立于宽敞平坦的场地上，四肢直立，头自然前伸。依据牛的体尺测量部位（图3-1），每项指标测量2次，取其平均值，做好记录。测量应准确，操作宜迅速。

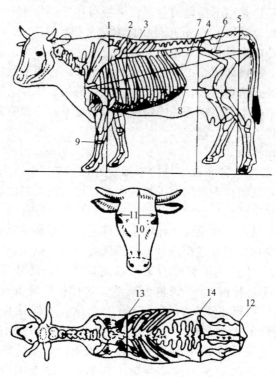

图 3-1　牛的体尺测量部位

1—体高；2—胸深；3—胸围；4—十字部高；5—荐高；6—尻长；7—体斜长；8—体直长；9—管围；
10—头长；11—最大额宽；12—坐骨宽；13—胸宽；14—腰角宽

（1）用测杖测量体高、荐高、十字部高、体斜长和体直长。

体高：从鬐甲最高点到地面的垂直距离。

荐高：荐骨最高点到地面的垂直距离。

十字部高：两腰角连线中点到地面的垂直距离，亦称腰高。

体斜长：肩端前缘至坐骨结节后缘的距离，简称体长；用软尺紧贴皮肤量取。

体直长：肩端前缘向下引垂线与坐骨结节后缘向下所引垂线之间的水平距离。

（2）用圆形触测器测量胸宽、胸深、腰角宽、坐骨宽、髋宽和尻长。

胸宽：在两侧肩胛软骨后缘处量取最宽处的水平距离。

胸深：肩胛软骨后缘处从鬐甲上端到胸骨下缘的垂直距离。

腰角宽：两腰角外缘之间的距离。

坐骨宽：坐骨端处最大宽度（圆形触测器）。

髋宽：两侧髋关节之间的直线距离。

尻长：从腰角前缘到臀端后缘的直线距离（圆形触测器）。

（3）用皮卷尺测量胸围、腹围、腿围和管围。

胸围：肩胛骨后缘处体躯的垂直周径（卷尺）。

腹围：腹部最粗部位的垂直周径，于饱食后测量。

腿围：从一侧膝关节开始经由两后腿后方到对侧膝关节之间的水平距离。

管围：前肢掌骨上 1/3 处的水平周径（最细处）。

（4）计算主要体尺指数　测量体尺之后，为了分析牛体各部位相对发育状况，需要进行体尺指数的计算与分析。

体长指数：体斜长与体高之比。反映体长和体高的相对发育。

胸围指数：胸围与体高之比。反映前躯容量的相对发育。

体躯指数：胸围与体斜长之比。

尻宽指数：坐骨宽与腰角宽之比。反映尻部的发育程度。

管围指数：前管围与体高之比。反映骨骼的相对发育。

肉骨指数：腿围与体高之比。反映后躯肌肉的相对发育。

2. 牛的体重估测

牛的体重测定最好的方法是用地磅称量，获得牛的实际重量，有条件的应进行实际称重。

在没有称重条件的情况下，应根据估测公式估计牛的体重。

乳用牛体重(kg)＝[胸围(m)]²×体斜长(m)×90　　乳肉兼用牛和水牛可参用

肉用牛体重(kg)＝[胸围(m)]²×体直长(m)×100　　肉乳兼用牛可参用

估测牛的体重时，要考虑估测牛只的经济类型、品种、年龄和膘情等具体情况，在实践中，不论采用哪个估重公式，都应事先进行校正，对估测系数做必要的修正。

【实训报告】　将体尺测量结果及体重的估测结果填入表 3-3、表 3-4 中，完成实训报告。

表 3-3　牛体尺测量统计表

牛号	品种	年龄	性别	体高	荐高	十字部高	体斜长	体直长	胸深	胸宽	腰角宽	髋宽	胸围	腹围	腿围	管围	坐骨宽	尻长	备注

鉴定人：

表 3-4　体重测定记录表

牛号	品种	年龄	体重测定			误差原因
			称重	估重	误差	

鉴定人：

实训四　牛乳脂肪含量（乳脂率）的测定

【实训目标】　通过演示和实际操作，学生能学会牛乳中脂肪含量的测定方法。

【实训材料】　盖贝尔（盖氏）乳脂测定计及支架、盖氏乳脂离心机、巴布科克（巴氏）牛乳试瓶、巴氏乳脂离心机、1ml 吸管、10ml 和 17.5ml 硫酸吸管、11ml 和 17.5ml 牛乳吸管、水浴锅、温度计、毛巾等。相对密度为 1.80～1.82 的硫酸，相对密度为 0.811～0.812 的异戊醇，相对密度为 1.820～1.825 的硫酸，碳酸氢钠，鲜乳样品等。

【实训内容与操作步骤】

1. 盖贝尔法

(1) 用硫酸吸管将 10ml 相对密度为 1.82 的硫酸注入乳脂计中，注意不要沾湿乳脂计的颈部。

(2) 用牛乳吸管将 11ml 的乳样品小心地注入乳脂计中，避免和硫酸混合，乳温 24℃以下。

(3) 再用小吸管向乳脂计中注入相对密度为 0.811～0.812 的异戊醇 1ml，注意不可使吸管接触到牛乳，也不可使乳脂计的颈部沾湿。

(4) 用圆锥状橡皮塞将乳脂计塞紧。

(5) 用毛巾包好乳脂计，手执乳脂计的颈中，以拇指抵住橡皮塞，而后摇动乳脂计，直到蛋白质完全溶解。

(6) 将乳脂计置于 60～70℃ 的水浴锅中 4～5min，此时乳脂计的橡皮塞一端向着下方。

(7) 取出乳脂测定计，拧动橡皮塞以调整脂肪柱，使其适合于乳脂计的刻度部分。

(8) 抹干乳脂计，并放入离心机中，成对地对称排好，加盖，拧紧螺帽，以 800～1000r/min 的转速旋转 5min。

(9) 分离完毕，取出乳脂计，再置于 65～70℃ 的水浴锅内 4～5min。此时橡皮塞仍向下，水面必须高过乳脂计的脂肪层。

(10) 取出乳脂计，擦干，转动橡皮塞，调节脂肪柱，并观察脂肪柱液面的凹形弯月面的底缘，读出相应的数值。

例：假如脂肪柱的底缘在 2 刻度处，而凹形弯月面的底缘在 5.5 刻度处，则乳中含脂率等于 5.5%－2%＝3.5%。

2. 巴布科克法

(1) 用牛乳吸管吸取乳样 17.5ml，沿瓶壁徐徐注入巴氏牛乳试瓶内。

(2) 用硫酸吸管吸取 17.5ml 相对密度为 1.820～1.825 的硫酸，小心注入巴氏牛乳试瓶内。

(3) 手持试瓶上部的顶端，将试瓶平面划圆旋转，促使硫酸与牛乳充分混合，约 1min 即变为咖啡色。

(4) 将试瓶对称地置于巴氏乳脂离心机内，以 1000～1300r/min 的转速旋转 5min。

(5) 取出试瓶，加入 80℃ 的热水，使试瓶内液体达到瓶颈的基部（刻度"7"字处）。

(6) 再放入离心机内旋转 2min。

(7) 取出试瓶，浸入 60～65℃ 水浴锅中 3min，水浴锅的水面必须高过试瓶中的脂肪层。

(8) 取出试瓶，趁热读出相应的数值。

【实训报告】 两人一组，按照盖贝尔法测定一个乳样的乳脂率（测两次求其平均值），写出实验报告。

实训五 掺假乳的检验

【实训目标】 使学生了解牛乳中可能存在的主要人为掺杂物的种类，掌握掺假乳的检验方法。

【实训材料】　鲜乳、掺豆浆乳、掺米汤乳、掺蔗糖乳、掺食盐乳、氢氧化钠、碘液等。

【实训内容与操作步骤】

1. 掺豆浆乳的检验

取正常奶样与待检奶样各 5ml 样品，分别置于两支试管中；再分别向两支试管加入乙醇与乙醚 1∶1 混合液 3ml、25％的氢氧化钠溶液 2ml，混合摇匀，静置 5～10min；观察颜色变化。如牛乳上清液呈黄色，则表明乳中掺有豆浆，无豆浆存在时颜色不变。

2. 掺米汤乳的检验

当牛奶掺水变得稀薄，密度下降或牛奶干物质不足时，有人向牛奶中按比例加入淀粉或米汤试图改变这一现象。因此，加强此项检验是必要的。

取正常奶样与待检奶样各 5ml 样品，于两支试管中煮沸；分别加入 3～5 滴 2％碘溶液（称取 2g 碘化钾溶于 10ml 蒸馏水中，加入 2g 碘，待碘完全溶解后，转移到 100ml 容量瓶中，定容至刻度）；如有淀粉存在，则有蓝色或紫红色出现，即可判定有米汤的掺入，否则为正常牛乳。

3. 掺甲醛乳的检验

分别取正常奶样与待检奶样各 2ml 样品，于两支试管中，各加入 0.5ml 三氯化铁盐酸溶液（将 30mg 三氯化铁溶解于 100ml 相对密度为 1.12 的盐酸溶液中）；将试管中牛乳在沸水中煮沸 1min，此时牛乳凝固，牛乳中若有甲醛存在，则呈紫色。

4. 掺蔗糖乳的检验

取样品乳 3ml，加浓盐酸 0.6ml，混匀然后加入间萘二酚 0.1～0.5g，将试管置于沸水浴锅中或酒精灯上灼烧至沸，观察颜色反应。如乳中有蔗糖存在，则试管中溶液呈微红至红色。

5. 掺食盐乳的检验

取 5ml 0.1mol/L 的硝酸银于试管中，加 1 滴 10％ K_2CrO_4 溶液混匀呈红色。取样品乳 1ml 加入试管中，充分摇匀。如红色消失变为黄色，说明乳中 Cl^- 含量在 0.14％以上，（正常乳 Cl^- 含量为 0.09％～0.12％），折合食盐 0.23％以上。可以认定掺有食盐，也是乳房炎乳的佐证之一。

6. 含防腐剂和抗生素乳的检验

取样品乳 5ml 于试管中，加 0.5ml 酸败牛乳后加塞，混匀后置于 25～37℃下，放置 4h，观察其是否凝固。凝固者为正常乳，不凝固的说明有防腐剂或抗生素存在。

在对每个掺假乳样进行鉴别时，应与正常乳的现象进行对照比较。

【实训报告】　准备六种掺假乳与正常乳区别鉴别。

实训六　乳品验收

【实训目标】　掌握乳品验收的方法，能进行乳品的杯碟实验、密度测定、酸度测定等。

【实训材料】　鲜乳 1000ml，乳房炎乳 500ml，酸败乳 500ml，加水乳 500ml，掺假乳 500ml。0.1mol/L NaOH 100ml，10ml 试管 20 支，2ml 移液管 5 支，500ml 三角瓶或烧杯（每人 2 支），黑色瓷碟 2 个，500ml 量筒 5 个，密度计 2 枚。

【实训内容与操作步骤】

1. 牛乳的感官鉴定

在进行牛乳的感官鉴定时，可将牛乳注入清洁的玻璃容器内，先确定牛乳的色泽及组织状态，然后尝试其滋味。

（1）色泽　牛乳因脂肪或色素的含量不同，正常的乳是白色或微黄色、均匀一致的液体。

（2）组织状态　正常鲜乳的组织状态是液体的，均匀一致、不黏滑、不胶粘、无乳的絮状物。

（3）气味　由于乳中含有一定量的挥发性脂肪酸，新鲜牛乳具有清香味。

2. 牛乳的密度测定

牛乳的相对密度一般为 1.028～1.032，平均为 1.030。如果所测乳样相对密度明显低于此范围，可初步确定其可能掺水，其掺水量的多少，可由下式计算（计算时只取小数点后的百分位和千分位数字，并将其作为整数，如相对密度为 1.028，计算时取 28 作为相对密度数值）。

$$掺水量 = \frac{（正常牛乳相对密度 - 被测牛乳相对密度）}{正常牛乳相对密度} \times 100\%$$

牛乳的密度测定采用专用牛乳密度计，密度计的度数表明密度的百位或千位小数，例如在密度计上的 30，即密度 1.030。测定密度时的标准温度为 20℃，如温度高于 20℃时，密度较实际密度低，反之则高。

牛乳密度的测定方法为：

（1）沿 250ml 量筒壁慢慢倒入待检牛乳 200ml。

（2）将干燥的牛乳密度计轻轻插入量筒内，使牛乳液面约达密度计刻度之 30 处时，将手轻轻松开使其自由浮动，静置 1～2min，并用温度计量取牛乳的温度。

（3）在牛乳密度计与牛乳接触的最高液面上读取牛乳的密度。

向乳中加水会使密度降低，每加水 10%，密度降低约 0.03，据此可断定乳中是否加水，以及大致加了多少水。牛乳密度在 1.028 以下为加水乳。

3. 牛乳的酸度测定（0.1mol/L NaOH 滴定法）

牛乳中含有蛋白质酸性盐类及碳酸等弱酸性物质，即使刚挤出的牛乳也呈酸性反应，pH 值为 6.3～6.9，呈弱酸性。牛乳在存放过程中，由于微生物的活动，分解乳糖变为乳酸，使牛乳酸度增加。牛乳正常酸度为 16～18°T。

牛乳的酸度用吉尔涅尔度表示，表示牛乳酸度的单位是°T，即以中和 100ml 牛乳所消耗的 0.1mol/L NaOH 溶液的体积（ml），也称滴定酸度。

牛乳酸度的测定步骤为：

（1）用吸管量取牛乳样品 10ml 于锥形瓶内，再加入 20ml 蒸馏水。

（2）加入 2～4 滴酚酞指示剂。一边搅拌，一边用滴定管慢慢加入 0.1mol/L NaOH 溶液，直至淡红色在 1min 内不消失为止。

（3）计算：用滴定管中消耗的 NaOH 体积（ml）乘以 10，为该乳样的滴定酸度。

4. 乳房炎乳的测定

杯碟实验：取乳少许于黑碟上，使其流动，观察有无细小蛋白或黏稠絮状物，如果有则为乳房炎乳，如果无则不是乳房炎乳。

【实训报告】

1. 简述牛乳密度和牛乳酸度的测定方法。

2. 按以上操作方法，每个学生做 2 个牛乳样品的测定，并将检测结果填入表 3-5 中。

表 3-5 乳品验收结果表

编 号	正 常 乳	乳房炎乳	加 水 乳	变 酸 乳
1 2 3 4 5				

实训七 牛乳卫生质量的检测

【实训目标】 掌握牛乳卫生质量检测的指标及相应指标的测定方法。

【实训材料】 待检乳样，恒温水浴培养箱，20ml 试管，试验菌液，4%的 TTC 指示剂 (4g 2,3,5-氯化三苯基四氮唑溶于 100ml 蒸馏水)，高压灭菌锅，试样板，平滑黑色电木板或一面涂黑漆 50mm×90mm 的玻璃板，4%氢氧化钠试液 (NaOH 4g，0.04%溴甲酚紫 2ml，蒸馏水 98ml)，平皿，广口瓶，蛋白胨，牛肉膏，琼脂，氯化钠，生理盐水等。

【实训内容与操作步骤】 牛乳的卫生质量直接关系到其品质的好坏、等级的评定，关系到人们的健康。通常通过检测牛乳的抗生素残留、乳房炎乳及细菌总数等指标来反映牛乳的卫生质量。

1. 抗生素残留的检验方法

(1) 菌液制备 将嗜热乳酸链球菌接种于灭菌脱脂乳中，置于 36℃ 培养箱中保温 15h，然后再用灭菌脱脂乳以 1:1 比例稀释备用。

(2) 检测操作 取奶样 9ml 放入试管中，置于 80℃ 水浴中保温 5min，冷却至 37℃ 以下，加入细菌液 1ml，置于 36℃ 水浴培养箱中保温 2h，加入 4% TTC 指示剂 0.3ml，置水浴培养箱中保温 30min，观察牛乳颜色的变化。

(3) 结果判定 加入 TTC 指示剂并于水浴中保温 30min，如检样呈红色反应，说明无抗生素残留，结果为阴性；如检样处于不显色状态，再继续保温 30min 做第二次观察，如仍不显色，则说明有抗生素残留，结果为阳性；反之则为阴性。显色状态判断标准见表 3-6。

表 3-6 抗生素残留检测显色状态判断标准

显色状态	不显色	微红色	桃红色至红色
判定	阳性(+)	疑似(±)	阴性(-)

2. 乳房炎乳的检测方法

体细胞计数是快速、简便、准确判断乳房炎的一种方法。健康牛乳中体细胞数小于 50 万个/ml，一旦患了乳房炎，牛乳中体细胞明显增加。如果牛乳中体细胞数超过 50 万个/ml，表明奶牛已患有乳房炎，体细胞数越大，表明炎症越严重。体细胞数简易计数法（改良白边试验法），能在 1min 内估测出样品的体细胞数。

(1) 样品处理 将牛乳置于 30~40℃ 水浴中加热并搅匀，样品应在 36h 内检测完毕。

(2) 改良白边试验 取经处理的乳样 5 滴，滴于试样板上，涂成 4cm² 大圆斑，滴加氢氧化钠试液 2 滴；用玻璃棒轻击混合物约 0.5min，回旋数次后观察结果。

(3) 结果判断 根据表 3-7 所示判定体细胞数的范围。

表 3-7 白边试验结果判定

判定结果	牛乳凝集反应	相当体细胞数/(10^6 个/ml)
阴性(一)	混合物呈不透明乳样,完全没有深沉物	< 0.5
痕迹(±)	混合物呈不透明乳样,但有细小不很多的凝固物	$0.5\sim1.0$
阳性(+)	背景较不透明,稍呈乳样,有较大片凝固物,分布整个面积	$1.0\sim2.0$
阳性(++)	背景微呈水样,有明显凝固物,搅拌时可见细丝和线状物	$1.5\sim2.5$
阳性(+++)	背景呈水样,有更大呈团块状的凝固物	>3.0

3. 牛乳中细菌总数的测定——平皿计数法

将稀释好的乳样放入平皿内与适量培养基混匀,待凝固后倒置于培养箱中,保温培养后计算菌落数,即得 1g 或 1ml 检样所含细菌菌落的总数。以菌落数来判定牛乳受污染的程度。

(1) 培养基(营养琼脂的制作) 将蛋白胨 10g、琼脂 15~20g、牛肉膏 3g、氯化钠 5g,倒入 1000ml 蒸馏水中,搅拌加热至试剂全部溶解;调 pH 值为 7.2~7.4,然后过滤,分装于圆底烧瓶内,121℃高压灭菌 15~20min。

(2) 样品稀释 取 250ml 广口瓶并编号,将乳样按次序摆好,用浸于消毒液中的湿毛巾擦拭容器表面消毒或用酒精灯火焰消毒。

开启样品,将 250ml 乳样置于 225ml 灭菌生理盐水中充分摇匀,即为 10 倍的稀释液。

根据乳样污染情况,选择 2~3 个稀释度进行递增稀释。用 1ml 灭菌吸管吸取 10 倍的稀释液 1ml,注入含有 9ml 灭菌生理盐水的试管中,混匀,即为 100 倍稀释液。另取 1ml 灭菌吸管,吸取 1ml 100 倍的稀释液,注入含有 9ml 灭菌生理盐水的试管中,混匀,即为 1000 倍稀释液。如此向上递增,可以获得所需要的 10 倍系列的稀释液。

本实验假定稀释度为 10000(10^4)。

(3) 接种 将平皿编号,1 个乳样做 2 个平皿。用 1ml 灭菌吸管吸取 1ml 稀释液,注入平皿中,将熔化后冷却至 45℃的营养琼脂培养基倒入平皿 15ml,然后将平皿按顺、反时针各转动数次后静置。

(4) 培养 培养基凝固后翻转平皿,置于 36℃培养箱中保温 48h。

(5) 菌落计数 计数平皿内细菌菌落数,乘以 10^4 即得每毫升乳样所含细菌总数。

【注意事项】 实训中要严格按照操作规程取样,防止人为因素对样品成分造成影响,保证检测结果真实;对结果出现偏差的要认真分析,找出原因。

【实训报告】 按照本实验的三种检验方法,每个学生测定 1 个乳样(重复 1 次取其平均值),完成牛乳卫生质量的检测报告。

实训八 泌乳奶牛的日粮配方制定

【实训目标】 熟悉奶牛饲养标准和饲料营养成分表,能按照牛日粮配制原则与方法设计日粮配方。

【实训材料】 计算器、计算机、奶牛饲养标准、常规饲料营养成分表。

【实训内容与操作步骤】

1. 计算牛营养需要量

根据体重、产乳量、乳脂率等查阅饲养标准,计算营养需要量。

2. 选择拟用饲料

查阅饲料营养成分表,先用粗饲料满足部分营养需要,再用精饲料补足所缺营养成分。

3. 确定日粮的组成并计算各种饲料用量

例：某奶牛场成年奶牛平均体重为 600kg，日产乳量 20kg，乳脂率 4%。该场有东北羊草、玉米青贮、玉米、豆饼、麸皮、磷酸氢钙、石粉和食盐等饲料。试为此场成年奶牛设计配制一平衡日粮。计算方法步骤如下。

第一步，查奶牛饲养标准，计算奶牛总营养需要量，见表 3-8。

表 3-8　饲养标准（体重 600kg，日产乳脂 4% 的乳 20kg 的奶牛）

营养需要	干物质采食量/kg	可消化粗蛋白/g	产奶净能/MJ	钙/g	磷/g	胡萝卜素/mg
维持需要	7.52	364	43.10	36	27	64
产奶需要	8~9	1100	62.8	90	60	—
合计	15.52~16.52	1464	105.90	126	87	64

第二步，查阅饲料成分及营养价值表或根据实测值，得知东北羊草、玉米青贮、玉米、豆饼、麸皮、磷酸氢钙、石粉和食盐各种饲料所含的营养成分见表 3-9。

表 3-9　饲料营养成分含量

饲料名称	可消化粗蛋白/%	产奶净能/(MJ/kg)	钙/%	磷/%	胡萝卜素/(mg/kg)
东北羊草	3.7	4.31	0.37	0.18	4.8
玉米青贮	0.3	1.68	0.10	0.02	11.7
玉米	5.9	7.70	0.08	0.21	2.36
豆饼	35.5	7.32	0.31	0.49	0.17
麸皮	11.7	6.11	0.14	0.54	—
磷酸氢钙	—	—	23.2	18	—
石粉			36		

注：摘自《中国饲料成分及营养价值表》2013 年。

第三步，先满足奶牛青粗饲料的需要。根据产乳牛的生理特点及饲养习惯，通常其日粮的组成原则是用青粗饲料满足其维持部分，产乳所需靠混合精料来满足。按这一原则先满足奶牛对青粗饲料的需要。

按奶牛体重 1%~2%，可给 6~12kg 干草或相当于这一数量的其他粗饲料，现取中等用量 9kg，用东北羊草 3kg、玉米青贮饲料 18kg（3kg 青贮折合 1kg 干草）。计算东北羊草、玉米青贮饲料所提供的营养成分见表 3-10。

表 3-10　计算青粗饲料营养成分

饲料	可消化粗蛋白/g	产奶净能/MJ	钙/g	磷/g	胡萝卜素/(mg/kg)
3kg 东北羊草	111	12.93	11.1	5.4	14.4
18kg 玉米青贮	54	30.24	18	3.6	210.6
合计	165	43.17	29.1	9.0	225
饲养标准	1464	105.90	126	87	64
与标准比较	-1299	-62.73	-96.9	-78	+161

将表 3-10 中青粗饲料可供给的营养成分与总的营养需要量比较后，不足的养分再由混合精饲料来满足。

第四步，试配混合精饲料。先用含 70% 玉米和 30% 的麸皮组成的能量混合精饲料（每千克含产奶净能为 7.223MJ），依据产奶净能推算其饲料需求量：$62.73 \div 7.223 = 8.68$kg。其中玉米为 $8.68 \times 0.70 = 6.08$kg，麸皮为 $8.68 \times 0.30 = 2.60$kg。经补充能量混合精饲料后，与营养需要相比，其日粮中产奶净能已满足需要，见表 3-11。

表 3-11　试配混合精饲料提供营养成分

精　料	可消化粗蛋白/g	产奶净能/MJ	钙/g	磷/g
6.08kg 玉米	358.72	46.82	4.86	12.77
2.60kg 麸皮	304.2	15.89	3.64	14.04
合计	663	62.71	8.5	26.81

第五步，调整。第一次调整：蛋白质尚缺 636g（1299－663＝636），用含蛋白质高的豆饼代替部分玉米。即：每千克豆饼与玉米可消化粗蛋白之差为 355－59＝296g，则豆饼替代量为 636÷296＝2.15kg。故用 2.15kg 豆饼替代等量玉米，其混合精饲料提供养分如表 3-12。

表 3-12　第一次调整后混合精饲料提供营养成分

精　料	可消化粗蛋白/g	产奶净能/MJ	钙/g	磷/g
3.93kg 玉米	231.87	30.26	3.14	8.25
2.60kg 麸皮	304.2	15.89	3.64	14.04
2.15kg 豆饼	763.25	15.74	6.67	10.54
合计	1299.32	61.89	13.45	32.83

从表 3-12 可知，能值偏低，故进行第二次调整，调整玉米为 4.25kg，第二次调整后混合精饲料提供营养成分见表 3-13。

表 3-13　第二次调整后混合精饲料提供营养成分

精　料	可消化粗蛋白/g	产奶净能/MJ	钙/g	磷/g
4.25kg 玉米	250.75	32.73	3.40	8.93
2.60kg 麸皮	304.2	15.89	3.64	14.04
2.15kg 豆饼	763.25	15.74	6.67	10.54
合计	1318.2	64.36	13.71	33.51
青粗饲料	165	43.17	29.1	9.0
合计	1483.2	107.53	42.81	42.51
饲养标准	1464	105.90	126	87
与标准比较	＋19.2	＋1.63	－83.19	－44.49

经计算，产奶净能和可消化粗蛋白都高于饲养标准，且在 10% 范围内，日粮中尚缺钙 83.19g，缺磷 44.49g，可用磷酸氢钙 44.49÷18%＝247g 补充磷的不足，同时提供钙为 247×23.2%＝57.30g。尚缺钙 83.19-57.30＝25.89g，可用石粉 25.89÷36%＝71.92g 补充。另外，食盐的喂量按每 100kg 体重给 3g，每产 1kg 乳脂率 4% 标准乳给 1.2g 计算，故需补充食盐 42g（3×6＋1.2×20）。

至此，该奶牛群的日粮组成如表 3-14 所示。

其上述日粮组成已基本满足奶牛需要。但在实际生产中，为考虑损耗部分，各种养分含量应高于需要量的 10% 左右。此配方中干物质采食量约为 18kg（青贮按干草进行折算，其余精饲料的干物质按 100%），在实际生产中考虑饲料原料干物质含量，奶牛实际干物质采食量应高于标准规定 10%，因此此配方中干物质采食量在考虑范围之内。

【注意事项】 牛的日粮配合的方法有计算机配方设计和手工计算法。计算机配方设计需要相应的计算机和配方软件，手工计算法包括试差法和对角线法等，牛的配方中营养成分的浓度可稍高于饲养标准，一般控制在 2% 以内。

表 3-14　奶牛的日粮组成

日粮组成	可消化粗蛋白/g	产奶净能/MJ	钙/g	磷/g	胡萝卜素/mg
3kg 东北羊草	111	12.93	11.1	5.4	14.4
18kg 玉米青贮	54	30.24	18	3.6	210.6
4.25kg 玉米	250.75	32.73	3.40	8.93	10.03
2.60kg 麸皮	304.2	15.89	3.64	14.04	—
2.15kg 豆饼	763.25	15.74	6.67	10.54	0.37
247g 磷酸氢钙	—	—	57.30	44.49	—
71.92g 石粉	—	—	25.89	—	—
42g 食盐	—	—	—	—	—
合　计	1483.2	107.53	126	87	235.47

【实训报告】　选本地区常用的 6 种饲料，为体重 350kg、预期日增重为 1.2kg 的舍饲生长育肥牛设计日粮配方，并进行评价。

实训九　肉牛的屠宰测定

【实训目标】　通过对现代肉牛屠宰的工艺流程的参观实习和肉用性能的测定，使学生了解肉牛屠宰方法，掌握肉牛屠宰试验的测定指标。

【实训材料】　肉牛。屠宰用具：放血刀、宰牛刀、剥皮刀、砍刀、剔骨刀、肉钩、锯。测量用具：测杖、圆形触测器、卡尺、皮尺、钢卷尺、磅秤。盛装容器：盆、桶、瓷盘。保定绳、肉案、硫酸纸、求积仪及有关记录表格。

【实训内容与操作步骤】

1. 肉牛屠宰

（1）宰前准备　屠宰前 24h 停止饲喂，仅供给充足的饮水，宰前 8h 停止饮水。然后用清水冲淋洗净牛体，冬季要用 20～25℃的温水冲淋。

（2）宰前称重、活体测量体尺指标，评定膘度分等级。

特等：全身肌肉丰满，外形匀称。腰角与臀端呈圆形，肋骨、脊骨和腰椎横突都不明显，腿肉充实，并向外突出和向下伸延。

一等：肋骨、腰椎横突起均不明显，腰角与臀端不圆，全身肌肉很发达，肋部丰满，腿肉充实，但外突不明显。

二等：肋骨不甚明显，全身肌肉中等，尻部肌肉较多，腰椎横突不太明显。

三等：肋骨、脊骨明显可见，尻部如屋脊状，但不塌陷，腿部肌肉发育较差，腰角、臀端突出。

四等：各部关节完全暴露，尻部、后腿部肌肉发育均很差，尻部塌陷。

（3）屠宰的工艺流程　电麻击昏——→屠宰间倒吊——→刺杀放血——→剥皮（去头、蹄和尾）——→去内脏——→胴体劈半——→冲洗、修整、称重——→检验——→胴体分级编号。

① 放血　在牛只的颈下缘头部割开血管放血。注意不要让血液污染了毛皮，放完血后，要马上进行剥皮。

② 剥皮　最好趁牛体温未降低时进行剥皮。从头部剥起，四肢从蹄冠上系部剥起一直剥到尾部，从第一尾椎骨处取下尾骨称重。

③ 去头　剥皮后，沿头骨后端和第 1 颈椎之间切断。

④ 去前肢　由前臂骨和腕骨间的腕关节处切断。

⑤ 去后肢　由股骨和腑骨间的跗关节处切断。

⑥ 去尾　由尾根部第 1 至第 2 节之间切断。

⑦ 内脏剥离　沿腹正中线切开，纵向锯断胸骨和盆腔骨，切除肛门和外阴部，分离联结体壁的横隔膜。除肾脏和肾脂肪保留外，其他内脏全部取出。切除生殖器和母牛乳房。

(4) 胴体的分割　纵向锯开胸骨和盆腔骨，沿椎骨中央分成左右片胴体（称二分体）。无电锯条件下，可沿椎体左侧椎骨端由前而后劈开，分为软硬两半（右侧为硬半，称右二分体，左侧为软半，称左二分体）。由腰部再从第 12 根与第 13 根肋骨间截开，将胴体分成四部分，称四分体。

2. 肉牛屠宰性能测定

肉牛产肉性能的测定项目就是肉牛在屠宰时的测定项目。

(1) 重量测定

① 宰前活重　绝食 24h 后临宰时的实际体重。

② 宰后重　屠宰后血已放尽的胴体重量。

③ 血重　宰前活重减去宰后重。

④ 净体重　屠宰放血后，再除去胃肠及膀胱内容物的重量。

⑤ 胴体重　胴体重＝宰前重－［血重＋皮重＋内脏重（不含板油和肾脏）＋头重＋尾重＋腕跗关节以下的四肢重＋生殖器官及周围脂肪重］。

⑥ 净肉重　胴体剔除骨后的全部肉重。

⑦ 骨重　胴体剔除肉后的重量，即胴体重减去净肉重。

⑧ 切块部位肉重　胴体按切块要求切块后各部位的重量。

⑨ 头、蹄、皮、油、内脏重　油重为板油、花油、肠油、骨盆油重的合计；内脏重需分别称取心、肝、脾、肺、胰、瘤胃、网胃、瓣胃、真胃、小肠、大肠、直肠、盲肠及膀胱的重量。

(2) 长度测定

① 胴体长　从耻骨缝至第 1 肋骨前缘的长度。

② 胴体后腿长　从耻骨缝至跗关节（飞节）的长度。

(3) 胴体后腿宽　除去尾后的凹陷处内侧至同侧大腿前缘的水平宽度。

(4) 厚度测定

① 皮厚　测量右侧第 10 肋骨椎骨端的双层皮厚再被 2 除。

② 肌肉厚度　大腿肌肉厚是自体表至股骨体中点的垂直距离。腰部肌肉厚是自体表至第 3 腰椎横突的垂直距离。

③ 皮下脂肪厚度　背膘厚度（背脂厚）是指第 5～6 胸椎间离背中线 3～5cm 处的皮下脂肪厚度；腰膘厚度（脂脂厚）是指第 12 胸椎间离背中线 3～5cm 的皮下脂肪厚度。

(5) 深度测定

① 胴体体深　自第 7 胸椎棘突处的体表至第 7 肋骨的垂直深度。

② 胴体胸深　自第 3 胸椎棘突处的体表至胸骨下部的垂直深度。

(6) 眼肌面积　倒数第 1 和第 2 肋骨间脊椎上背最长肌的横截面积（单位：cm^2）。测定方法是：于第 12 肋骨后缘处将脊椎锯开，然后用利刀切开 12～13 肋骨间，在 12 肋骨后缘用硫酸纸将眼肌面积描两次，用求积仪或方格透明卡片（每格 $1cm^2$）计算眼积面积。

(7) 胴体后腿围　股骨与胫腓骨连接处的水平围度。

(8) 第 9～11 肋骨样块 主要用作科学研究时的化学成分分析。在生产评定时，常用第 12～13 肋间眼肌面积表示肌肉所占的比例情况，用第 12～13 肋横切的脂肪分布表示体脂情况。

3. 胴体产肉的主要指标计算

(1) 屠宰率 指胴体重量占活重的比率，是衡量肉牛生产的指标。肉牛屠宰率超过 50% 为中等指标，超过 60% 属于高指标。

其计算方法有两种：

① 按宰前重计算 $屠宰率 = \dfrac{胴体重}{宰前活重} \times 100\%$

$$屠宰率 = \dfrac{(胴体重 + 脂肪重)}{宰前活重} \times 100\%$$

② 按净体重计算 $屠宰率 = \dfrac{胴体重}{净体重} \times 100\%$

$$屠宰率 = \dfrac{(胴体重 + 脂肪重)}{净体重} \times 100\%$$

(2) 净肉率 指净肉重占宰前空腹重的比率。良好肉牛一般为 45%。

其计算方法有两种：

① 按宰前重计算 $净肉率 = \dfrac{净肉重}{宰前活重} \times 100\%$

② 按净体重计算 $净肉率 = \dfrac{净肉重}{净体重} \times 100\%$

(3) 胴体产肉率 $胴体产肉率 = \dfrac{净肉重}{胴体重} \times 100\%$

(4) 熟肉率 取腿部肌肉 1kg，在沸水中煮沸 120min，测定生熟肉之比。

(5) 品味取样 取臀部深层肌肉 1kg，切成 2cm³ 小块，不加任何调料，在沸水中煮 70min（肉水比 1：3）。

(6) 肉骨比 $肉骨比 = \dfrac{胴体净肉重}{胴体骨骼重}$

(7) 肉脂比 $肉脂比 = \dfrac{净肉重}{脂肪重}$

(8) 优质切块 优质切块 = 腰部肉 + 短腰肉 + 膝圆肉 + 臀部肉 + 后腿肉 + 里脊肉

【注意事项】 肉牛屠宰测定应选择健康无病的成年牛，实训过程注意安全。

【实训报告】 将屠宰测定结果记录在表 3-15～表 3-21 中，进行肉用性能统计。

表 3-15 活体测定记录　　　　　　　　　　　　　　　　测定日期：

牛号	品种	性别	屠宰日期	屠前评膘	体高/cm	体斜长/cm	胸围/cm	腿围/cm	管围/cm	体重/kg

表 3-16　屠体测定记录（一）　　　　　测定日期：　　单位：kg

牛号	宰前活重	宰后重	血重	头重	皮重	皮厚	前两蹄重	尾重	消化器官重	其他

表 3-17　屠体测定记录（二）　　　　　测定日期：　　单位：kg

脏器重						胴体脂肪重				非胴体脂肪重			生殖器官重	
心	肝	肺	脾	肾	其他	肾脂肪	盆腔脂肪	腹膜脂肪	胸膜脂肪	网膜脂肪	肠系膜脂肪	胸腔脂肪	睾丸重	其他

表 3-18　屠体测定记录（三）　　　　　　　　测定日期：

牛号	皮下脂肪覆盖度/%	胴体长	胴体深	胴体胸深	胴体后腿围	胴体后腿长	胴体后腿宽	其他	半片胴体横截面（第12肋）			
									端面大弯部厚度	肋骨胸壁厚度	大腿	腰部

表 3-19　屠体测定记录（四）　　　　　　　　测定日期：

肌肉色泽	肌纤维粗细	背脂肪厚	脂肪质地	脂肪色泽	眼肌面积/cm²	眼肌等级		12～13肋间	9～11肋骨样块	
						眼肌上部脂肪厚度/cm	眼肌厚度/cm		肉重/kg	其他

表 3-20　产肉性能计算（一）　　　　　测定日期：　　单位：kg

牛号	宰前活重	胴体重	屠宰率/%	净肉重	净肉率/%	胴体产肉率/%	肾脏脂肪重	皮下脂肪重	盆腔脂肪重	腹膜脂肪重	胸膜脂肪重	备注

表 3-21 产肉性能计算（二）　　　　　测定日期：　　　　单位：kg

胴体肌肉重	胴体肌肉占胴体重的百分数	骨骼重	骨骼占胴体重的百分数	胴体脂肪重	胴体脂肪占胴体重的百分数	肉脂比	非胴体脂肪重	肉骨比	熟肉率/%	屠体等级	备注

实训十　肉牛的胴体分割及品质测定

【实训目标】　通过实训，使学生了解肉牛的胴体分割方法，掌握肉牛品质检测方法。

【实训材料】　肉牛屠宰加工厂。新鲜牛肉若干，直径 2.52cm 和 1.27cm 的圆形取样器，pH 仪或直插式酸度仪，天平，切刀，嫩度测定仪，大理石纹评分图版，比色板，100ml 烧杯，屠宰用器械，肉品质量检测仪器，有关记录表格。

【实训内容与操作步骤】

1. 牛胴体的分割

肉牛的胴体分割包括胴体分割和切块分割，前者主要是为了冷藏排酸，后者是为了便于装运、包装及高档肉块（优质牛肉）分割。

（1）二分胴体　在屠宰过程中进行，剥皮后沿脊椎骨中央用电锯（砍刀或斧）将胴体劈为左右两半，称二分体。

（2）四分胴体　在二分胴体的第 12 和第 13 肋间将胴体分成前、后 1/4 胴体。通常在后 1/4 胴体上保留一根肋骨，以保持腰肉的形状，便于将其切成肉排。四分胴体几乎为相等的 4 份，通常前 1/4 胴体稍重一些，前边称前腿部，后边称后腿部。

2. 前腿部分分割方法

（1）小腿肉　前腿由上臂远端关节（肘关节）割下，去骨。

（2）前腿肉　沿肩胛骨和胸壁接合处分割，使肩胛骨和上膊骨与胴体分离，去骨。

（3）胸肉　自脊椎骨内侧向前剥至颈部，剥掉颈骨使脖肉完整，不要割下，再用刀尖挑开肋骨膜，沿软肋向上将肉揭开至肋骨顶端，将肋骨、脊椎骨和颈骨全部去掉。从胸骨尖端处斜切至 12 肋骨上端，离椎骨端 15cm 左右处，分割的下部为胸肉。

（4）脖肉　沿最后颈椎棘突方向斜切。

（5）背肉　分割后余下的部分即背肉。

3. 后腿部分分割方法

（1）小腿肉　由股骨远端关节（膝关节）割下去骨。和前腿部小腿肉合称小腿肉。

（2）腹肉　剥下第 13 肋骨，沿腰椎下缘经肠骨角向下，将腹肌全部割下。

（3）里脊肉　由腰肉内侧剥出带里脊头的完整条肉。

（4）腰肉　由第 5 腰椎骨后缘割下去骨。

（5）短腰肉　自第 5 荐椎骨处经大转子前缘作斜线切割。

（6）膝圆肉　沿股骨自然骨缝分离，再用刀尖划开股四头肌和半腱肌的连接膜，割下股四头肌。

（7）后腿肉　由坐骨结节下缘沿骨缝经髋结节，再沿股骨自然骨缝分离股骨后部肌肉（股二头肌、半腹肌和半膜肌）为后腿肉。

（8）臀肉　后腿部分分割剩下部分（臀中肌、臀深肌）。

4. 优质高档牛肉胴体分割方法

通常把牛柳、西冷、臀肉、大米龙、小米龙、膝圆、腰肉、腱子肉等列为优质牛肉。

（1）牛柳　也叫里脊。首先剥去肾脂肪，沿耻骨的前下方把里脊头剔出，然后由里脊头向里脊尾，逐个剥离腰椎横突，取下完整的里脊。里脊重量占活牛重的 0.83%～0.97%。

（2）西冷　也叫外脊。沿最后腰椎切下，沿眼肌腹壁一侧（离眼肌 5～8cm 向前）用切割锯切下；在第 9～10 胸肋处切断胸椎；逐个把胸椎、腰椎剥离。外脊重量占活牛重的 2.00%～2.15%。

（3）眼肉　眼肉的一端与外脊相连，另一端在第 5～6 胸椎处。首先剥离胸椎；抽去筋腱，在眼肌腹侧距 8～10cm 切下。眼肉重量占活牛重的 2.3%～2.5%。

（4）大米龙　大米龙与小米龙紧紧相连。如剥离小米头后，大米龙就暴露无遗。顺着该肉块自然走向剥离，便可得一块完整的四方形肉块。大米龙重量占活牛重的 2.1%～2.5%。

（5）小米龙　小米龙位于臀部。当后牛腱取下后，小米龙肉块处于明显的位置。分割时可按小米龙肉块的自然走向剥离。为完整的一块肉。小米龙重量占活牛重的 0.7%～0.9%。

（6）臀肉　把大米龙、小米龙剥离后，便可见到一块肉。随着此肉块边缘的分割，即可得到臀肉。也可沿着被锯开的盆骨外缘，再沿本肉块边缘分割。臀肉重量占活牛重的 2.6%～3.2%。

（7）膝圆（又名和尚头）　当大米龙、小米龙和臀部肉取下后，能见到一块长圆形肉块。沿此肉块周边（自然走向）分割，很容易得到一块完整的膝圆肉。膝圆重量占活牛重的 2.0%～2.2%。

（8）腰肉　在臀部取出臀肉、大米龙、小米龙和膝圆后，剩下的一块肉便是腰肉。腰肉重量占活牛重的 1.5%～1.9%。

（9）牛腱子肉　牛腱子肉分前后，一头牛共 4 块，重量占活牛重的 2.7%～3.1%。前牛腱从尺骨端下刀，剥离骨头，后牛腱从胫骨上端下刀剥离骨头取下。

5. 牛肉的质量检测

（1）感官检验　主要是通过人的视觉、嗅觉、味觉、触觉对牛肉的香、味和质地进行辨别、比较以便判定其品质的好坏，以此来检验肉与制品的质量和是否有异常。

视觉检验：是确定牛肉及其制品的色泽、外形以及卫生状况的重要手段。

嗅觉检验：肉制品的气味好坏，决定着肉制品的质量，而嗅觉器官可以辨别出肉品的轻微变化。

味觉检验：通过舌上的味蕾能尝出各种复杂的味道。

触觉检验：用手指摁压或抚摸肉制品来检查肉制品的生熟、软硬程度，以及有无隐藏的包虫和内伤。

（2）高档牛肉的感官卫生指标　牛肉在腐败变质时感官性状会发生改变，如表现出强烈的臭味、异常的颜色、组织结构的崩解或其他异味等，一般可借助人的感官来鉴定牛肉的质量。牛肉感官指标见表 3-22。

（3）嫩度评定　测量嫩度主要是测量肌纤维的粗细和结缔组织含量，所用仪器为嫩度仪，以对肉剪切时的阻力大小为原理、千克（kg）为单位。剪切力值愈大肉愈老，剪切力值愈小肉愈嫩。凡是细嫩的肉，切下时阻力小，粗硬的肉阻力大。肉的剪切阻力在 2kg 以内的，评为很嫩，2～5kg 评为嫩，5～7kg 为中等，7～9kg 为较粗硬，9～10kg 为粗硬，11kg 以上为很粗硬。

表 3-22　鲜牛肉感官指标

等级指标	一级鲜度	二级鲜度	变质肉(不能供食用)
色泽	肌肉有光泽,红色均匀,脂肪洁白或呈淡黄色	肌肉色稍暗,切面尚有光泽,脂肪缺乏光泽	肌肉色暗,无光泽,脂肪绿黄色
黏度	外表微干或有风干膜,触摸不粘手	外表干燥或粘手,新切面湿润	外表极度干燥或粘手,新切面发黏
弹性	指压后凹陷恢复	指压后凹陷恢复慢,且不能完全恢复	指压后凹陷恢复,留有明显痕迹
气味	具有鲜牛肉正常气味	稍有氨味或酸味	有臭味
煮沸后肉汤	透明澄清,脂肪团聚于表面,具有特有香味	稍有浑浊,脂肪呈小滴浮于表面,香味差或无鲜味	浑浊,有黄色或白色絮状物,脂肪极少浮于表面,有臭味
组织状态	纤维清晰,有坚韧性	肉质紧密,坚实	肌肉组织松弛

剪切测定仪可以用沃-布剪切仪或 C-LM 肌肉嫩度仪。测定要点如下:

① 在测定时必须详细说明取样时间、取样部位、加热方法以及测试样品大小等。这样结果才有可比性。

② 国际通用的加热方法为加热到肉中心温度 70℃ 为止,水浴温度为 75～85℃。

③ 测试样品按与肌纤维平行的方向切取为长条形,一般宽度为 1cm、长度为 2.5cm 左右。

④ 一块肌肉应取 2～3 个样品。

⑤ 测定时切刀与肉样垂直,切断为止,最大用力值则为剪切值,以千克(kg)为单位。

(4)pH 值测定　取牛肉 5～10g,放入 100ml 烧杯中,加入蒸馏水 5～10ml,在匀浆机中打碎,放离心机中离心后取上清液用 pH 仪测定,或用直插式酸度仪直接插入肌肉间测定。

(5)大理石花纹　牛肉肌纤维中的脂肪成一种白色大理石纹状分布,称之为牛肉大理石花纹。我国牛肉等级标准规定:牛肉大理石花纹的测定部位为第 12～13 肋骨眼肌横截面,以大理石花纹丰富程度为标准分为 1 级、2 级、3 级、4 级、5 级。一般来说大理石花纹越多越丰富,表明牛肉越嫩,品质越好,价格也越高。

牛肉大理石花纹的测定方法:使用国际标准的大理石评分图版,对照眼肌横截面的肌肉间脂肪的含量及分布情况进行判断。

(6)系水力的测定　系水力是指当肌肉受到压力、切碎、加热、冷冻、解冻、贮存、加工等外力作用时,保持原有水分的能力。系水力是一项重要的肉质指标,它直接影响肉的风味、质地、营养成分以及多汁性等品质。

系水力的测定方法包括压力法和滴水损失测定。

① 压力法　通过施加一定的压力测定被压出水分的重量。测定时间为宰杀后 2h,仪器为铜环膨胀式测定仪,压力为 35kg。

宰后 2h 内,取第 1～2 腰椎背最长肌,切成 1.0cm 厚的薄片,再用直径为 2.52cm 的圆形取样器(面积 5cm²)取样,称重并记录,上下各垫 18 层滤纸,然后用膨胀压缩仪加压 35kg,持续 3min,撤除压力后称取肉样重并记录。计算肌肉失水率,再根据肌肉含水量的实测值计算系水力。

$$失水率=\frac{压前肉样重-压后肉样重}{压前肉样重}\times100\%$$

$$系水力=\frac{肌肉含水量-肉样被压出水量}{肌肉含水重}\times100\%$$

② 滴水损失测定　在不施加任何外力的标准条件下，在一定的时间内测定肉样的滴水损失。

宰后 2h 内取肉样，切成 $2cm\times3.5cm\times5cm$ 的肉片，称重后置于充气的塑料袋中，悬于其中，不与袋接触，置于 4℃冰箱保存 24h 称重，计算滴水损失。

【实训报告】

1. 组织学生到屠宰场参观肉牛屠宰过程和肉块的分割加工过程。
2. 简述优质高档牛肉胴体的分割方法。
3. 系水力（加压称重法）的测定步骤是什么？

实训十一　（讨论）如何提高奶牛产乳量

【实训目标】　运用所学知识，结合生产实践，参阅有关资料，全面讨论分析影响奶牛产乳量的各种因素，提出提高奶牛产乳量的措施。通过撰写发言提纲，总结讨论，培养学生分析问题和解决问题的能力。

【实训材料】　教材，有关参考资料，有关视频资料。

【实训内容与操作步骤】

1. 首先要深入分析影响奶牛产乳量的因素

影响奶牛产乳能力的因素很多，有遗传（如品种、个体）、生理（如年龄和胎次、泌乳期、初产年龄、干乳期等）和环境（如饲养管理、挤乳与乳房按摩、产犊季节与外界温度、疾病与药物等）三方面的因素。但总地来说，乳的产量和组成是母牛遗传特性（内因）与其外界环境（外因）相互作用的结果。内因和外因是辩证的统一，两者必须有机地结合起来才能达到高产、稳产。

（1）遗传因素　奶牛因品种不同，在遗传方面也有显著的差异，因此其产乳量和乳的组成也不相同，这是各品种的特征之一。例如，在奶牛品种中，以荷斯坦牛的产乳量最高，但乳脂率却较低，娟姗牛的乳脂率高而产乳量则较低。

在乳的组成中，脂肪差别最大，其次是非脂肪固体物和蛋白质、矿物质（灰分），乳糖差别最小。乳脂肪的含量与其产乳量呈负相关，即产乳量高的品种乳脂肪的含量一般较低。但是，由于个体间的遗传素质不同，即使在同样环境条件下，它们在乳产量和乳的组成方面也往往存在很大的差异，甚至不亚于品种间的差别。

（2）环境因素

① 饲养管理。据估计，母牛产乳量的遗传力较低，约为 0.25～0.30。外界环境因素影响较大，可占 70%～75%。在外界环境中，饲养管理是影响奶牛生产能力最重要的因素，特别是饲料条件，对提高母牛的产乳量和乳中成分起着决定性的作用。因为牛乳中各种成分是由饲料转化而来的。奶牛在长期饲料不足、营养不全的情况下，不仅泌乳量急剧下降，而且乳中的成分也有所减少。因此，奶牛在泌乳期中，必须根据其体重、产乳量、乳脂肪等成分以及体况等情况进行合理饲养。

饲养水平对奶牛产乳量影响较大，其中以蛋白质饲料和多汁饲料对奶牛产乳量的提高具有重要作用。在管理方面，奶牛在舍饲期每天进行适当的运动，不仅能锻炼体质，加强代谢，增进健康，而且还能提高产乳量和乳脂率。经常刷拭牛体能增进皮肤新陈代谢，促进血液循环，有利于牛体健康和产乳量的提高。

② 产犊季节及外界温度。母牛的产犊季节和月份对其泌乳量有一定的影响。在我国目

前条件下，母牛适宜的产犊季节是在冬春季。因为母牛在分娩后泌乳旺期，恰好在青绿饲料丰富和气候温和的季节，母牛产后内分泌旺盛而平衡，又无蚊蝇侵袭，有利于产乳量的提高。其次是春秋季（4月、5月、6月、9月、10月、11月份）；最低是夏季（7月、8月份）。夏季虽然饲料条件好，但由于气候闷热，母牛食欲不振，影响泌乳。荷斯坦奶牛最适宜的气温是10~16℃。一般地说，荷斯坦牛、瑞士褐牛在26~27℃以上即出现产乳量下降，若湿度大甚至在24℃就影响产乳。娟姗牛较耐热，29~30℃才影响产乳。

外界温度升高时，则奶牛呼吸频率加快。例如，外界温度从10℃升高到41.5℃时，奶牛的呼吸频率大约加快5倍。此外，泌乳母牛所产生的热约2倍于无奶母牛，所以高产母牛受热威胁的影响高于低产母牛，尤其在泌乳高峰时影响最大。因此，夏季要做好防暑降温工作。

冬季要注意防寒保温，但荷斯坦牛耐寒力较强，冬季只要保证供应足够的饲料，早晚关闭门窗，防止过堂风，有良好的通风设备，床地多铺褥草，一般对产乳量不会有太大影响。

（3）生理因素

① 年龄和胎次。奶牛产乳能力随年龄和胎次的增加而发生规律性的变化。因为产乳量总是随着生长发育程度，特别是随着乳腺的发育程度而增长的。成年时，产乳量达到最高峰，以后随年龄的增长，机体逐渐衰老而使产乳量开始下降。一般情况下，2岁产犊的初胎母牛其泌乳量约相当于成年时的70%，3岁时为80%，4岁时为90%，5岁时为95%，6岁时为成年产量。但各品种并不完全一致，而且也因成熟性早晚、体质强弱和饲养管理等而有差异。如早熟的娟姗牛，到第四胎（4~5岁）产乳量就可达到最高峰。体质强健、饲养管理好的母牛，年龄达12~13岁以上，其产乳量往往仍能维持很高的水平。

乳中脂肪和非脂干物质的含量，随年龄的增长而略呈降低的趋向。在第1个泌乳期和第5个泌乳期之间乳脂肪和非脂干物质有微量减少，自此以后，变动较少。荷斯坦牛的产乳量以第5个泌乳期最高，而乳脂率则呈现不出规律性的变化。

② 体型大小。体型较大的奶牛，消化器官容积较大，采食量大，故产乳量较多。如荷斯坦牛较娟姗牛的体型大，故产乳量较高。在同一品种中，也以体型较大的产乳量较高。但并不是说，奶牛的体型和体重越大，产乳量越高，而是有一定限度的。大型品种的母牛，体重在600~700kg者，产乳量最高，超过700kg时，产乳量则降低。

故《中国荷斯坦奶牛品种标准》对5岁以上公牛及3胎以上母牛的体高、体重最低指标做了如下规定。

公牛：体高150cm，体重1000kg。

母牛：体高130cm，体重500kg。

③ 初次产犊年龄。育成母牛初次产犊年龄的迟早，对其产乳量也有影响。以往荷斯坦母牛18月龄配种，27月龄或更晚一些时间首次产犊。在饲料缺乏的情况下，这样利用母牛是比较合适的。随着饲养科学的发展，在合理的饲养条件下，育成母牛发育正常，可以适当提前到24月龄或更早一些时间产犊。这不但不会影响牛体的正常生长发育，而且对其产乳量和繁殖力还有良好的影响，能增加其一生的产乳量，并且比晚期产犊的可多获得1~2头犊牛。

④ 泌乳期各阶段的影响。奶牛在一个泌乳期中产乳量呈规律性的变化：一般低产母牛在产后20~30天，高产牛在产后40~60天产乳量达到最高峰。这段最高峰一般维持20~60天，以后便开始下降，下降的速度依母牛的营养情况、饲养水平、妊娠期、品种及其生产性能而不同。高产品种一般每月大约下降4%~5%，低产品种下降9%~10%；最初几个月下

降速度较慢，到泌乳末期（妊娠 5 个月以后），由于胎儿的迅速发育，胎盘激素等分泌加强，抑制脑垂体分泌催乳激素，因此泌乳量下降较快。

乳中蛋白质的含量也随着泌乳期的进展而逐渐增加。在此期间，乳糖和矿物质略有增加。

⑤ 产犊间隔。理想的是母牛在一年中泌乳 10 个月，干乳 2 个月，使之一年一产。如母牛久配不孕，或人为地不给母牛及时配种，使母牛泌乳期拖得过长，其产犊间隔超过 380～400 天。这样不仅使其年产乳量大大降低，而且母牛不能每年产犊一次，降低了繁殖率。同时，母牛分娩后迟迟不给配种，也容易造成母牛的不孕症。因此，一般母牛在产犊后第二个月就要抓紧配种，做到年产一犊，既可提高母牛的繁殖率，又可使母牛的泌乳期接近 300 天，有利于产乳量的提高。

⑥ 乳期的长短。母牛交配后在妊娠期的最后几个月，体内胎儿生长迅速，这时乳腺的结构和功能发生很大变化，产乳量下降，低产母牛到此时甚至自动停止泌乳，高产母牛一直到分娩前仍继续产乳。但是，为了使乳腺组织获得一定的休息时间，并使母牛在体内积蓄必要的营养物质，为提高下一期产乳量创造条件和使胎儿很好地生长，必须让母牛在分娩前有两个月左右的干乳期。实践证明，母牛在分娩前有一段休息时间，并在干乳期中加强饲养管理，能提高下一个泌乳期的产乳量。

⑦ 挤乳与乳房按摩。正确的挤乳和乳房按摩是提高奶牛产乳能力的重要条件之一。因为挤乳并不是牛乳从乳房中排出的简单的机械作用，而是挤乳时在神经系统和内分泌的共同作用下完成排乳过程的。因此，挤乳技术熟练，能很好地配合母牛排乳过程，并能根据奶牛的泌乳进行挤乳，就能挤出较多的乳。

⑧ 挤乳次数。母牛产乳能力的高低，与挤乳次数也有关系，4 次挤乳的高于 3 次，3 次挤乳的高于 2 次。

⑨ 疾病与药物。母牛在患病和健康有损害的情况下，有机体正常的生理功能遭到破坏而影响乳的形成，产乳量随之下降，乳的组成亦发生变化。特别是患乳房炎、酮病、乳热症和消化道疾病时，产乳量显著下降，乳中成分亦发生变化。

2. 撰写材料

在熟悉影响产乳因素的基础上，提出针对性的解决措施，撰写发言提纲与交流材料。

3. 分组讨论

课堂分组讨论，然后集中汇报，最后由教师总结，评定实习成绩。

【实训报告】 根据讨论的收获和体会，写出 1000 字左右的实习报告，交老师评定实习成绩。

单元二 综合实训

实训一 奶牛场的设计和规划

【实训目标】 掌握奶牛场场址选择、功能区规划和设计的基本要求；熟悉牛舍类型的划分及各类型牛舍的优点和缺点。能够根据企业实际情况合理规划设计牛场。

【实训材料】 奶牛场，中小型奶牛场平面图，绘画纸，碳素笔，2B 铅笔，圆规及三角板等。

【实训内容与操作步骤】 奶牛场的布局与规划应本着因地制宜和科学管理的原则，以养殖场的饲养规模、气候条件、地势地形、土质、交通、水源、电源、社会环境等为依据。

1. 牛场规划的原则
① 在满足需要的基础上，要节约用地。
② 利用自然条件做好防疫卫生，同时为管理和实现机械化创造方便。
③ 有利于环境保护。
④ 考虑今后的发展，应留有余地。

2. 奶牛场总体布局
奶牛场场内布局一般分为 5 个区，即生活和管理区、生产辅助区、生产区、畜粪处理区和病牛隔离区。考虑地势和主风方向，从人畜保健的角度出发，各区间建立最佳生产联系和环境卫生防疫条件，各区的配置大致如图 3-2 所示。

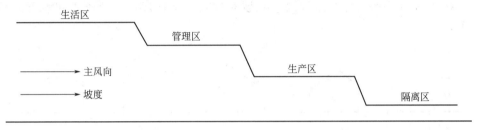

图 3-2　奶牛场分区布局示意

（1）生活和管理区　生活区是职工住宅区，包括住房、水塔、锅炉房等。管理区是奶牛场经营活动与社会联系的场所，生产资料的配置和产品的销售等都集中在管理区内。生活和管理区在全场上风向和地势较高的地段，与生产区严格分开，并与生产区保持 100m 以上的距离，保证良好卫生环境，防止人畜共患疫病的相互传播。

（2）生产区　生产区是奶牛场的防疫重地，本区域入口应设有消毒池和防疫设施，严禁非生产人员和场外运输车辆进入，防止疾病的传播，以保证生产区的安全和安静。生产区建在生活和管理区的下风向位置，包括各种牛舍、饲料仓库、饲料加工调制用房、挤奶厅等，应设在牛羊场的中心地带。生产区牛舍布局要合理，分阶段分群饲养。各牛舍之间要保持 10m 以上的距离，布局整齐，以便防疫和防火。但也要适当集中，以节约水电线管道，缩短饲草饲料及粪便运输距离。生产区内与饲料有关的建筑物，如饲料调制、贮存间和青贮塔，原则上应设在生产区上风处和地势较高处，同时要与各牛舍保持方便的联系，还要考虑与饲料加工车间保持最方便的联系。

（3）粪尿处理区　设在生产区下风向地势低处，与牛舍至少有 200~300m 的间距。贮粪场的位置既要便于把粪便由牛舍、运动场运出，又要便于运到田间施用。同时，应使粪便在堆放期间不致造成环境污染和蚊蝇的孳生。

（4）隔离区　在生产区的下风向，建有治疗室、药房、病畜隔离室和粪尿堆贮池。该区与其他区相对独立，与牛羊舍相距 300m 以上，并有隔离屏障，设有单独的通道和入口，便于消毒和隔离。病畜区的污水和废弃物要进行严格的消毒处理，以防止疫病传播和污染环境。

3. 建筑物布局
（1）布局要求　牛舍应平行整齐排列，两墙端之间距离不少于 15m，配置奶牛舍及其他房舍时，应考虑便于给料给草、运牛运奶和运粪，以及适应机械化操作的要求。数栋牛舍排列时，每栋前后距离应根据饲养头数所占运动场面积大小来确定。如成年奶牛每头不少于 $20m^2$；育成牛不少于 $15m^2$；犊牛不少于 $8\sim10m^2$。

人工授精室设在奶牛场一侧，靠近成年奶牛舍，授精室要有单独的入口。兽医室、病牛舍建于其他建筑物的下风向。

车库、料库、饲料加工应设在场门两侧，以方便出入；青贮窖、干草棚建于安全、卫生、取用方便之处。粪尿、污水池应建于场外下风向。

（2）牛舍布局　应周密考虑，要根据牛场全盘的规划来安排。北方建牛舍应注意冬季防寒保暖，南方则应注意防暑和防潮。

确定牛舍方位时要考虑自然采光，让牛舍有充足的阳光照射。可依坡度由高向低依次设置饲料仓库、饲料调制室、牛舍、贮池等，牛舍还要高于贮粪池、运动场、污水排泄通道的地方，既可方便运输，又能防止污染。

4. 奶牛场的牛舍建造类型与设计

（1）按牛舍屋顶形式分为单坡式、双坡对称式、半钟楼式、钟楼式和弧形五种，如图 3-3 所示。

单坡式　　双坡对称式　　半钟楼式　　钟楼式　　弧形式

图 3-3　牛舍形式

① 单坡式　屋顶前檐抬起，与其他形式牛舍比较，采光、通风较好，缺点是舍内的温湿度较难控制。这类牛舍的跨度不宜过大，一般为 $5.5\sim6m$，舍内牛床多为单列式。

② 双坡对称式　屋顶呈楔形，舍内小气候控制较好。这种牛舍可以是四面无墙的敞棚式，也可以是开敞式、半开敞式封闭式。双坡式牛舍在炎热地区或夏季对防暑效果不好，特别是牛体散发的热量及湿热气团不易散发。解决的办法是适当增加舍顶高度，使牛舍长轴两侧的门窗尽量敞开。

③ 半钟楼式　在屋顶的向阳面设有与地面垂直的"天窗"，牛舍依靠天窗采光。其防暑优于双坡对称式牛舍，但是在冬季保温防寒不易控制，主要适合于南方炎热地区。

④ 钟楼式　在双坡对称式屋顶上设置一个贯通横轴的"光楼"，牛舍屋顶坡长和坡度角是对称的。天窗可增加舍内光照系数，有利于通风，防暑作用较好，但不利于冬季防寒保温，适合于南方地区，但构造比较复杂，耗料多，造价高。

⑤ 弧形式　采用钢材和彩钢瓦作材料，结构简单，坚固耐用，适用于大跨度的牛舍。

（2）按饲养方式不同，分为拴系式和散栏式牛舍。

① 拴系式牛舍　一种传统而普遍使用的牛舍。每头牛都有固定的槽位和牛床，互不干扰，单独或 2 头牛合用一个饮水器，用颈枷或链条拴住牛只。牛舍的跨度为 $10.5\sim12m$，檐高为 $2.4m$，每头牛的牛床面积为 $1.5\sim2.0m^2$。拴系式牛舍内布局可分单列式、双列式和四列式等。双列式牛舍内分对头式和对尾式两种，一般认为对尾式比较理想，有利于通风采光和减少疾病的传染，如图 3-4 所示。

② 散栏式牛舍　奶牛除挤奶外，其余时间均不加拴系，任其自由活动。散栏式牛舍分休息区、饲喂区、待挤区和挤奶区等，便于规模化生产。其总体布局应以奶牛为中心，通过对粗饲料、精饲料、牛奶、粪便处理四个方面进行分工，逐步形成四条生产线，建立公用的

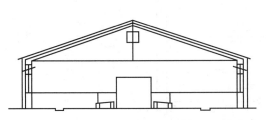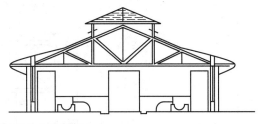

图 3-4 对头式、对尾式牛舍示意图

兽医室、人工授精室、产房和供水、供热、排水、排污、道路等，如图 3-5 所示。奶牛在散栏式牛舍内可在采食区和休息区自由活动，舒适。其不足之处是不易做到个别饲养，由于共同使用饲槽和饮水设备，传染的机会多。

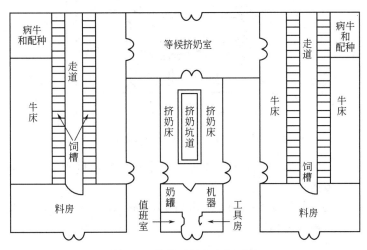

图 3-5 散栏式奶牛舍平面图

　　散栏式牛舍泌乳牛都在挤奶厅集中挤奶，生产区内各类牛舍要有一个统一的布局，要求牛舍相对集中，并按泌乳牛舍、干奶牛舍、产房、犊牛舍、育成牛舍顺序排列，使干奶牛、犊牛与产房靠近，而泌乳牛与挤奶厅靠近。牛舍可分为房舍式、棚舍式和荫棚式。

　　散栏式牛床排列，可根据规模大小设计成单列式、双列对头式或双列对尾式、三列式和四列式。由于散栏式牛床与饲槽不直接相连，为了方便牛卧息，一般牛床总长为 2.5m。牛床一般较通道高 15～25cm，边缘成弧形，常用垫草的牛床，床面可比床边缘稍低些，以便用垫草或其他垫料将之垫平。如不用垫料的床面可与边缘平，并有 4％的坡度，以保持牛床的干燥。牛床的隔栏由 2～4 根横杆组成，顶端横杆高 1.2m，底端横杆与牛床地面的间隔以 35～45cm 为宜。隔栏的式样主要有大间隔隔栏（图 3-6）、稳定短式隔栏（图 3-7）等。牛舍内走道的结构视清粪的方式而定，一般为水泥地面，并有 2％～3％的斜度，走道的宽为 2.0～4.8m。采用机械刮粪的走道宽度，应与机械宽相适应，采用水力冲洗牛粪的走道应采用漏缝地板，漏缝间隔为 3.8～4.4cm。饲架将休息区与采食区分开，散栏式饲养大多采用自锁式饲架，其长度可按每头牛 65cm 计。其他内部设施可参考拴系牛舍。

　　目前，国内新建的机械化奶牛场大多采用散栏式饲养，这是现代奶业的发展趋势。

　　5. 哺乳犊牛舍

　　哺乳犊牛舍有单排列式和单体式，奶桶和料桶设置在颈夹适当位置，另外设置草架，以

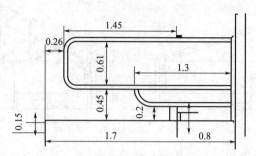

图 3-6　大间隔隔栏示意图（单位：m）

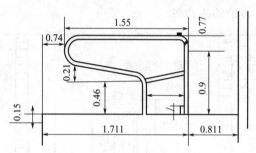

图 3-7　稳定短式隔栏示意图（单位：m）

供犊牛自由采分干草。也可以群栏饲养，要做到每个犊牛生活区独立，之间用可隔栏分开，以防止犊牛疾病相互传播。

哺乳单体犊牛舍设计前沿高 180cm，后沿高 165cm，长 170～180cm，宽 70～90cm，下面放木条垫板，木条垫板离地面 20cm。

6. 产房

产房是专用于饲养围产期奶牛的用房。产房内的牛床数可按成母牛数的 10％～13％ 设置，采用双列对尾式，牛床长 2.2～2.4m，宽度为 1.4～1.5m，以便于接产操作。

7. 犊牛舍、育成舍

断奶后犊牛可养于通栏中，用活动夹板固定饲喂，舍内和舍外均要有适当的活动场地。犊牛通栏有单排、双排等，最好采用 3 条通道，把饲料通道和清粪通道分开来，中间饲料通道宽 90～120cm 为宜，清粪道兼供犊牛出入运动场，以 140～150cm 为宜。

6～12 月龄的育成牛亦可养于通栏中，为了训练育成牛上槽饲养，育成牛舍也可以用颈夹，其平面布置与成乳牛舍一样，可采用对头式，床位可小于成乳牛床。

【注意事项】　规划设计新奶牛场时，既要结合实训奶牛场的技术参数，又要学习国内外的新建、大型奶牛场的资料。

【实训报告】

1. 乳牛场场址如何进行规划和布局？

2. 拴系式牛舍和散栏式牛舍有何不同？各有何优缺点？

3. 牛场规划应遵循哪些原则？

实训二　奶牛舍建筑设计与常用设备

【实训目标】　了解奶牛舍基本结构，掌握奶牛场常用的机械设备的构造与使用。

【实训材料】　奶牛舍，测量工具。

【实训内容与操作步骤】

1. 奶牛舍设计要求

奶牛一般耐寒、怕热，适宜的环境温度为 $10 \sim 20 ℃$、相对湿度为 $30\% \sim 40\%$，环境温度高于 $30 ℃$、相对湿度高于 85%，产奶量将大幅下降。

牛舍内应干燥，冬暖夏凉，地面应保温，不透水，不打滑，粪尿易于排出舍外，舍内清洁卫生，空气新鲜。为保持牛舍和运动场的干燥，排放系统要畅通，按环保要求，下水道应分别排列。为减少用水量及废水排放，可安装自动饮水器。为提高劳动生产率，可安装机械清粪装置。

2. 牛舍外部结构

牛舍应坐北朝南向东偏 $15°$，舍内要宽敞明亮，通风良好，屋顶设气楼窗。屋檐高度为 $3.2 \sim 3.5 m$，东西山墙可装排风扇。南方地区，南北墙可全敞开。

牛舍建筑结构基本要求如下所述。

（1）墙壁 坚固结实、抗震、防水、防火，具有良好的保温、隔热性能，便于清洗和消毒，多采用砖墙。

（2）基础 应有足够的强度和稳定性，坚固；防止下沉和下陷，防止建筑物发生裂缝和倾斜。

（3）地面 要求致密坚实，不硬不滑，温暖有弹性，易清洗消毒。

（4）屋顶 防雨水、风沙，隔绝太阳辐射，质轻，坚固结实、防火、保温、隔热。

（5）门 保证牛舍的通风采光、人员及牛只往来，位于牛舍两端和两侧面，不设门槛，每栋牛舍应有一个或两个门通向运动场，门向外开。运料门和清粪门分开，见表 3-23。

表 3-23 不同牛舍门尺寸　　　　　　　　　　　　　　　　　　单位：m

奶牛类型	门 宽	门 高
成年牛、青年牛	$1.8 \sim 2.0$	$2.0 \sim 2.2$
育成牛、犊牛	$1.4 \sim 1.6$	$2.0 \sim 2.2$

（6）窗户 窗户总面积一般为牛舍占地面积的 8%，有效采光面积与牛舍地面面积比成年牛为 $1:12$，育成牛、初孕牛和犊牛为 $（1:10） \sim （1:14）$。北窗规格为宽 $0.8 m$、高 $1.0 m$，数量宜少。多数牛舍南面无墙，全部敞开。

3. 奶牛舍内部结构

拴系式的奶牛舍大小按每 100 头占地面积为 $950 \sim 1000 m^2$ 计算设计，牛舍内的主要设施有牛床、隔栏、颈枷、饲槽、饲料通道、清粪通道和粪尿沟等。牛舍的辅助用房有贮奶间、饲料间、杂物间等。

（1）牛床 牛床是奶牛采食、挤奶和休息的场所，应保温、不吸水、坚固耐用、清洁、消毒方便。牛床的排列方式，根据牛场规模和地形条件而定，可分为单列式、双列式和四列式等。牛床应有 $1° \sim 1.5°$ 的坡度，但不要过大，否则奶牛易发生子宫脱和脱胯，牛床后半部应划线防滑。牛床要求长宽适中，牛床过宽、过长，牛活动余地过大，牛的粪尿易排在牛床上，影响牛体卫生；过短、过窄，会使牛体后躯卧入粪尿沟且影响挤奶操作。牛床长、宽设计参数见表 3-24。

（2）颈枷 要轻便、坚固、光滑、操作方便。高度一般为：犊牛 $1.2 \sim 1.4 m$；育成牛和成年奶牛 $1.6 \sim 1.7 m$。常见颈枷有硬式和软式两种。硬式用钢管制成；软式多用铁链，其中主要有直链式和横链式两种形式，如图 3-8、图 3-9 所示。

表 3-24　牛床长、宽设计参数　　　　　　　　单位：cm

牛群类别	长　度	宽　度
成年奶牛	170～180	110～130
青年牛	160～170	100～110
育成牛	150～160	80
犊牛	120～150	60

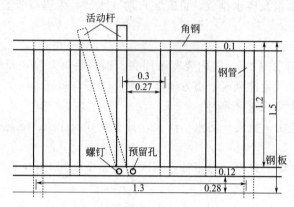

图 3-8　硬式颈枷（单位：m）

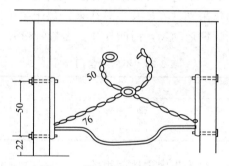

图 3-9　软式颈枷（单位：m）

（3）隔栏　为防止奶牛横卧在牛床上，牛床上应设有隔栏，通常用弯曲的钢管制成，隔栏的一端与颈枷的栏杆连在一起，另一端固定在牛床的 2/3 处，隔栏高 80cm、由前向后倾斜。

（4）饲槽　在牛床前面设置高于牛床地面 5～10cm 的通长饲槽。饲槽必须坚固、光滑、耐磨、耐酸，槽底壁呈圆弧形为好，以便清洗消毒。一般成年牛食槽尺寸如表 3-25 和图 3-10 所示。

表 3-25　牛食槽设计参数　　　　　　　　单位：cm

奶　牛	槽上部内宽	槽底部内宽	前沿高	后沿高
泌乳牛	60～70	40～50	30～35	50～60
育成牛	50～60	30～40	25～30	45～55
犊牛	30～35	25～30	15～20	30～35

（5）饲料通道　通道应便于人工和机械操作，宽度一般为 1.2～1.5m，机械化程度高的奶牛场需要更宽些，便于机械加料，通道坡度一般为 1%。

（6）清粪通道　牛舍内清粪通道同时也是奶牛进出和挤奶员操作的通道，故要考虑挤奶

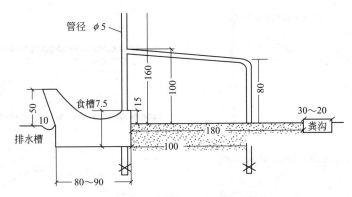

图 3-10 牛床栏及食槽侧面示意图（单位：cm）

工具的通行与停放。通道宽度常设 1.6～2.0m，规模化牛场通道根据需要宽度较大，路面要有不大于 1% 的拱度，并向舍外稍倾斜，使水能向粪尿沟及舍外流动。

（7）粪沟　设在牛床末端与通道之间，一般为明沟，沟宽 30～40cm，沟深 10～20cm，用板锹放在沟内清理，也用作冲洗牛舍的排水沟，沟底约有 6° 的坡度，便于排水。现代化奶牛舍粪尿沟多采用漏缝地板，或安装链刮板式自动清粪装置，链刮板在牛舍往返运动，可将牛粪直接送出牛舍。

4. 奶牛场的常用设备

（1）饮水设备　奶牛场内的饮水设备包括输送管道和自动饮水器。饮水系统的装配，应满足昼夜时间内全部需水量。在牧区还应考虑饮水槽的间隔距离和数量。奶牛舍内经常采用阀门式自动饮水器，由饮水杯、阀门机构、压板等组成。饮水器安装在牛床的支柱上，离地面 60cm，每两头牛合用一个。在隔栏散放牛舍内，如有舍内饲槽，可将饮水器安装在饲槽架上，每 6～8 头奶牛安装一个饮水器。采用自动饮水设备，既清洁卫生，又可提高产奶量。一般每两头牛提供 1 个，设在两牛栏之间。

（2）喷雾装置　在舍内安装喷雾装置，最好和通风装置一起安装，喷雾并送风能显著促进牛体热量散发。每隔 5 分钟喷雾一次，每次持续 3min，同时装有风扇，会使牛舍温度比不装喷雾装置只装风扇降低 1.5℃。

（3）通风设备　可在屋顶开口下方加装风机以加强换气量，牛舍内安装大型换气扇和风量较大的风机，加速舍内气体的流通，以利于牛体散热，炎热季节送风效果显著。

（4）挤奶厅　是奶牛规模化生产中重要的配套设备，采用厅式挤奶可提高牛奶质量和劳动效率。挤奶厅可分固定式和转动式两种类型。

① 固定式挤奶厅　固定式挤奶厅的挤奶台包括并列式、斜列式、串联式和菱形挤奶台，如图 3-11 所示。

a. 并列式挤奶台：挤奶栏排列与奶牛舍的牛床类似，奶牛与挤奶工人位于同一平面，或牛站立平面高出 46cm。此种挤奶台结构简单，奶牛可单独出入，可以适应挤奶速度不同的奶牛，但生产效率低，每工时挤奶不超过 35 头奶牛，放牧场适合采用此种挤奶台。

b. 串联式挤奶台：挤奶栏排成两列，中间为宽 1.2m、深 0.6～0.75m 的工作地沟，牛在挤奶栏内头尾相接，各栏之间有一抽插门，供牛进出，挤奶时奶牛分批出入，先在一侧放进一批奶牛，冲洗乳房并套上奶杯进行挤奶，然后于另一侧放进第二批奶牛进行挤奶前的准备工作，依次循环不断进行。这种挤奶台操作有规律，但牛不能单独进入，适合于奶牛头数较少的牧场，每工时可挤 40 头牛。

c. 斜列式挤奶台：与串联式相似，但门启闭操作少。其优点是操作简单，结构紧凑，

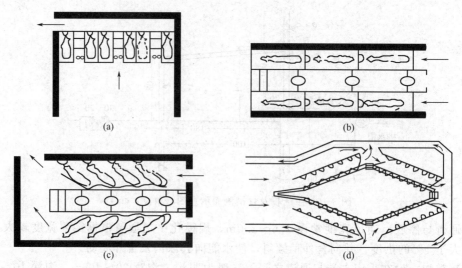

图 3-11　固定式挤奶厅几种挤奶台示意图

(a) 并列式挤奶台；(b) 串联式挤奶台；(c) 斜列式挤奶台；(d) 菱形挤奶台

每工时可挤 50 头牛。

　　d. 菱形挤奶台：适用于大、中等规模的牛群，其优点是挤奶工人在一边挤奶台挤奶时，能同时观察其他三边母牛的挤奶情况，比其他挤奶台更经济有效。

　　② 转动式挤奶厅　转动式挤奶厅的挤奶台有串联式、鱼骨式和放射形几种类型。

　　a. 鱼骨式转盘挤奶台：牛呈斜形排列，似鱼骨形，头向外，挤奶员在转盘中央操作，这样可充分利用挤奶台的面积。单人操作的转盘有 13～15 个床位，双人操作者则为 20～24 个床位，而且配有自动饲喂装置和自动保定装置，如图 3-12 所示。转动式挤奶台机械化程度高，省劳力，操作方便，劳动效率高；牛奶由导管密闭输送，卫生条件好。缺点是结构复杂，基建投资大，前后准备工作时间长。适用于奶牛头数较多的奶牛场。

　　b. 串联式转盘挤奶台：此是专为一人操作而设计的小型转盘。转盘上有 8 个床位，牛的头尾相继串联，牛通过分离栏板进入挤奶台。根据运转的需要，转盘可通过脚踏开关开动或停止。每个工时可挤 70～80 头牛，如图 3-13 所示。

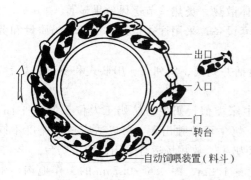

图 3-12　鱼骨式转盘挤奶台

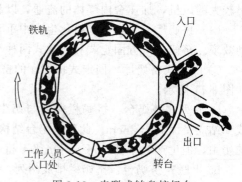

图 3-13　串联式转盘挤奶台

【实训报告】

1. 规模化奶牛场常见的设备有哪些？
2. 奶牛舍设计有哪些要求？

实训三 牛的去角与剪除副乳头

【实训目标】 通过实训使学生了解牛的去角及剪除副乳头的原理及作用,掌握犊牛去角、剪除副乳头技术。

【实训材料】 出生后7～30天的犊牛,出生后2～6周具有副乳头的母犊牛,犊牛去角器(或烙铁)、棒状氢氧化钠或氢氧化钾、凡士林少许、剪刀(最好用弯头剪)、碘酊及消炎药等。

【实训内容与操作步骤】

1. 牛的去角

去角可以避免牛只之间因打斗而受伤,尤其是乳房部位不致被跟随的牛顶伤。去角的牛比较安静,易于管理。去角后所需的牛床及荫棚的面积较小。尤其是散放饲养和成群饲喂的牛,去角更为重要。

对牛只进行去角处理必须在幼龄时进行,通常在犊牛出生1周内进行,最迟不能超过两个月。因为在牛幼龄时去角易于控制、流血少、痛苦小、不易受到细菌感染。给牛去角的方法较多,通常使用电烙铁去角法或涂抹氢氧化钾去角法。

(1)电烙铁去角 给牛去角所用的电烙铁是特制的,其顶端呈杯状,大小与犊牛角的底部一致。通电加热后,电烙铁各部分的温度一致,没有过热和过冷的现象。使用时将电烙铁顶部放在犊牛角部烙15～20s。用电烙铁去角时牛只不出血,在全年任何季节都可进行,但此法只适用于35天以内的犊牛,见图3-14。

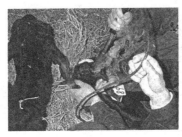

图3-14 犊牛电烙铁去角

(2)涂抹氢氧化钾去角 使用氢氧化钾给牛去角效果较好。这种药品在化学药品商店可购得,要买棒状的,同时还需准备一些医用凡士林。去角可按以下步骤进行操作:第一,剪去角基部及四周的毛。第二,将凡士林涂抹在犊牛角基部的四周,以防止涂抹的氢氧化钾溶液流入眼中。第三,用氢氧化钾棒(手拿部分需用布或纸包住,以免烧伤)在犊牛角的基部涂抹、摩擦,直到出血为止。这样做是为了破坏角的生长点,所以必须仔细操作,如果涂抹不完全,某些角细胞没有遭到破坏,角仍然会长出。使用氢氧化钾给奶牛去角,必须在犊牛3～20天内进行。用此法去角的犊牛,在去角初期需与其他犊牛隔离开来,同时避免雨淋,否则涂抹氢氧化钾的部位被雨水冲刷后,含有氢氧化钾的液体就会流到眼内及面部,给犊牛造成损伤。

2. 剪除副乳头

正常母牛的乳房有4个乳头,但生产中有的犊牛生下后会有5个或者更多的乳头,多的乳头不能正常产乳且影响挤乳操作,需要剪除。

剪除副乳头应先清洗、消毒乳房周围部位,轻轻下拉副乳头,用锐利的剪刀(最好用弯剪)沿着基部剪掉副乳头(一定不要剪错,如果不能区分副乳头和正常乳头,可推迟直至能够区分时再进行）。伤口用 2％碘酊消毒或涂抹少许消炎药，有蚊蝇的季节可涂抹少许驱蝇剂。

【注意事项】 犊牛去角时药棒的手持端一定要用布或纸包好，操作时注意手不要接触药品，避免氢氧化钾液流入犊牛眼中而致失明，或灼伤犊牛的其他部位。药棒摩擦时，要保证处理到整个角基周围。如果涂抹不全，角仍会长出。术后牛要在室内拴系 3～5 天，单独饲养，以防止其他犊牛舔去药品，同时要避免水接触到角周围。

【实训报告】 教师进行现场讲解示范，学生结合牛场实际进行操作，写出犊牛去角及剪除副乳头的过程及体会。

实训四　牛的年龄鉴别

【实训目标】 通过实习使学生了解牛年龄鉴别的意义，掌握根据牛牙齿和角轮的变化规律、外貌等，鉴别牛的年龄的基本方法和要领。

【实训材料】 同一品种不同年龄的牛若干头。牛门齿标本（模型）、牛门齿构造图，牛门齿变化简表、牛鼻钳、牛的年龄鉴定报告表等。

【实训内容与操作步骤】

1. 根据记录资料了解牛的年龄

根据产犊记录确定牛年龄是最准确的，一般正规的奶牛场和种畜场，在牛出生时都进行测定和记录，并在牛身体上做明显的标记（如打耳号），通过识别牛身上的标记，在相应的资料中查出牛的出生日期，确定牛的年龄。

2. 根据外貌鉴别年龄

不同年龄的牛在体型和外貌特征上有明显的差异，依此可判断牛的年龄。这种方法只能判断出牛的老幼，无法确定其确切的年龄，可作为鉴定年龄时的参考。牛的外貌鉴别见表 3-26。

表 3-26　幼年牛、壮年牛、老年牛的区别方法

项目	幼 年 牛	壮 年 牛	老 年 牛
头面部	头短而宽，嘴细，脸部干净	头大，嘴丰厚	嘴粗糙，面部多皱纹
眼部	眼睛活泼有神，眼皮较薄	眼反应灵敏	眼盂下陷，目光无神，黑色牛眼角周围开始出现白毛，进而颈部、躯干部也出现白毛
体型	体躯较短，浅而窄，四肢、后躯相对较高	膘肥体壮，体躯长、宽、深	比较清瘦，体躯宽深
被毛皮肤	被毛光润、细软，皮肤富有弹性	皮肤柔软、富有弹性，被毛粗硬适中而有光泽	被毛粗硬、干燥无光泽，绒毛较少，皮肤粗硬无弹性，被毛色变浅，更稀疏
牛角	质地粗糙	质地较光滑	质地光亮，角轮数目多
行动	反应敏捷	精力充沛，行动活泼	行动迟缓

3. 根据牙齿鉴别年龄

成年牛共有 32 个牙齿，其中门齿 8 个，臼齿 24 个。门齿也称切齿，在下颚中央的一对门齿叫钳齿，其两边的一对叫内中间齿，再外边的一对叫外中间齿，最外边的一对叫隅齿。在门齿的两侧还有臼齿。在鉴定年龄时主要看乳门齿的发生、乳门齿换永久齿的情况及永久齿的磨蚀程度。犊牛的乳齿共有 20 个。永久齿和乳齿的齿式见表 3-27。

乳齿小而薄，洁白，排列隙疏而不整齐。永久齿大而较厚，微黄，排列紧密而整齐。5 岁牛的年龄大致等于永久门齿的对数加 1，5 岁以后就要根据永久齿的磨蚀程度鉴定。牛齿变化规律见表 3-28。

表 3-27　牛的齿式

名　称		后臼齿	前臼齿	犬齿	门齿	犬齿	前臼齿	后臼齿	合计
永久齿	上颌	3	3	0	0	0	3	3	12
	下颌	3	3	0	8	0	3	3	20
乳齿	上颌	0	3	0	0	0	3	0	6
	下颌	0	3	0	8	0	3	0	14

表 3-28　牛齿变化简表

年　龄	门　齿	内中间齿	外中间齿	隅　齿
出生	乳齿已生	乳齿已生	乳齿已生	—
2 周	—	—	—	乳齿已生
6 月龄	磨	磨	磨	微磨
1 岁	重磨	较重磨	较重磨	磨
1.5～2 岁	更换	—	—	—
2～3 岁	—	更换	—	—
3～3.5 岁	轻磨	—	更换	—
4～4.5 岁	磨	轻磨	—	更换
5 岁	重磨	磨	轻磨	—
6 岁	横椭圆形(大)	重磨	磨	轻磨
7 岁	近方形	横椭圆形(大)	横椭圆形	重磨
8 岁	方形	近方形	横椭圆形(大)	横椭圆形(大)
9 岁	方形	方形	近方形	横椭圆形(大)
10 岁	圆形	近圆形	方形	近方形
11 岁	三角形	圆形	方形	方形
12 岁	三角形	三角形	圆形	圆形

以上适合黄牛、奶牛、肉牛的年龄鉴定，牦牛、水牛由于晚熟，应根据上述牙齿的更换规律加一岁计算。

根据牙齿鉴别牛的年龄时，鉴定人员站在被鉴定牛头部左侧附近，用徒手法或鼻钳法捉住牛鼻，右手捏住牛的鼻中隔最薄处（鼻软骨前缘），顺手抬起牛头，随后以左手拽牛下唇并下拉，牛嘴即张开；或左手捏住牛的鼻中隔最薄处，顺手抬起牛头，使呈水平状态，迅速以右手插入牛的左侧口角，通过无齿区，将牛舌抓住，顺手一扭，用拇指尖顶住上颌，其余四指握住牛舌，并拉向左口角外边，然后检查牛的门齿变化情况，依据判定标准（表 3-28）鉴定牛的年龄。

4. 根据角轮鉴别牛的年龄

牛的角轮受不同季节营养丰欠的影响，青草季节营养丰富角轮生长快，枯草季节营养不良角轮生长慢。母牛在怀孕和哺乳时，需要有更多的营养，常使角组织发育不充分，也引起角生长程度的变化，形成长短、粗细相间的纹路，即角轮。一般公牛和阉牛没有角轮，只有在极其不良的饲养条件下，才会有角轮。所有牛的角尖都是光滑无纹的，这是因为角尖生长阶段，是牛的生长期，营养供应稳定。

母牛角轮数大体与产犊数一致，通常母牛多在 1.5～2 岁配种，且妊娠期将近 1 年，因此可根据角轮数，加上初配年龄，就可估算出牛的大致年龄。若初配年龄不详，则可把角尖部分生长期（约 2 年）加上角轮数来估算牛的年龄。具体方法如下：

$$母牛的年龄＝角轮数＋(1.5～2)$$

或

$$母牛的年龄＝角轮数＋角尖部位的生长期(约 2 年)$$

由于角轮形成的原因复杂，角轮也常常不规则，在鉴别时，不仅要用肉眼观察角轮的深浅和距离，还可用手从角的基部向尖部触摸一遍，当感觉到宽而有规律的凹陷时，即为角轮。根据角轮的具体情况，通常只计算大而明显的角轮，角轮鉴别法只能作为参考，要准确判断牛的年龄，还要结合其他方法综合判断。

【实训报告】

1. 如何根据牙齿鉴定乳牛年龄？

2. 将鉴定结果及误差原因填入表 3-29 中。

表 3-29　牛年龄鉴定报告表

场别：　　　　　　　　　　鉴定员：　　　　　　　　　时间：

牛号	品种	性别	牛门齿的更换及磨蚀情况	角轮	外貌	鉴别年龄	实际年龄	误差原因
1								
2								

实训五　牛的体型外貌评定

【实训目标】　通过实际外貌鉴定操作，掌握鉴定的基本方法和要领，为牛的选优去劣工作打基础。

【实训材料】　不同经济类型的牛、牛的外貌鉴定表。

【实训内容与操作步骤】

1. 将被鉴定牛拴在宽敞、平坦处；如果被鉴定牛为两头以上，要求将牛拴在一条直线上，牛与牛之间相距 3～4m。

2. 了解牛的品种、年龄、生产状况（产犊或干乳日期、泌乳量等）、营养与健康等状况，作为鉴定时的参考。

3. 鉴定人员与牛体保持一定的距离（3～5m 左右），首先对牛的前后、左右进行一次初步观察，对牛的大小、匀称程度、各部位的主要优缺点，得出一个总的轮廓概念。

4. 根据外貌评分鉴别表的项目要求，以肉眼观察和手触摸相结合的办法，鉴定人员站在牛的前方，观测牛的头、颈、前肢肢势及胸、腹宽度；再到牛的右侧，观测牛的头、颈、鬐甲、胸、腹、背、腰、尻等部位的状态，乳房、乳头的大小和形状；最后，从牛的后面观测后躯发育情况，尻宽、乳房、尾及后肢肢势等。按体型结构、体躯、四肢等标准，给予适当的评分。

5. 将上述各项评分加以总和，即为牛的外貌鉴定总分数。

6. 最后，根据外貌等级评分标准要求，评定出每头牛的外貌等级。

【注意事项】　牛的体型外貌鉴定会带有鉴定人员的主观性，鉴定时最好选用有经验的鉴定者 3～4 人组成鉴定小组，避免主观性。

【实训报告】　5个学生组成一组，集体对牛进行外貌鉴定，并相互讨论评定的依据，填写牛外貌鉴定表，见表3-30。

表3-30　牛外貌鉴定表

项　目	要　求	满分	扣分原因	实得分
整体结构	体质结实,结构匀称,体尺、体重符合品种要求,雌性明显,毛色黑白花	30		
体　躯	头、颈、肩连接良好,胸部深宽,肋骨开张,背腰平直,尻长、宽、平,腹部大而不垂	25		
乳　房	乳房形态好,向前后伸展,附着紧凑,乳腺发达,乳头大小适中,分布均匀,排乳速度快,乳静脉粗,曲折明显,乳井大	30		
四　肢	四肢结实,肢势良好,蹄质坚实	15		
合　计		100		

鉴定员：

实训六　奶牛体型线性评定

【实训目标】　通过实际操作,熟悉奶牛体型性状的线性评定项目,掌握奶牛体型性状的线性评定方法。

【实训材料】　1～4胎、第2～5泌乳月龄泌乳母牛若干头;奶牛体型性状的线性评分标准;测杖、卷尺、圆形触测器等。

【实训内容与操作步骤】

1.将母牛的场属、牛号、年龄、胎次、泌乳期及父号、母号、外祖父号填入奶牛体型线性评定记录卡,见表3-31。

2.使牛端正站立,鉴定人员对照奶牛体型性状的线性评分标准,将15项一级体型性状逐个进行线性评分,并填入奶牛体型线性评定记录卡。

(1)体高　指荐部到地面的垂直高度,见图3-15。体高低于130cm,评1～5分,140cm者属中等,得25分,高于150cm,评45～50分,在此范围内每增减1cm,增减2个线性分。从定等给分看,极端高、极端低的奶牛均不是最佳体型,奶牛最佳体高为145～150cm。

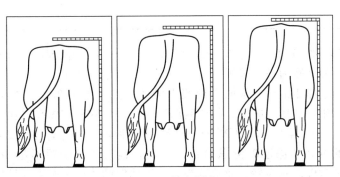

图3-15　体高评定

(2)胸宽(结实度)　胸宽反映了母牛保持高产水平和健康状态的能力,奶牛胸部宽度用前内裆宽表示,即两前肢内侧的胸底宽度,见图3-16。前内裆宽低于15cm,评1～5分,

表 3-31　奶牛体型线性评定记录卡

场属		父　号		外祖父号			产犊时间		年　月
牛　号		母　号		年　龄			泌乳期		
品　种		胎　次		出生年月	年　月		鉴定时间		年　月　日

一般外貌评分合成	体型性状	体高	结实度	体深	尻角度	尻宽	后肢侧望	蹄角度	合计
	权　重	0.20	0.10	0.10	0.10	0.10	0.20	0.20	1.00
	功　能　分								
	加权后分值								

乳用特征评分合成	体型性状	尻长	清秀度	尻宽	蹄角度	后肢侧望	后乳房宽	合计
	权　重	0.20	0.30	0.20	0.10	0.10	0.10	1.00
	功　能　分							
	加权后分值							

体躯容积评分合成	体型性状	体高	结实度	体深	尻角度	尻长	尻宽	合计
	权　重	0.20	0.20	0.20	0.20	0.10	0.10	1.00
	功　能　分							
	加权后分值							

泌乳器官评分合成	体型性状	前乳房附着	后乳房高度	后乳房宽度	悬垂形状	乳房深度	乳头后望	合计
	权　重	0.20	0.20	0.20	0.10	0.20	0.10	1.00
	功　能　分							
	加权后分值							

整体评分合成	特征性状	一般外貌	乳用特征	体躯容积	泌乳器官	合计	等级
	权　重	0.30	0.20	0.20	0.30	1.00	
	评　分						
	加权后分值						

为 25cm 时属中等，评 25 分，大于 35cm，评 45～50 分，在此范围内每增减 1cm，增减 2 个线性分。奶牛适度的胸宽为最佳表现。

（3）**体深**　奶牛体躯最后一根肋骨处腹下沿的深度，见图 3-17。体深程度可体现个体是否具有采食大量粗饲料体积的能力，用胸深率表示，即胸深与体高之比。极端浅的评 1～5 分，当胸深率为 50％时属中等，评 25 分，极端深的评 45～50 分，在此范围内增减 1％，增减 3 个线性分。此外，体深还需考虑肋骨开张度，最后两肋间距不足 3cm 扣 1 分，超过 3cm 加 1 分，评定时以左侧为好。通常认为，适度体深的体型是奶牛的最佳体型结构。

（4）**棱角性**　主要观察奶牛整体的 3 个三角形是否明显，鬐甲棘突高出肩胛骨的清晰程度，它是乳用特征的反映，见图 3-18。其中等程度为头狭长清秀，颈长短适中，能透过皮肤隐约看到胸椎棘突的突起，大腿薄，四肢关节明显，侧面可见有 2～3 根肋骨评 25 分，极

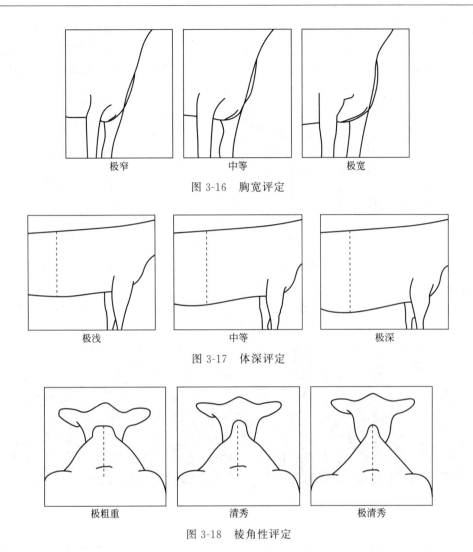

图 3-16 胸宽评定

图 3-17 体深评定

图 3-18 棱角性评定

不清秀的评 1~5 分，极端清秀的评 45~50 分。奶牛较明显的棱角性为最佳表现。

　　（5）尻角度　主要依据腰角到坐骨结节连线与水平线夹角大小进行线性评分，见图 3-19。腰角高于坐骨结节时，其连线与水平线形成的角度为正角度，反之为负角度。尻角度为正 2°评 25 分，大于 10°评 45~50 分，小于负 6°评 1~5 分，在中间范围内，每增减 1°，增减 2.5 个线性分。通常认为两极端者均不理想，奶牛的最佳尻角度是腰角略高于坐骨结节，且两者连线与水平线夹角达 5°时最好。

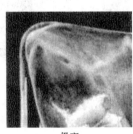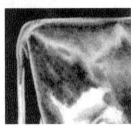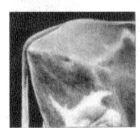

图 3-19 尻角度评定

（6）尻宽　主要依据髋宽、腰角宽和坐骨宽进行线性评分，见图 3-20。评定尻宽时，髋宽最为重要。髋宽为 48cm 评 25 分，38cm 以下评 1～5 分，58cm 以上评 45～50 分。在 38～58cm 之间，每增减 1cm，增减 2 个线性分。极宽尻的体型是奶牛的最佳体型结构。

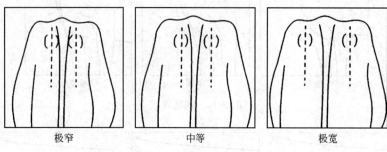

极窄　　　　　　　　　　中等　　　　　　　　　　极宽

图 3-20　尻宽评定方法

（7）后肢侧视　主要从侧面看后肢的肢势，依据飞节处的弯曲程度进行线性评分，见图 3-21。飞节角度为 145°时评 25 分，大于 155°评 1～5 分，小于 135°评 45～50 分，在此中间范围内，每增减 1°，增减 2 个线性分。飞节适当弯曲（145°）的体型是奶牛的最佳体型结构。

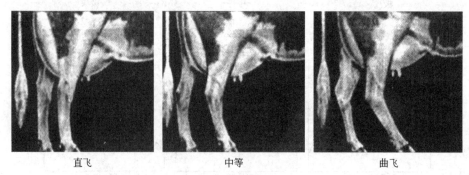

直飞　　　　　　　　　　中等　　　　　　　　　　曲飞

图 3-21　后肢侧视评定

（8）蹄角度　主要依据蹄侧壁与蹄底的夹角进行评定，见图 3-22。蹄角度为 45°时评 25 分，小于 25°评 1～5 分，大于 65°评 45～50 分，在此中间范围内，每增减 1°，增减 1 个线性分。通常认为，两极端的奶牛均不是最佳蹄角度，只有适度的蹄角度（55°）才是奶牛的最佳体型结构。

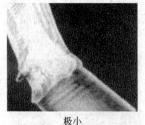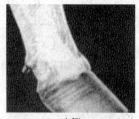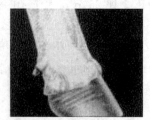

极小　　　　　　　　　　中等　　　　　　　　　　极大

图 3-22　蹄角度评定

（9）前乳房附着　主要依据侧望乳房前缘韧带与腹壁连接附着的角度来看结实程度进行线性评分，见图 3-23。角度越大，附着越坚实。角度为 90°时属中等附着，评 25 分，小于 45°评 1～5 分，大于 120°评 45～50 分。在 90°～120°范围内，每增加 1°增加 0.67 个线性分；

在45°～90°范围内，每减少1°减去0.44个线性分。通常认为连接附着偏于充分紧凑者为奶牛最佳体型。

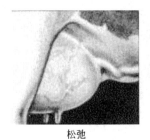 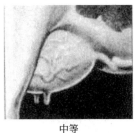 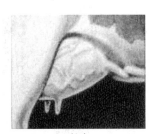

松弛 中等 紧凑

图 3-23 前乳房附着评定

（10）后乳房高 是反映乳房容积大小的因素之一，根据乳腺组织上缘到阴门基部的距离评分，见图3-24。此距离为24cm时评25分，31cm以上评1～5分，20cm以下评45～50分。在24～31cm范围内，每增加1cm，减3个线性分；在24～20cm范围内，每减少1cm，加5个线性分。通常认为，乳腺组织的顶部极高的体型是当代奶牛最佳的体型结构。

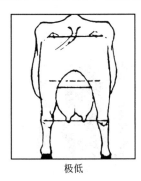 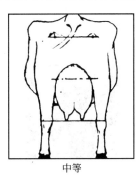 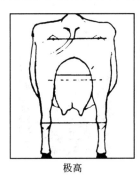

极低 中等 极高

图 3-24 后乳房高评定

（11）后乳房宽 是反映乳房容积大小的另一个因素，根据乳腺组织上缘的宽度评分，见图3-25。宽度为14cm时评25分，24cm以上评45～50分，7cm以下评1～5分，在此范围内每增加1cm，加2个线性分，减少1cm，减3个线性分，通常认为后乳房极宽者是奶牛最佳的体型结构。同时还要考虑乳房皱褶数，每出现一条乳房皱褶可加1分，当乳房皱褶超过3条时，可按3条计。

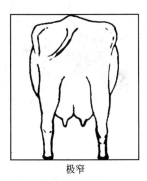 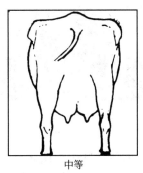 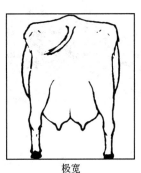

极窄 中等 极宽

图 3-25 后乳房宽评定

（12）乳房悬韧带 悬韧带强弱直接决定了乳房的悬垂状况，其强弱根据后乳房基部至中央悬韧带处的深度评分，即左、右乳房之间的深度，见图3-26。中等深度为3cm，评25

分，6cm 以上为极深，评 45～50 分，深度极弱为 0cm 时评 1～5 分，每增减 1cm，增减 6.67 个线性分。通常认为强度高的悬韧带是奶牛的最佳体型。

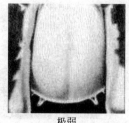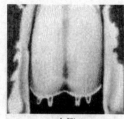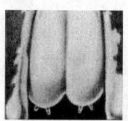

极弱　　　　　　　　中等　　　　　　　　极强

图 3-26　乳房悬韧带评定

（13）乳房深度　乳房深度关系到乳房容积大小，深度适宜时乳房容积大而不下垂，过深时易引起损伤，是下垂的表现。乳房深度根据乳房底部与飞节的相对位置评分，高于飞节 5cm 评为 25 分，高于飞节 15cm 以上评 45～50 分，低于飞节 5cm 以下评 1～5 分，每变化 1cm，变化 2 个线性分。通常认为过深和过浅的乳房均不是奶牛的最佳体型结构，见图 3-27。

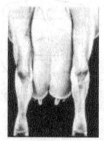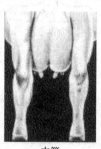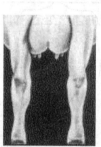

极深　　　　　　　　中等　　　　　　　　极浅

图 3-27　乳房深度评定

（14）乳头位置　反映乳头分布的均匀程度，关系到挤乳操作的难易和乳头是否容易发生损伤，见图 3-28。乳头处于中央分布评 25 分，乳头分布越集中，分数越高，极靠内评 45～50 分，越离散分数越低，极靠外评 1～5 分。乳头中央分布为：把后乳房宽分成三等分，左侧和右侧的乳头恰好处于三等分线上。

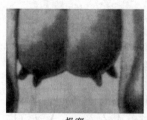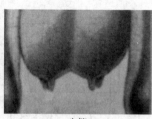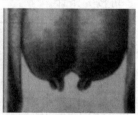

极宽　　　　　　　　中等　　　　　　　　极窄

图 3-28　乳头位置评定

（15）乳头长度　通常认为奶牛的最佳乳头长度为 6.5～7.0cm。最佳乳头长度因挤乳方式而有所变化，手工挤乳乳头长度可偏短，而机器挤乳则以 6.5～7cm 为最佳长度。长度为 9.0cm 评 45 分，长度为 7.5cm 评 35 分，长度为 6.0cm 评 25 分，长度为 4.5cm 评 15 分，长度为 3.0cm 评 5 分，见图 3-29。

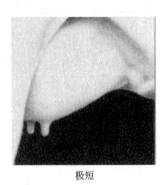
极短

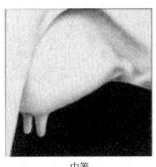
中等

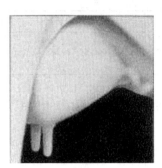
极长

图 3-29 乳头位置评定

3. 线性分转换为功能分

单个体型性状的线性分需转换为功能分，才可用来计算特征性状的评分和整体评分。单个体型性状的线性分与功能分的转换关系见表 3-32。

表 3-32 性状线性分与功能分的转换关系

线性分	功能分															
	体高	胸宽	体深	棱角性	尻角度	尻宽	后肢侧视	蹄角度	前乳房附着	后乳房高	后乳房宽	乳房悬韧带	乳房深度	乳头位置	乳头长度
1	51	51	51	51	51	51	51	51	51	51	51	51	51	51	51
2	52	52	52	52	52	52	52	52	52	52	52	52	52	52	52
3	54	54	54	53	54	54	53	53	53	54	53	53	53	53	53
4	55	55	55	54	55	55	54	55	54	56	54	54	54	54	54
5	57	57	57	55	57	57	55	56	55	58	55	55	55	55	55
6	58	58	58	56	58	58	56	58	56	59	56	56	56	56	56
7	60	60	60	57	60	60	57	59	57	61	57	57	57	57	57
8	61	61	61	58	61	61	58	61	58	63	58	58	58	58	58
9	63	63	63	59	63	63	59	63	59	64	59	59	59	59	59
10	64	64	64	60	64	64	60	64	60	65	60	60	60	60	60
11	66	65	65	61	65	65	61	65	61	66	61	61	61	61	61
12	67	66	66	62	66	66	62	66	62	66	62	62	62	62	62
13	68	67	67	63	67	67	63	67	63	67	63	63	63	63	63
14	69	68	68	64	69	68	64	67	64	67	64	64	64	64	64
15	70	69	69	65	70	69	65	68	65	68	65	65	65	65	65
16	71	70	70	66	72	70	67	68	66	68	66	66	66	67	66
17	72	72	71	67	74	71	69	69	67	69	67	67	67	69	67
18	73	72	72	68	76	72	71	69	68	69	68	68	68	71	68
19	74	72	72	69	78	73	73	70	69	70	69	69	69	73	69
20	75	73	73	70	80	74	75	71	70	70	70	70	70	75	70

续表

线性分	功能分														
	体高	胸宽	体深	棱角性	尻角度	尻宽	后肢侧视	蹄角度	前乳房附着	后乳房高	后乳房宽	乳房悬韧带	乳房深度	乳头位置	乳头长度
21	76	73	73	72	82	75	78	72	72	71	71	71	71	76	72
22	77	74	74	73	84	76	81	73	73	72	72	72	72	77	74
23	78	74	74	74	86	76	84	74	74	74	73	73	73	78	76
24	79	75	75	76	88	77	87	75	75	75	75	74	74	79	78
25	80	75	75	76	90	78	90	76	76	75	75	75	75	80	80
26	81	76	76	76	88	78	87	77	76	76	76	76	76	81	83
27	82	77	77	77	86	79	84	79	77	76	77	77	77	81	85
28	83	78	78	84	80	81	81	78	77	78	78	78	79	82	88
29	84	79	79	79	82	80	78	83	79	77	79	79	82	82	90
30	85	80	80	80	80	81	75	85	80	78	80	80	85	83	90
31	86	82	81	81	79	82	74	87	81	78	81	81	87	83	89
32	87	84	82	82	78	82	73	89	82	79	82	82	89	84	88
33	88	86	83	83	77	83	72	91	83	80	83	83	90	84	87
34	89	88	84	84	76	84	71	93	84	80	84	84	91	85	86
35	90	90	85	85	75	85	70	95	85	81	85	85	92	85	85
36	91	92	86	87	74	86	68	94	86	81	86	86	91	86	84
37	92	94	87	89	73	87	66	93	87	82	87	87	90	86	83
38	93	91	88	91	72	88	64	92	88	83	88	88	89	87	82
39	94	88	89	93	71	89	62	91	90	84	89	89	87	87	81
40	95	85	90	95	70	90	61	90	92	85	90	90	85	88	80
41	96	82	89	93	69	91	60	89	94	86	90	91	82	88	79
42	97	79	88	91	68	93	59	88	95	87	91	92	79	89	78
43	95	78	87	89	67	95	58	87	94	88	91	93	77	89	77
44	93	78	86	87	66	97	57	86	92	89	92	94	76	90	76
45	90	77	85	85	65	95	56	85	90	90	92	95	75	90	75
46	88	77	82	82	62	93	55	84	88	91	93	92	74	84	74
47	86	76	79	79	59	91	54	83	86	92	94	89	73	84	73
48	84	76	77	77	56	90	53	82	84	94	95	86	72	81	72
49	82	75	76	76	53	89	52	81	82	96	96	83	71	78	71
50	80	75	75	75	51	88	51	80	80	97	97	80	70	75	70

4.用评分的合成方式进行特征性状的综合评定，计算出一般外貌、乳用特征、体躯容积和泌乳器官的评分，并将计算结果填入奶牛体型线性评定记录卡。

5.应用整体评分合成比例，对乳牛进行整体体型的综合评定，计算出乳牛的整体评分，定出等级。

【注意事项】

1.奶牛线性评定的主要对象是母牛，从第一胎开始到第五胎止，每胎鉴定一次，从中取最高成绩认定为该牛终身成绩。一般对公牛个体本身不进行线性鉴定。

2. 评定季节以春秋季为宜，冬夏季会掩盖或夸大其棱角性，影响评定的准确性。

3. 一般在每胎后第 30～150 天之间鉴别，以产后 60 天左右鉴别最佳，以求较精确的后乳房宽。在干乳期、围产期、疾病期不鉴别。

4. 对体躯左右侧都有的某些性状，如蹄角度、后肢侧视等，应鉴别健康的、有利于牛体得分的一侧。

5. 鉴定员要注意安全，充分利用自身的体尺（如臂长等）作标准，进行鉴别。

【实训报告】

1. 填写奶牛体型线性鉴定记录卡，正确评价。

2. 概述乳用牛体型外貌特点。

3. 试述奶牛线性体型鉴定的特点和方法。

实训七　母牛配种计划的编制

【实训目标】　通过实训，了解母牛配种计划的内容，做好母牛的产犊调节，掌握奶牛场母牛配种产犊计划的编制方法。

【实训材料】　牛场上年度母牛的配种、分娩等繁殖记录。牛场前年和上年度出生母犊牛的出生记录。本年度内计划淘汰的成年母牛和后备母牛的数量及时间。牛场配种和产犊类型、繁殖性能、饲养管理、生产性能及产犊季节的安排等条件。

【实训内容与操作步骤】

1. 牛场资料

（1）某奶牛场现有奶牛 152 头，其中母牛 121 头、青年母牛 7 头、1～2 岁青年母牛 11 头、未满周岁母犊牛 13 头。为学习方便，假设配种率、妊娠率与分娩率，以及后期的淘汰率、成活率，均是百分之百。

（2）上年母牛配种的时间及头数，4 月、5 月、6 月、7 月、8 月、9 月、10 月、11 月、12 月，成年母牛分别为 9 头、11 头、16 头、8 头、3 头、5 头、5 头、28 头、20 头，计 105 头，成熟后备牛分别为 0 头、1 头、2 头、1 头、0 头、0 头、0 头、2 头、1 头，计 7 头。

（3）育成牛前年出生的月份和头数，9 月、10 月、11 月、12 月，1～2 岁青年母牛的头数分别为 2 头、3 头、3 头、3 头，计 11 头；未满 1 岁幼母牛去年出生的月份 1 月、2 月、3 月、4 月、5 月、6 月、7 月、8 月、9 月、10 月、11 月、12 月，出生的头数分别为 2 头、0 头、1 头、1 头、1 头、1 头、1 头、0 头、0 头、2 头、3 头、1 头，计 13 头。

（4）计划年初淘汰老母牛 16 头，计划年出生小母牛选留 18 头，其余出售。计划年出生小公牛全部出售。

2. 计划编制

（1）采用陆续分娩，产后第一次分娩的后备母牛，产后 2 个月配种。成母牛产后 1 个月配种。后备母牛出生后，第 16 个月配种，配种后第 10 个月内分娩。

（2）填写牛群配种产犊计划表，上年母牛已交配的时间及头数，如上年 4～12 月份配种的母牛和初配母牛，其产犊月份相应地在计划年度的 1～9 月份。

（3）填牛群配种产犊计划表，前年 9～12 月份产犊的母牛，其配种月份在计划年度的 1～3 月份，其产犊则落在该年度的 10～12 月份。4 月配种的，将不在计划年内分娩。去年生未满周岁母牛，年龄达第 16 个月时，在计划年度渐次配种；年龄不够的，在下一计划年达到配种年龄时配种。

（4）依要求填表并检查、合计，完整填写牛群配种产犊计划表（表 3-33）。

表 3-33　牛群配种产犊计划表

分娩时间	分娩数量/头			各月配种数量/头												配种数量/头
	母牛	后备母牛	合计	1	2	3	4	5	6	7	8	9	10	11	12	
上年分娩母牛																
今年产犊母牛																
1	9		9	9												9
2	11	1	12		11		1									12
3	16	2	18				16	2								18
4	8	1	9					8	1							9
5	3		3						3							3
6	5		5							5						5
7	5		5								5					5
8	28	2	30									28	2			30
9	20	1	21										20	1		21
10		2	2												2	2
11	9	3	12												9	9
12	11	3	14													
1~2 岁青年母牛				2	3	3	3									11
未满周岁的幼母牛								2		1	1	1	1	1		7
合计	125	15	140													141

3. 配种产犊计划的编制方法和步骤

(1) 制作配种产犊计划表（表 3-34）。

(2) 将上年配种受孕还没有分娩的母牛数按成年牛和育成牛分别填入上年度受孕母牛头数栏。根据妊娠期推算应在本年度 1~9 月份分娩，将各月份分娩数分别填入"本年度计划产犊母牛数"栏中。

(3) 上年度 10 月、11 月、12 月份分娩的经产母牛和初产母牛，应在本年度 1 月、2 月、3 月份参加配种，分别将其数量填入"本年度计划配种母牛——成年牛"栏中。

(4) 前年 7 月至去年 6 月份出生的育成母牛，将在本年度 1~12 月份陆续达到配种年龄的，分别填入"本年度计划配种母牛——育成母牛"栏中。

(5) 本年度计划 1~10 月份产犊的经产母牛，应在本年 3~12 月份配种；本年 1~9 月份产犊的育成牛（初产牛），应在本年 4~12 月份配种，分别填入"本年度计划配种母牛"栏相应项目中。

(6) 上年度配种未孕母牛，应在本年 1 月份复配，填入"本年度配种母牛数——复配牛——实配数"栏中。

(7) 将本年度各月预计情期受胎率，填入"情期受胎率"栏内。

(8) 累计本年度 1 月份应配牛总数，配种母牛总数为本月的成年母牛、育成牛和复配母牛之和，将 1 月份配种母牛总数乘以预计情期受胎率，则为 1 月份的受孕母牛数。

表 3-34 配种产犊计划表　　　　　　　　　　　　　　　　　单位：头

月　份		1	2	3	4	5	6	7	8	9	10	11	12
上年度受孕母牛数	成年牛												
	育成牛												
	小　计												
本年度计划产犊母牛数	成年牛												
	育成牛												
	小　计												
本年度计划配种母牛数	成年牛												
	头胎母牛												
	育成牛												
	复配牛　实有数												
	复配牛　实配数												
情期受胎率	经产牛												

　　1 月份配种母牛总数减去受胎母牛数为未孕母牛数，转入 2 月份复配母牛实有栏内，再计算 2 月份的配种母牛总数、怀孕母牛数、未孕母牛数，以后各月依此类推。

　　(9) 同上述步骤 (8)，编制出成年母牛（经产母牛）2～11 月份及育成牛 1～12 月份计划配种头数和怀孕头数，填入相应的栏目内。

　　(10) 计算本年度 2～12 月份复配母牛头数，分别填入相应栏目内。

【实训报告】

　　1. 配种计划包括哪些内容？

　　2. 编制母牛配种产犊计划的步骤有哪些？

　　3. 试为当地一奶牛场编制配种产犊计划。

实训八　牛群周转计划的编制

　　【实训目标】　通过实训了解编制牛群周转计划需要的材料与步骤，学会牛群周转计划的编制方法。

　　【实训材料】　年初牛群结构；计划年末牛群增加头数及牛群中基本母牛和后备母牛的增加头数；计划年内繁殖成活犊牛头数；计划年内各组内牛的淘汰头数；主要是基本母牛的淘汰头数；计划年内各牛组的购买和出售头数。

　　【实训内容与操作步骤】

　　1. 全面收集牛场的相关资料，确定牛场的发展方向以及牛只淘汰的标准等。

　　2. 绘制牛群周转计划表（见表 3-35）。

　　(1) 将年初各类牛的头数分别填入表 3-35 1 月份"月初数"栏中，将计划年末各类牛应达到的数量，分别填入 12 月份"月末数"栏内。

表 3-35　某奶牛场牛群周转计划表　　　　　　　单位：头

月份	犊牛								育成牛								成年母牛							
	月初	增加	减少				月末		月初	增加		减少				月末	月初	增加		减少				月末
		繁殖	购入	转出	出售	淘汰	死亡			转入	购入	转出	出售	淘汰	死亡			转入	购入	转出	出售	淘汰	死亡	
1																								
2																								
3																								
4																								
5																								
6																								
7																								
8																								
9																								
10																								
11																								
12																								
合计																								

（2）按本年度配种产犊计划，将各月要出生的母犊头数（为计划产犊头数×50%×成活率）相应填入犊牛的"转入"栏中。

（3）年满 6 月龄的犊牛应转入育成母牛群中，查出上年度 7～12 月份各月所生母犊数，分别填入 1～6 月份的犊牛"转出"栏中（6 个月转出母犊头数之和约等于 1 月初母犊的头数）。而本年 1～6 月份出生的母犊头数，分别填入犊牛 7～12 月份各月的"转出"栏中。

（4）将各月转出的母犊数对应地填入育成母牛的"转入"栏中。

（5）根据同年度配种计划，将各月育成牛配种后受孕母牛数对应填入育成母牛"转出"栏中，及成年母牛的"转入"栏中。

（6）根据同年度产犊计划，查出各月份分娩的青年牛的头数，对应填入青年牛"转出"栏中，及成年母牛的"转入"栏中。

（7）欲使牛、青年犊牛、育成牛、成母牛在年末达到相应的指标，就要计划好种类牛的转入、购入、转出、死亡、淘汰等数据，做到有的放矢。

【注意事项】　牛群周转计划制订比较繁琐，训练时指导教师可结合某一案例进行讲解，制订计划时要考虑牛场转入、购入、转出、出售、淘汰、死亡的牛只。

【实训报告】　一个 500 头成母牛的规模化奶牛场，其养殖规模要达到 834 头，其中成母牛 500 头、青年牛 108 头、育成牛 150 头、犊牛 76 头。试编制牛群的周转计划。

实训九　牛群产乳计划的编制

【实训目标】　产乳计划是奶牛场全年生产的基本依据，是制订乳牛供销计划、饲料计划，进行财务管理的重要依据。通过实训了解编制牛群产乳计划的步骤与需要的材料，学会牛群产乳计划的编制方法。

【实训材料】　实训牛场计划年初泌乳母牛的头数和去年母牛产犊时间；实训牛场计

划年成母牛和育成牛分娩的头数和时间；实训牛场每头母牛的泌乳曲线，以及奶牛胎次产乳规律。

【实训内容与操作步骤】

1. 收集、准备编制计划所需要的基本资料。

2. 制作成年母牛基本情况登记表，见表 3-36。

表 3-36 成年母牛基本情况登记表

牛号	出生日期	胎次	上一泌乳期情况					最近分娩日期	最后配种日期	预计分娩日期	预计干乳日期	体况
			胎次	泌乳天数	全泌乳期产乳量	305 天产乳量	最高日产乳量					
1												
2												

3. 根据牛场牛群计划年度的配种产犊计划，逐头计算本场所有产犊母牛在计划年度内产犊胎次的 305 天理论产乳量。

4. 根据个体母牛的健康、体况、本场计划年度内饲养管理条件的可能改善程度对上面所制订的理论产乳量进行适当修订，确定计划年度产犊胎次的 305 天计划产乳量。

5. 根据本场牛群计划年度配种产犊计划中各母牛在计划年度内的计划分娩日期推算出干乳日期，并确定计划年度各母牛在各自然月份的泌乳天数。

6. 根据确定的 305 天计划产乳量查不同单产母牛泌乳期内各泌乳月、日平均产乳量表，找出各泌乳月的理论日平均产乳量，再根据各泌乳月处于各自然月份的实际泌乳天数，求出各自然月份的理论计划产乳量和理论计划日平均产乳量。

7. 根据计划年度各自然月份的气候特点、饲料供应等情况对泌乳量的影响，将各自然月份理论计划日平均产乳量进行调整，确定各自然月份实际计划日平均产乳量。

8. 将调整后得到的各自然月份实际计划日平均产乳量分别乘以各自然月份实际泌乳天数，求出各自然月份的实际计划产乳量，并将其合计，即为该奶牛计划年度的计划总产乳量。

9. 将全场产乳母牛的个体泌乳计划列表，按月、按牛分别统计，见表 3-37，即为该奶牛场计划年度产乳计划。

表 3-37 个体母牛年度产乳计划汇总表

							合计
牛号							
胎次							
上胎 305 天产乳量							
最近配种日期							
预计分娩日期							
产奶计划	1						
	2						
	⋮						
	12						
全年总计							

【注意事项】 牛群产乳计划制订比较繁琐，训练时指导教师可结合某一案例进行讲解，反复练习。

【实训报告】 结合当地奶牛场实际，编制牛群产乳计划。

实训十 母牛分娩与接产技术

【实训目标】 通过实训，掌握给牛接产的方法，学会给牛助产。

【实训材料】 临产母牛，2%来苏儿溶液、0.1% $KMnO_4$ 溶液、5%碘酊溶液、润滑剂（凡士林或液体石蜡）、脱脂棉、医用纱布、剪刀、助产绳、肥皂、毛巾、瓷盆等。

【实训内容与操作步骤】

1. 产前预兆观察

观察母牛的阴部变化、乳房变化、骨盆韧带松弛状态及子宫颈扩张程度，以判断产犊时间。

2. 产前准备

(1) 将母牛的尾根用缠尾带缠好，拉向一侧。

(2) 用温肥皂水或 0.1% $KMnO_4$ 溶液洗净牛的外阴部、肛门、尾根及后臀部，并擦干。

(3) 助产者把指甲剪短磨光，将手臂用 2%来苏儿溶液消毒或戴上长臂手套。

3. 接产

(1) 母牛分娩时，要注意其努责的频率、强度、时间及姿势。

(2) 当胎膜露于阴门时，将消毒好的手臂伸入产道，隔着胎膜触摸胎儿，判断胎向、胎位、胎势是否正常。

(3) 让牛正确爬卧，注意观察。

(4) 正常产，助产者稍加帮助即可。

4. 助产

(1) 胎儿头部和前肢露出时，应注意蹄底是否向下，并注意母牛努责情况。

(2) 助产者握住胎儿前肢或用助产绳将前肢缚好，配合母牛努责，拉动胎儿，拉的方向应符合骨盆轴的生理现象。

(3) 保护会阴，以防撑破，帮助胎儿头部通过阴门。适时撕破羊膜，以防憋死。

(4) 当胎儿腹部通过阴门时，要用手握住胎儿脐带根部，防止脐带断在脐孔内。

(5) 及时处理好脐带。注意胎衣排出，如果胎衣不下，应及时处理。

5. 难产处理

(1) 正确判断难产的种类。

(2) 准确判断胎儿的死活。

(3) 正确矫正，拉出胎儿。

6. 新生犊牛的护理

(1) 犊牛产出后必须及时将口鼻腔内黏液擦净。

(2) 让母牛舔干犊牛身上的羊水。

(3) 注意观察犊牛有无呼吸，必要时应做人工呼吸。

(4) 尽早让犊牛吃上初乳。

(5) 注意看护，防止意外发生。

(6) 没有母乳的犊牛，要加强护理。

【注意事项】 母牛的分娩接产技术是养牛生产中的一项关键技术，直接影响犊牛的健康和母牛的繁殖技能，进行这项实训前，可以先让学生观看牛的分娩、接产的视频资料，再在实训基地进行训练。

【实训报告】　总结接产的全过程，并找出差距，提出改进意见。

实训十一　乳牛泌乳曲线的绘制与分析

【实训目标】　根据提供的材料，正确绘制乳牛的泌乳曲线图，准确分析泌乳曲线类型。

【实训材料】　9201 号、9633 号两头泌乳母牛各一个泌乳期的产乳量原始记录，见表 3-38、表 3-39，电子计算器。

表 3-38　日产乳量记录表 ［9201 号第五个泌乳期］　　　　　　　　　　　单位：kg

日＼月	3	4	5	6	7	8	9	10	11	12
1		27.0	16.0	20.5	12.0	9.0	6.5	5.0	4.0	1.5
2		26.5	20.0	20.0	12.0	9.0	6.5	4.5	3.5	2.0
3	16.0	26.0	19.0	19.0	11.5	9.0	6.0	4.5	3.0	1.5
4	16.0	26.0	19.5	19.0	11.5	9.0	6.0	5.0	3.0	1.5
5	18.0	26.0	21.0	19.0	11.5	9.0	6.0	4.5	3.0	1.5
6	18.5	26.5	22.0	18.5	11.5	8.0	6.0	4.5	3.0	1.5
7	19.0	26.5	22.0	18.5	11.5	8.0	6.0	5.0	3.5	1.0
8	19.0	26.0	22.0	18.5	11.5	8.0	6.0	5.0	3.0	1.0
9	20.0	26.0	23.0	18.5	11.0	8.0	6.0	5.0	3.0	1.0
10	20.0	25.0	23.0	18.0	11.0	8.0	6.0	4.5	3.0	
11	20.0	24.5	23.5	17.0	11.0	7.5	6.0	4.5	3.0	
12	21.0	24.0	24.0	17.5	11.0	7.5	6.0	4.5	3.0	
13	21.5	20.0	24.0	17.0	11.0	7.0	5.5	4.0	3.0	
14	22.0	20.0	25.5	17.0	11.0	7.5	5.5	4.5	2.5	
15	23.0	12.0	25.5	16.0	11.0	7.0	5.5	4.5	2.5	
16	23.0	12.0	24.0	16.0	11.0	7.5	5.5	4.5	2.5	
17	23.0	12.5	24.0	16.5	10.0	7.0	6.0	4.0	2.5	
18	23.0	12.0	23.5	16.0	10.0	7.0	5.0	4.0	2.0	
19	23.0	10.0	23.0	15.5	9.5	7.0	5.0	4.0	2.0	
20	23.0	10.0	23.0	15.5	10.0	7.0	5.0	4.0	2.0	
21	24.0	11.0	22.5	15.5	10.0	7.0	5.0	4.5	1.5	
22	23.5	10.0	22.0	15.0	9.5	6.5	5.0	4.0	1.5	
23	24.5	12.0	22.0	15.0	9.5	7.0	5.0	4.5	2.0	
24	24.5	12.0	22.0	14.0	9.5	6.5	5.0	4.5	1.5	
25	25.0	13.0	22.0	14.0	9.0	7.0	5.0	4.0	2.0	
26	25.5	14.0	21.5	13.0	9.0	6.5	5.0	4.0	1.5	
27	26.0	14.5	21.0	13.0	9.0	6.5	5.0	4.0	1.5	
28	26.0	14.0	21.0	13.0	9.0	6.5	5.0	4.0	1.5	
29	26.0	13.5	21.0	12.0	9.0	6.5	5.0	4.0		
30	26.0	15.0	21.0	12.0	9.0	6.5	4.5			
31	26.5		20.5		9.0	6.5				

表 3-39　日产乳量记录表　[9633 号第二个泌乳期]　　　　单位：kg

日＼月	3	4	5	6	7	8	9	10	11	12	1
1		23.0	25.5	21.0	16.0	12.0	10.0	7.0	6.0	5.0	4.0
2		23.0	25.5	21.0	16.0	11.5	10.0	7.0	6.0	5.0	4.0
3		24.0	25.5	21.0	16.0	11.5	10.0	7.0	6.0	5.0	4.0
4		24.0	25.5	21.0	16.0	11.5	9.0	7.0	6.0	5.0	4.0
5		24.0	25.0	21.0	16.0	11.0	9.0	7.0	6.0	5.0	4.0
6		24.0	25.0	21.5	15.0	11.0	9.0	7.0	6.0	4.5	4.0
7		25.5	24.5	21.0	15.5	11.0	9.0	7.0	6.0	4.5	4.0
8		26.5	24.5	20.5	15.0	11.0	9.0	7.0	6.0	4.5	3.0
9		27.0	24.5	20.5	15.0	11.0	8.0	7.0	5.5	4.5	3.0
10		27.0	24.5	20.0	15.0	11.0	7.5	7.0	5.5	4.5	3.0
11		27.0	24.5	21.0	14.0	10.0	8.0	6.5	5.5	4.0	3.0
12		27.0	24.5	21.0	15.0	11.0	7.5	6.5	5.5	4.0	2.5
13		28.0	23.5	20.0	15.0	10.5	7.0	6.5	6.0	4.0	2.5
14		28.5	23.0	20.0	14.0	10.5	7.0	6.5	5.5	4.0	2.0
15		28.5	23.0	20.0	14.5	11.0	7.0	7.0	6.0	4.0	1.5
16		28.5	23.0	19.5	14.5	11.0	7.0	6.5	5.0	4.0	
17		28.0	23.0	19.5	14.5	10.5	7.0	6.5	5.0	4.0	
18		28.0	23.0	19.0	14.0	11.0	7.0	6.5	5.5	4.0	
19		28.0	23.0	19.0	14.0	10.5	7.0	6.0	5.5	4.0	
20	13.0	28.0	23.0	17.0	14.0	10.0	7.0	6.0	5.5	4.0	
21	13.0	28.0	23.0	16.0	14.0	10.0	7.0	6.0	5.5	4.0	
22	15.5	28.0	22.0	16.0	14.0	10.0	7.0	6.0	5.5	4.0	
23	16.5	28.0	22.0	17.0	13.0	10.0	7.0	6.0	5.5	4.0	
24	17.5	27.0	21.5	18.0	13.0	10.0	7.0	6.0	5.5	4.0	
25	18.5	27.0	21.5	16.0	12.5	10.0	7.0	6.0	5.0	4.0	
26	20.0	27.0	22.0	16.0	12.5	10.0	7.0	6.0	5.5	4.0	
27	21.0	27.0	22.0	15.5	12.0	10.0	7.0	6.0	5.0	4.0	
28	22.0	26.0	21.0	16.0	12.0	10.0	7.0	6.0	5.0	4.0	
29	22.5	26.0	21.0	16.0	12.0	10.0	7.5	6.0	5.0	4.0	
30	23.5	25.5	21.0	16.0	12.5	10.0	7.0	6.0	5.0	4.0	
31	23.0		21.0		12.0	10.0		6.0		4.0	

【实训内容与操作步骤】

1. 根据日产乳量记录表计算出全期实际产乳天数、实际产乳量、全期平均日产乳量，并查出全期最高日产乳量，填入泌乳性能表。

2. 累计各泌乳月份的产乳量（自产犊开始，每 30 天为一个泌乳月份），并计算出各泌乳月的日平均产乳量（最后一个泌乳月不足 30 天按实际天数计算平均值），填入各泌乳月产乳量表，见表 3-40。

3. 用曲线法绘制成图。

4. 分析比较两头泌乳母牛的泌乳曲线、各项有关数据、不同特点及具体的优缺点，以确定其生产力水平。

【注意事项】　泌乳曲线的绘制与分析需结合实训基地奶牛产乳量统计进行。

【实训报告】

1. 填写泌乳性能分析表，见表 3-41。

2. 绘制泌乳曲线图，见图 3-30。

表 3-40　各泌乳月份产乳量累计　　　　　　　　　　单位：kg

泌乳月份	1	2	3	4	5	6	7	8	9	10	11	12
月累计日平均												

表 3-41　奶牛泌乳性能分析表　　　　　　　　年　　月　　日

场别		品种		牛号		年龄		岁
产次	第　产	产犊日期	年　月　日	干乳日期		年　月　日		
全期实际产乳天数/天				全期实际产乳量/kg				
全期平均日产乳量/kg				全期最高日产乳量/kg				

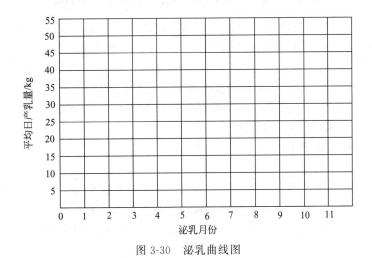

图 3-30　泌乳曲线图

实训十二　拟定牛群饲养管理操作规程

【实训目标】　通过实训，在熟悉牛群生产管理的基础上，学会拟定牛群饲养管理操作规程。

【实训场地】　牛场。

【实训内容与操作步骤】

1. 拟定成年奶牛饲养管理操作规程

制定操作规程前，应先了解牛场的生产过程，对各个生产环节进行反复研究。同时要根据工人的技术、牛场的设备条件等情况进行制定。在制定操作规程时，既要吸收工人的工作经验，更要坚持以科学理论为依据。制定的规程要符合实际，切实可行，根据发展情况，每年作适当的增减。

拟定成年奶牛饲养管理操作规程，可考虑如下内容：按饲养标准供给营养、奶牛上槽与挤奶次数、挤奶准备与挤奶方式、牛奶品质、肢蹄保健、牛体清洁、干奶时间与方法、干奶期饲养管理、产房准备、围产期饲养管理、接产与母牛及犊牛护理等。

2. 拟定犊牛、育成牛饲养管理操作规程

拟定犊牛、育成牛饲养管理操作规程，可考虑如下内容：清除口鼻身上黏液、断脐、注射疫苗、哺喂初乳和常乳、补料、饮水、环境及用具的清洁卫生、断奶、刷拭、分群、体重体尺测量、发情观察与配种等。

3. 拟定肉牛饲养管理操作规程

拟定肉牛饲养管理操作规程，可考虑如下内容：饲喂次数、饲料加工调制、饲喂顺序、喂量、饮水、牛的精神状态、牛的健康状况、编号、称重、驱虫、牛体和牛舍及用具的清洁、用具及环境消毒、防暑防寒、环境安静、严格遵守作息时间等。

【注意事项】 制定饲养管理操作规程应充分考虑牛场规模、机械化程度及牛群年龄。

【实训报告】

1. 制定成年奶牛饲养管理操作规程。
2. 制定犊牛、育成牛饲养管理操作规程。
3. 制定肉牛饲养管理操作规程。

实训十三　乳用种公牛的后裔测定

【实训目标】 给学生提供乳用种公牛后裔测定的教学资料，能熟练地掌握乳用种公牛母女比较法和同期同龄女儿比较法两种后裔测定的方法，准确度要求达100%。

【实训材料】 某乳牛场2009～2010年度分产次整理的305天平均产乳量资料，该场1号、2号、3号、4号公牛配偶及其同期泌乳女儿产乳量记录资料。

某乳牛场1000号公牛的女儿及该场其他公牛的女儿在2008年的产乳记录资料，经过分季随机选定，初算结果列于表3-44中。

【实训内容与操作步骤】

1. 母女比较法

（1）计算校正系数　将某乳牛场2009～2010年度分产次整理的305天产乳量资料中的第一泌乳期的平均产乳量定为1，计算出其他各产次的校正系数。如表3-42，第一泌乳期的产乳量为3876kg，第三泌乳期产乳量为4931kg，则其校正系数为：3876÷4931＝0.786，依此类推。

表 3-42　某乳牛场 2009～2010 年度各产次 305 天平均产乳量及校正系数　　单位：kg

项目 ＼ 产次	一	二	三	四	五	六	七
头数	50	21	23	43	25	31	20
305 天产乳量	3876	4632	4931	5187	5458	5689	5406
校正系数	1.000						

（2）根据被测公牛1号、2号、3号、4号配偶及同期泌乳的女儿各产次305天产乳量资料，用表3-42求出的校正系数校正成第一泌乳期的产乳量，并分别求出每头公牛配偶和女儿的平均产乳量。如1号公牛第一头配偶母牛第四胎产乳量为5002kg，校正为第一泌乳期的产乳量应为5002×0.747＝3736.5(kg)，依此类推。

（3）计算母女差（表3-43）

$$母女差＝女儿平均产乳量－母亲(公牛配偶)平均产乳量$$

凡母女差值为正值，说明公牛好，正值越大，公牛越优良，反之则差。

2. 同期同龄女儿比较法（表3-44）

表 3-43 种公牛配偶及女儿产乳性能比较 单位：kg

公牛号	母女对数	配偶 305 天产乳量			女儿 305 天产乳量			母女差
		产次	产乳量	校正成第一泌乳期乳量	产次	产乳量	校正成第一泌乳期乳量	
1	4	4	5002		1	3870		
		4	5238		1	4298		
		4	5876		1	4842		
		5	5974		2	5003		
		配偶平均产乳量＝ ；女儿平均产乳量＝						
2	4	5	5673		2	4246		
		4	5281		1	4003		
		5	5554		2	4308		
		4	5389		1	4112		
		配偶平均产乳量＝ ；女儿平均产乳量＝						
3	8	4	5431		1	4436		
		4	5321		1	4184		
		5	5164		2	4003		
		5	5578		2	4739		
		4	5214		1	4361		
		5	5637		2	4722		
		4	5710		1	4836		
		5	5427		2	4724		
		配偶平均产乳量＝ ；女儿平均产乳量＝						
4	11	5	5221		2	4001		
		4	5002		1	4021		
		4	5466		1	4738		
		5	5179		2	4265		
		4	5821		1	4639		
		4	5300		1	4501		
		4	5412		1	4512		
		5	5433		2	4198		
		4	5117		1	4231		
		4	5215		1	4099		
		5	5436		2	4463		
		配偶平均产乳量＝ ；女儿平均产乳量＝						

表 3-44　某乳牛场 1000 号公牛的后裔测定　　　　　　单位：kg

乳牛场	1000 号公牛女儿		同场其他公牛女儿		$d=M_x-M$	$W=\dfrac{N_x \times N}{N_x+N}$	dW
	头数 N_x	平均产乳量 M_x	头数 N	平均产乳量 M			
2012 年 12 月至 2013 年 3 月产犊者							
甲	3	3678	2	3617			
乙	1	3427	2	3473			
丙	2	3512	6	3501			
丁	3	3733	4	3668			
2013 年 4 月至 2013 年 6 月产犊者							
甲	2	3841	3	3798			
乙	4	3379	1	3360			
丁	4	3476	2	3428			
戊	1	3685	4	3652			
2013 年 8 月至 2013 年 10 月产犊者							
丙	1	3525	3	3549			
丁	3	3382	5	3307			
Σ						$\sum W=$	$\sum dW=$

　　（1）计算此乳牛场 1000 号种公牛若干女儿的第一胎平均产乳量 M_x 及该场同时期产犊的其他公牛女儿的第一胎平均产乳量 M。

　　（2）求上两项之差，即 $d=M_x-M$。

　　（3）计算该场此公牛女儿头数 N_x 及其同期同龄牛头数 N 的加权数（亦称有效女儿数或调和均数）：$W=N_x \times \dfrac{N}{N_x+N}$。

　　（4）计算该场此公牛女儿与同期同龄牛产乳量的加权平均差数：$dW=d \times W$。

　　（5）此公牛女儿所在的其他场也按上述程序计算各场的 d 值。

　　（6）计算此公牛女儿与同期同龄牛的总加权平均差数：$DW=\dfrac{\sum dW}{\sum W}$。

　　（7）计算此公牛的后裔测定相对值（即公牛评分）：相对值 $=\dfrac{DW+\bar{M}}{\bar{M}}$。

　　式中，$\bar{M}$ 为统一鉴定标准中的第一胎的二等标准。$\sum W$ 超过 20 时，测定结果比较可靠，也即该公牛的女儿头数越多，可靠性越大。

　　【注意事项】　进行本实训，学生需有一定的育种学基础，每种方法计算后，应进行结果分析。

　　说明：1000 号公牛为荷斯坦牛，各鉴定群均为荷斯坦牛，按其评级标准规定，第一泌乳期二等牛的产乳量为 3000kg。

　　【实训报告】

　　1. 用母女比较法进行某乳牛场 1 号、2 号、3 号、4 号种公牛后裔测定的报告。

　　2. 用同期同龄女儿比较法进行某乳牛场 1000 号种公牛后裔测定的报告。

实训十四　青贮饲料的制作与使用

　　【实训目标】　熟悉青贮原理，掌握青贮饲料的制作技术，学会青贮饲料品质鉴定及利用方法。

【实训材料】　青贮窖、青贮原料、铡草机、麦秸、塑料膜、pH 试纸、烧杯、玻璃棒、蒸馏水等。

【实训内容与操作步骤】

1. 青贮饲料的制作

（1）准备　清扫青贮窖，然后在窖底铺一层 10～15cm 的切碎秸秆。若为土窖，在窖壁铺一层塑料膜。

（2）切碎、填装、压实　细茎牧草切为 2～3cm，粗硬秸秆切成 0.5～2cm，分层填装，每层 30～50cm，踩踏压实，特别注意周边和四角，要边装边压实。将原料装至高出窖面 60cm。

（3）密封　在原料上盖一层 10～20cm 的切碎秸秆，再铺盖塑料膜，然后压上 30～50cm 厚的细土，踩踏成馒头形，在四周 1m 处挖好排水沟。

2. 品质鉴定

（1）感官鉴定　即根据青贮饲料的着色、气味、口味、质地和结构等指标，用感官（捏、看、闻）评定其品质好坏，见表 3-45。

表 3-45　青贮饲料感官鉴定表

品质等级	颜　色	气　味	酸味	质地、结构
优良	青绿或黄绿，有光泽，近似原来的颜色	芳香水果、酒酸味，给人以舒适感觉	浓	湿润、紧密，叶脉明显，结构完整
中等	黄褐色或暗褐色	有刺鼻乙酸味，香味淡	中等	茎叶花保持原状，柔软，水分稍多
低劣	黑色、褐色或暗墨绿色	有特殊刺鼻腐臭味或霉味	淡	腐烂、污泥状，黏滑或干燥或黏成块，无结构

（2）pH 测定　从被测定的青贮料中，取出具有代表性的样品，切短，在搪瓷杯或烧杯中装入半杯，加入蒸馏水或凉开水，使之浸没青贮料，然后用玻璃棒不断搅拌，使水和青贮原料混合均匀，放置 15～20min 后，将水浸物经滤纸过滤。吸取滤得的浸出液 2ml，移入白瓷比色盘内，用滴瓶加 2～3 滴混合指示剂，用玻璃棒搅拌，观察盘内浸出液颜色的变化，判断出近似的 pH，借以评定青贮饲料的品质，见表 3-46。

表 3-46　青贮饲料 pH 测定

品质等级	颜色反应	pH 值
优良	红、乌红、紫红	3.8～4.4
中等	紫、紫蓝、深蓝	4.6～5.2
低劣	蓝绿、绿、黑	5.4～6.0

3. 青贮饲料的利用

（1）青贮饲料取用一般在青贮后 30～40 天，应随用随取，喂青贮饲料之前应检查质量，包括色、香、味和质地。

（2）青贮窖只能打开一头，要分段开窖，分层取，取后要盖好，防止日晒、雨淋和二次发酵，避免养分流失、质量下降或发霉变质。发霉、发黏、发黑、结块的不能用。

【注意事项】　青贮饲料品质鉴定要将气味、色泽、质地、pH、水分各项得分合计出总分后，确定等级。现场无条件测定水分时，可只按感官鉴定和 pH 测定确定等级。

【实训报告】

1. 写出青贮饲料制作的原理、方法步骤、要领、注意事项及体会。

2. 写出青贮饲料样品的气味、色泽、质地及给分依据并填写青贮饲料品质鉴定结果表，见表 3-47，确定等级。

表 3-47 青贮饲料品质鉴定结果

项目	气味	色泽	质地	pH	水分	合计	等级
总评分	25	20	10	25	20	100	
实得分							

实训十五　犊牛和育成牛的饲养管理

【实训目标】　通过实训，掌握犊牛、育成牛的饲养管理技术。

【实训材料】　犊牛，后备母牛，奶牛场。

【实训内容与操作步骤】　犊牛是指出生到 6 月龄的牛，育成牛是指 7 月龄到初配前的牛。它们的共同特点是处于各组织器官的发育时期，可塑性大，良好的培育条件可为其将来的高产性能打下基础，如果饲养管理不当，生长发育受阻，影响奶牛的生产性能。

1. 哺乳期犊牛的饲养管理

（1）哺乳期犊牛的饲养　犊牛由母体产出后应立即做好如下工作，即消除犊牛口腔和鼻孔内的黏液，剪断脐带，擦干被毛，饲喂初乳。犊牛饲养中最主要的问题是哺育方法和断奶。犊牛初乳期为 4~7 天，饲喂初乳，日喂量占犊牛体重的 8%，日喂 3 次。初乳期后，转为常奶饲喂，日喂量为犊牛体重的 10% 左右，日喂 2 次。

① 早喂初乳。初乳是母牛产犊后 5~7 天内所分泌的乳。当犊牛生后能自行站立时即应喂初乳，犊牛应在出生后 1h 内吃到初乳，而且越早越好。

第一次初乳的喂量应为 1.5~2.0kg，不能太多，以免引起消化紊乱，以后可随犊牛食欲的增加而逐渐提高，生后 24h 内饲喂 3~4 次初乳，初乳日喂量占犊牛体重的 8%。而后每天饲喂 3 次，连续 4~5 天，犊牛可以转喂正常牛奶。

② 哺喂常乳。哺乳期 2 个月，喂奶量 250~300kg，日喂量一般按体重 10% 计算，日喂 3 次，要定时、定量、定温。

③ 及时补饲。生后 4~7 天开始补饲精料、干草，在犊牛栏草架上放置优质干草、青绿多汁饲料，供其随意采食，促进犊牛发育。训练犊牛采食精饲料时，可用大麦、豆饼等精料磨成细粉，并加入少量鱼粉、骨粉和食盐拌匀，每天 15~25g，用开水冲成糊状，混入牛奶饮喂或抹在犊牛口腔中，教其采食。少喂勤添，保持饲料新鲜；限制犊牛喂奶量，每天喂奶量以不超过其体重 10% 为限。

④ 饮水。生后一周开始训练，开始时可在水中加些奶，诱其饮食。水温 37~38℃，10~15 天后可直接饮常温水。30 天后可在运动场内设置饮水池，任其自由饮用，但水温不低于 15℃，冬季应喂给 30℃ 左右的温水。

⑤ 独笼（栏）圈养。犊牛出生后应及时放入保育栏内，每牛一栏隔离饲养，15 日龄出产房后转入犊牛舍犊牛栏中集中管理。犊牛栏应定期洗刷消毒，勤换垫料，保持干燥，空气清新，阳光充足，并注意保温。

⑥ 早期断奶。目前国内犊牛的哺乳期为 2 个月左右，哺乳量约 300kg。先进的奶牛场，哺乳期为 45 天，哺乳量为 127～150kg，并注意定时、定温、定量。初乳期以后开始训练犊牛采食固体饲料，根据采食情况逐渐减少犊牛喂奶量。初乳 30kg＋常乳 270kg，从出生 7 天开始补犊牛料，从每天 100g 增加到每天 1kg 时，即可断奶。

（2）哺乳期犊牛的管理　经过良好的饲养管理犊牛成活率在 95％以上，哺乳期平均日增重 600～700g，2 月龄断奶时体重应达到 75kg 以上。

① 编号、称重、记录。犊牛出生后应称出生重，对犊牛进行编号，对其毛色花片、外貌特征进行拍照，以及对出生日期、系谱等情况详细记录。

② 刷拭。每天给犊牛刷拭 1～2 次。最好用毛刷刷拭，对皮肤组织部位的粪尘结块，先用水浸润，待软化后再用铁刷除去。对头部刷拭尽量不要用铁刷乱挠头顶和额部，否则容易从小养成顶撞的恶癖。

③ 运动。出生后 8～10 天的犊牛即可在运动场进行运动，每次 0.5～1.0h，30 天后可增至 2～3h。

④ 去角。为了便于成年后的管理，减少牛体相互受到伤害，犊牛在 4～10 日龄应去角，常用的去角方法有苛性钠法和电热去角。

⑤ 剪除副乳头。乳房上有副乳头对清洗乳房不利，也是发生乳腺炎的原因之一，犊牛应在 2～6 周龄剪除副乳头。先将乳房周围部位洗净和消毒，将副乳头轻松拉向下方，用锐利的剪刀从乳房基部将其剪下，剪除后在伤口上涂以少量消炎药。如果在有蚊蝇季节，可涂以驱蝇剂。剪除副乳头时，切勿剪错。

⑥ 卫生。喂奶用具（如奶壶和奶桶）每次用后都要严格进行清洗消毒，程序为冷水冲洗──→碱性洗涤剂擦洗──→温水漂洗干净──→晾干──→使用前用 85℃以上热水或蒸汽消毒。

犊牛舍应保持清洁、干燥、空气流通。饲料要少喂勤添，保证饲料新鲜、卫生。每次喂奶完毕，用干净毛巾将犊牛嘴缘的残留乳汁擦干净，并继续在颈枷上夹住 15min 后再放开，以防止犊牛之间相互吮吸，造成舔癖。

⑦ 健康观察。平时对犊牛进行仔细观察，可及时发现有异常的犊牛，提高成活率。观察的内容包括：每头犊牛的被毛和眼神；食欲及粪便情况；检查有无体内、外寄生虫；体温变化（正常犊牛的体温为 38.9～30.2℃，当体温高达到 40.5℃以上时即属异常）；是否有咳嗽或气喘；饲料是否清洁卫生；检查干草、水、食盐及添加剂的供应情况；发现有病犊牛及时隔离治疗；通过体重测定和体尺测量检查犊牛生长发育情况。

⑧ 预防疾病。犊牛期是发病较高的时期，主要疾病是肺炎和下痢。肺炎最直接的致病因素是环境温度的骤变，平时要做好保温工作。

犊牛的下痢可分两种，一是由于病原性微生物所造成的下痢，主要是注意犊牛的哺乳卫生，哺乳用具要严格清洗消毒，犊牛栏也要保持良好的卫生条件；二是营养性下痢，平时要注意奶的喂量不要过多，温度要适中，代乳品和饲料的品质要符合要求。

2．育成牛的饲养管理

（1）育成母牛的饲养　此期育成牛的瘤胃机能已相当完善，可让育成牛自由采食优质粗饲料如牧草、干草、青贮等。以青粗饲料为主，适当补充精料，培养耐粗饲性能并增进瘤胃的容积与机能。饲喂优质粗料，精料的喂量仅需 0.5～1.5kg；粗料质量一般，精料的喂量则需 1.5～2.5kg。并且要根据粗料质量确定精料的蛋白质和能量含量，使育成牛的平均日增重达 700～800g，14～16 月龄体重达 360～380kg 进行配种。可根据育成牛不同阶段的发育特点和营养需要等分两个阶段进行饲养。

第一阶段（6～12 月龄），此期是育成牛达到生理上最高生长速度的时期，是性成熟前性器官和第二性征发育最快的时期。

为使其达到与月龄相当的理想体重，每天日增重为 600g。每天日粮干草 2.2~2.5kg、精料 1.5~2.0kg、青贮料 5~10kg，还可饲喂青绿多汁饲料。

第二阶段（13~16 月龄），12 月龄以后，育成母牛的消化器官已接近成熟，同时又无妊娠和产乳负担，可以充分利用青、粗饲料，降低饲养成本。日粮中粗饲料可占 3/4，精料占 1/4。每天日粮干草 2.5~3.0kg，精料 3~3.5kg，青贮料 10~15kg。精料配方（％）：玉米 46，麸皮 31，豆饼 20，骨粉 2，食盐 1。

日粮干物质喂量应占育成牛体重的 3.9％~4％，日粮中干草、青贮玉米、精料配合料蛋白质水平应在 13％~14％。磷酸氢钙和骨粉是良好的钙磷补充料。同时应充分供给微量元素、食盐和维生素 A、维生素 D、维生素 E，以保证配种前的营养需要。

（2）育成母牛的管理

① 分群管理。按月龄、体重组群，一般把 12 月龄内分一群，13 月龄以上到配种前分成一群。舍饲时，平均每头牛占用运动场面积应达 10~15m²，可使牛充分运动，以利于健康发育。

② 定期称重。母牛 16 月龄，体重达 350~380kg 时进行配种。

③ 检测体高和体况。体高反映育成牛骨架的生长，只有当体重测量和体高、体长相配合时，才能较好地评价后备母牛的生长发育情况。生产中用体况评分来评价后备母牛的饲养和管理措施的好坏。

④ 日常管理。每天对牛体刷拭 1~2 次，每次 5~8min。每天在运动场驱赶运动 2h 以上，运动场设有饲槽和饮水池，使牛自由采食青粗饲料和饮水，保持环境清洁。

⑤ 掌握好发情和配种。在正常情况下，育成牛到 15~16 月龄，体重达到成年牛体重的 70％或体重达到 350~380kg 时，开始配种。15~16 月龄是理想的配种时间，要求体重达 375kg、体高 127cm。要在计划配种前 3 个月注意观察其发情规律，做好记录，以便及时配种。

【注意事项】 本实训需在奶牛场参加生产实践，可结合顶岗实习进行。

【实训报告】

1. 参与犊牛、育成牛的饲养管理，制定犊牛、育成牛的饲养管理日程。

2. 初生犊牛为什么要早喂初乳？

3. 简述育成牛饲养管理要点。

实训十六　成年母牛的饲养管理

【实训目标】 通过实训，掌握泌乳母牛的饲养管理技术。

【实训材料】 奶牛场。

【实训内容与操作步骤】 成年母牛是指初次产犊后或 30 月龄以上尚未产犊的母牛，从第一次产犊开始，成年母牛周而复始地重复着产奶、干奶、配种、妊娠、产犊的生产周期。除受遗传影响外，饲养管理是影响乳牛产乳量和乳质量的最重要因素。

1. 成年母牛一般饲养管理原则

（1）保持良好的环境卫生　牛舍必须保持干燥、洁净、舒适，这是维护乳牛健康、提高产乳性能的关键。

（2）分阶段饲养管理　泌乳牛划分以下 5 个阶段：干奶期；围产期；泌乳盛期；泌乳中期；泌乳后期。各阶段的奶牛应分群管理，合理安排挤奶、饲喂、饮水、清扫、休息等工作程序。

（3）合理确定日粮

① 根据瘤胃的生理特点，以干物质计算精粗饲料的比例，一般保持 45∶55［范围为（40∶60）～（60∶40）］的合理精粗比例。切忌大量使用精饲料催奶，精料最大日喂量不超过 15kg。

② 选择合适的饲料原料，奶牛喜食青绿、多汁饲料和精饲料，其次为青干草和低水分青贮饲料，对低质秸秆等饲料的采食性差。

③ 保持饲料的新鲜和洁净，采用少喂勤添的饲喂方法。

（4）饲喂要定时定量　每天饲喂次数 2～3 次，饲喂间隔时间和喂量应大致相等。

（5）合理的饲喂顺序　较理想的饲喂次序为粗饲料→精饲料→块根类多汁饲料→粗饲料。采用全混合日粮饲喂，效果良好。奶牛的饲喂顺序一旦确定后要尽量保持不变，否则会打乱奶牛采食饲料的正常生理反应。

（6）保证清洁优质的饮水　在牛舍、运动场必须安装自动饮水装置供牛自由饮用。无自动饮水设备的牛场，每天饲喂后按时供应饮水，冬天 3 次，夏天 4～5 次。同时要保证饮水器具卫生，每天冲刷，定期消毒。

（7）加强运动　在天气正常情况下，每天奶牛在运动场自由活动不应少于 8h。

（8）乳房护理　要保持乳房的清洁，经常按摩乳房，以促进乳腺细胞的发育。每次挤奶后要立即药浴乳头，定期进行隐性乳房炎检测。

（9）肢蹄护理　四肢应经常护理，以防肢蹄病的发生。牛床、运动场以及奶牛的通道应保持干燥、清洁，不能有尖锐铁器和碎石等异物。牛蹄夹住的污泥、粪便要及时冲洗干净，必要时用 3% 福尔马林溶液洗蹄。

（10）刷拭牛体　奶牛应每天刷拭 2～3 次，保持皮肤清洁。右手持毛刷由牛颈部开始，由前到后、自上而下，一刷紧接一刷，刷遍全身。先逆毛刷，后顺毛刷。

（11）做好观察和记录　认真观察每头牛的精神、采食、粪便和发情状况，对可能患病的牛只，要及时诊治；对发情的牛，要及时输精；对体弱、妊娠的牛，要给予特殊照顾。发现采食或泌乳异常，要及时找出原因，并采取相应措施纠正。

2. 干奶期母牛的饲养管理

乳牛一个泌乳期正常应是 12～13 个月。泌乳期从分娩后第一天开始，并持续 305 天左右。干奶期母牛是指在妊娠最后两个月停止泌乳的母牛，停奶后的妊娠母牛称干奶牛，干奶这段饲养期称为干奶期。

（1）干奶期的天数　干奶期的长短根据母牛的年龄、体况、泌乳性能和饲养管理条件而定。干奶期以 50～70 天为宜，平均为 60 天。

（2）干奶方法　母牛在泌乳后期到干奶期时不会自动停止泌乳，为了使母牛停止泌乳，必须采取一定的措施，即采用干奶方法。根据当时的产奶量实行逐渐干奶法、快速干奶法和骤然干奶法。

① 逐渐干奶法。在预定干奶期前 10～20 天，开始变更饲料，减少青草、青贮、块根、块茎等多汁饲料的喂量，同时限制饮水、停止运动和乳房按摩，改变挤奶次数和挤奶时间。挤奶次数由每日 3 次改为每日 2 次，再由每日 2 次改为每日 1 次，然后由每日 1 次改为每 2 日 1 次，每次挤奶完全挤净，当产奶量降至 3.0～4.0kg 时，即停止挤奶，整个过程需要 10～20 天。此种方法多应用于高产奶牛。

② 快速干奶法。快速干奶法所采取的措施与逐渐干奶法基本相同，只是进程较快，经 5～7 天，日产奶量下降到 8.0～10.0kg 以下时，就可停止挤奶。最后一次挤奶后，应给母

牛每个乳区注入长效抗乳房炎制剂，乳头浸蘸封乳头剂（3%次氯酸钠）。该方法适用于中、低产量的母牛。

③ 骤然干奶法。奶牛干奶日突然停止挤奶，乳房内存留的乳汁经 4～10 天可以吸收完全。对于产奶量过高的奶牛，待突然停奶后 7 天再挤奶一次。但挤奶前不按摩，同时注入抑菌的药物，将乳头封闭。

（3）干奶期的饲养 干奶后 7～10 天，乳房内的残留乳汁已经吸收，乳房干瘪后就可以逐渐增加精料及多汁饲料，在 1 周内达到妊娠奶牛的饲养标准。

① 干奶前期。自干奶之日起至泌乳活动完全停止，乳房恢复正常为止。饲养原则为在满足母牛营养需要的前提下不用青绿多汁饲料和副料（豆腐渣等），而以粗饲料为主，搭配一定精料。

② 干奶后期。自干奶之日起至泌乳活动完全停止，乳房恢复正常开始到分娩。此时，由于胎儿和母牛均有一定的增重，仅靠青粗饲料难以满足要求，对体况较瘦的牛及高产牛应适当控制青粗饲料，加喂一定量的精料。具体加喂量可根据母牛当时的膘情、健康、食欲状况及预期产量而定。

（4）干奶期的管理

① 适当的运动。加强运动是干奶期的重要措施，运动加上适当的光照，有利于奶牛的健康，也有利于减少和防止难产。运动时避免互相拥挤而造成流产，产前停止运动。

② 做好保胎，防止流产、难产。造成奶牛流产的原因很多，有机械性的、疾病性的等，为此应保持饲料的新鲜和质量，绝对不能供给冰冻、腐败、变质的饲草饲料，冬季不饮过冷的水，及时防治一些生殖系统疾病，防止机械原因如拥挤、摔倒等引起的流产。

③ 保持牛体卫生。母牛在妊娠期内，皮肤代谢旺盛，容易产生皮垢，因此每天应加强刷拭，以促进血液循环。

④ 加强初产牛的乳房按摩。初产母牛在妊娠后期，饲养员应多接触它，最迟应在产前 2～3 月内使其习惯于泌乳牛的管理，包括挤奶操作等。对于初产母牛最初 5 天可以每昼夜按摩一次，以后 5 天内每昼夜 1～2 次。再后 1 个月内每昼夜可按摩 3 次，每次按摩的时间均以 5min 为宜。

3. 围产期的饲养管理

围产期是指奶牛临产前 15 天到产后 15 天这段时期，也可适当缩短或延长 1 周。对围产期奶牛的护理将直接影响牛的健康及整个泌乳期的产奶量。

（1）围产前期的饲养管理

① 母牛产前 15 天应转入产房饲养，进产房前要对其后躯及外阴部用 2%～3%来苏儿溶液进行擦洗消毒。产房打扫干净，用 2%烧碱喷洒消毒。

② 母牛临产前 2～3 天内，增加一些易消化、具有轻泻作用的小麦麸，以防母牛发生便秘。

③ 精料喂量从分娩前 2 周开始逐渐增加，每天增加 0.45kg，但最大喂量不得超过体重的 1%～1.2%，干草喂量应占体重的 0.5%以上；分娩前后一周严禁饲料突变，分娩前采用低钙日粮，钙占日粮干物质的 0.4%以下，钙磷比为 1∶1，分娩后采用高钙日粮，钙占日粮干物质的 0.7%以上，钙磷比为 1.5∶1。

（2）分娩期饲养管理 母牛分娩必须保持安静，使其自然分娩。如果发现努责无力或异常，应进行人工助产。母牛分娩后，应给母牛喂饮温热小麦麸盐钙汤。小麦麸盐钙汤的做法是：温水 10.0～20.0kg，麸皮 500.0g，食盐 50.0g，碳酸钙 50.0g。

（3）围产后期的饲养管理

① 母牛产后 2 天内应以优质干草为主，同时补喂一些易消化的精料。从产后第 2 天起每日增加 0.5～1.5kg 精料，控制青贮、块根、多汁料的供给。

② 母牛产后应立即挤初乳饲喂犊牛，第 1 天只挤出够犊牛吃的即可，第 2 天挤出乳房内奶的 1/3，第 3 天挤出 1/2，从第 4 天起可全部挤完。每次挤奶前应对乳房进行热敷和轻度按摩。

③ 注意母牛外阴的消毒和环境的清洁干燥，防止产褥热的发生。注意胎衣的排出与否，恶露的排出量和颜色；应坚持饮温水，水温 37～38℃，夏季产房要有良好的通风和降温设施，冬季产房要注意保温与换气。

4. 泌乳盛期的饲养管理

泌乳盛期指分娩后 16～100 天。在保证乳牛健康状况下，应充分发挥其产奶潜力，延长高峰泌乳时间，使产奶量达到全泌乳期产奶量的 40%～45%，并于产后 60～110 天配种受孕。

（1）泌乳盛期的饲养

① 引导饲养法。从产前 2 周开始，增加精饲料喂量，最初 1 天喂给 1.8kg 精料，以后每天增加 0.5kg。直到奶牛每 100 千克体重采食 1.0～1.5kg 为止。奶牛产犊后，继续按每天 0.45kg 增加精料，直到产奶高峰，待泌乳高峰过后，再按泌乳量、乳脂率和体重等调整精料喂量。

② 预付饲养法。从奶牛分娩后 15～20 天开始，在吃足粗饲料、青贮饲料和青绿多汁饲料的前提下，以满足维持和泌乳实际营养需要的饲料量为基础，每天再增加 1.0～1.5kg 混合精料，作为奶牛每天的实际供给量。精饲料的喂量随着泌乳量的增加而增加，始终保持 1.0～1.5kg 的预付，直到产奶量不再增加为止。

（2）泌乳盛期的管理

① 多喂优质干草，最好在运动场中自由采食。

② 提高饲料能量浓度，日粮精粗比例可达 （60～40）：（65～35）；增加饲喂次数，由每日 3 次增加到每日 5～6 次。

③ 及时配种。奶牛产后 1 个月其生殖道基本康复，随之开始发情。应做好详细记录，在随后的 1～2 个情期，即可抓紧时机配种。

5. 泌乳中期的饲养管理

泌乳中期是指 101～200 天的一段时间，母牛的产奶量已经达到高峰并开始下降，而奶牛食欲旺盛，采食量则仍在上升。此期为稳定高产的良好时机，产奶量应力争达到全泌乳产奶量的 30%～35%。

在正常情况下，多数母牛处于妊娠早中期。应根据乳牛体况和产奶量，及时调整精料喂量，日粮精粗比例可降至 50：50 或更低。

6. 泌乳后期的饲养管理

泌乳后期是指 201 天至停奶。产奶量在泌乳中期的基础上继续下降，采食量达到高峰后开始下降。此期要保证胎儿正常发育，阻止产奶量下降过快，使奶牛有不定期的营养物质贮备，以备下一个泌乳期使用。

在饲养上可进一步降低日粮精粗比例，可降至 （30～70）：（40～60）。在力争产奶达全泌乳期产奶量 20%～30% 的情况下，抓住时机尽快恢复乳牛体况。

【注意事项】 本实训需在奶牛场参加生产实践，可结合顶岗实习进行。

【实训报告】

1. 参与泌乳母牛的饲养管理，制订奶牛场的饲养管理日程。

2. 干奶的方法及干奶期的饲养管理要点有哪些？

3. 简述围产期的饲养管理要点。

4. 如何对泌乳盛期、中期、后期乳牛进行饲养管理？

实训十七　奶牛的挤乳技术

【实训目标】　学会牛的手工挤乳与机器挤乳的方法。

【实训材料】　泌乳母牛，机械挤乳设备、乳桶、热水、肥皂、毛巾、小板凳、纸巾、消毒液、消毒杯等。

【实训内容与操作步骤】　挤乳分为人工挤乳和机器挤乳两种。手工挤乳多在小型奶牛场和牧区采用。

1. 手工挤乳技术

手工挤乳也称人工挤乳，就是在牛舍内工人以热水洗牛乳房后立即用手在 5min 以内挤尽 4 个乳区的乳。

手工挤乳操作程序为：准备工作→擦洗乳房→按摩乳房→乳房健康检查→挤乳→乳头药浴→清洁用具。

（1）准备工作　挤乳前，挤乳员要剪短指甲，以免损伤乳房及乳头。温和地将躺卧的牛赶起，洗刷牛的后躯，避免黏在牛身上的泥垢、碎草等杂物落入乳中。

（2）擦洗乳房　挤乳员站在牛的左侧，用湿毛巾先洗乳头孔及乳头，再洗乳房。然后站在牛的后侧，一手扶住牛的臀端，一手擦洗牛的乳镜、乳房两侧及大腿之间。最后将毛巾拧干，再擦洗乳房的每个部位。然后，用消毒液浸浴各乳头 20～30s，用纸巾擦干。接着将牛尾拴在牛的后腿上，立即进行乳房按摩，以刺激排乳。

（3）按摩乳房　用双手按摩乳房表面，接着轻按乳房各部，使乳房膨胀。当乳房皮肤表面血管怒张、呈淡红色，皮温升高、触之很硬，这是放乳的象征，要立即挤乳。挤出的第 1～2 把乳应收集在专门的容器内，不可挤入乳桶，也不可随便挤在牛床上。

（4）手工挤乳过程

① 把牛的后腿捆住，挤乳员拿特制的挤乳凳，坐在牛的右侧后 1/3～1/2 处，与牛体纵轴呈 50°～60°的夹角。两大腿之间夹着乳桶，左膝在牛右后肢关节前侧附近，两脚向侧方张开。

② 仔细清洗乳房，检查头把乳。

③ 用拳握法开始挤乳。先用拇指与食指握紧乳头上端，使乳头乳池中的乳不能向上回流，然后以中指、无名指和小指顺序握紧乳，使乳头乳池中的乳由乳头孔排出。当前乳区的乳即将全部挤空时，就应开始挤后乳区的乳。

④ 药浴乳头。挤完乳后，立即用消毒药液浸浴乳头。药浴主要药品为 1% 碘伏或 0.3%～0.5% 洗必泰或 0.2% 过氧乙酸。

2. 机械挤乳技术

机械挤乳操作程序为：准备工作→擦洗乳房→按摩乳房→乳房健康检查→挤前乳头药浴→套乳杯→挤乳→卸乳杯→挤后乳头药浴→清洁器具。

（1）挤乳前的准备　挤乳前，应对挤乳过程中所使用的全部设备进行彻底地清洗消毒，并进行检查和调整。清洁消毒乳头后，用一次性纸巾或毛巾揩干，同时按摩乳头，将每个乳头的第 1～2 把乳挤到带有黑网罩的容器中，检查有无乳房炎发生。

（2）挤乳机的操作过程

① 打开电闸，接通电源，使电动机转动。调节真空压力表，脉动器的搏动频率调节到 50～60 次/min。在清洁或按摩乳头 1min 后，必须套上乳杯开始挤乳。大多数母牛的排乳时间为 4～7min，挤乳最好在 4～7min 内完成。

② 挤乳前先用 50～55℃ 温水清洁或按摩乳房。

③ 先将从每个乳区挤出的头三把乳置于黑色的检查平板上或带滤网罩的容器中，检查是否有乳块，并观察乳颜色的变化，判断该乳区的健康情况。

④ 当排乳反射形成后，要尽快套上乳杯实施挤乳。套杯的顺序是：从左手对面的乳区（后乳区）开始顺时针方向依次套杯。

⑤ 在挤乳过程中，可通过挤乳器上的透明玻璃管观察乳流情况，如无乳流通过时，关闭通过挤乳桶上的开关或导管上的开关。

⑥ 轻轻取下挤乳杯，卸下乳杯后应立即用药液浸乳头。清洗消毒挤乳杯，为下一头牛挤乳。全部挤乳完成后，将所有的乳杯组装在清洗托上，将乳水分离器上的清洗开关及自动排水开关打开（严格按产品说明书操作），进行清洗操作。

3. 挤乳的操作规程

不论采用什么样的挤乳方法，都应遵守以下操作规程。

（1）挤乳人员必须身体健康，工作服要干净，手要洗净，剪好指甲，以免对乳造成污染，对乳房造成损伤。

（2）挤乳要定时、定人、定环境，使母牛形成良好的条件反射。挤乳环境要安静，操作要温和，善待奶牛，否则影响排乳反射。

（3）挤乳环境要清洁，挤乳前牛体特别是后躯要清洁，以免对乳造成污染。

（4）挤乳前应用温水擦洗乳房，使乳房受到按摩和刺激，引起排乳反射。

（5）挤乳时第 1～3 把乳中含细菌较多，要弃去不要，对于病牛、使用药物治疗的牛的牛乳不能作为商品乳出售，也不能与正常乳混合。

（6）尽量轻轻地拉动乳头，使乳流量快而均匀，使牛产生舒适感，每次挤乳力图挤净。

（7）挤乳时密切注意乳房情况，及时发现乳房和牛乳的异常。

（8）迅速进行挤乳，中途不要停顿，争取在排乳反射结束前将乳挤完。

（9）在接近挤乳完成时再次按摩乳房，然后将最后的乳挤净，最后将乳头擦干。

（10）挤乳机械应注意保持良好的工作状态，管道及盛乳器具应认真清洗消毒。

【注意事项】　奶牛的排乳反射受神经、激素双重调配，催产素从分泌到在血液中失去活性为 10min 左右，因此奶牛的挤乳一般不能超过 10min。

【实训报告】

1. 简述机器挤乳的操作程序。

2. 到奶牛场参与挤乳全过程并写出操作体会。

3. 奶牛挤乳有哪些方法？这些挤乳技术的优缺点各是什么？

实训十八　肉牛的饲养管理

【实训目标】　使学生学会肉牛的饲养管理技术，能正确评价肉牛的产肉性能。

【实训材料】　肉牛场、饲养设备。

【实训内容与操作步骤】

1. 肉牛一般的饲喂技术

（1）饲喂时间　每天黎明和黄昏前后，是牛采食频率最高的时间段。因此，无论舍饲还是放牧，早晨、傍晚都是喂牛的最佳时间。牛的反刍多数时间在安静休息或者黑夜进行，因此在夜间应尽量减少干扰，使其充分消化粗饲料。

（2）饲喂次数　肉牛的饲喂可采用自由采食或定时定量饲喂两种方法。目前，我国肉牛饲养多采用每天饲喂 2 次的方法。

（3）饲喂顺序　随着饲喂机械化程度越来越高，应逐渐推广 TMR 日粮（全混合日粮）喂牛，提高牛的采食量和饲料利用率。为保持牛的旺盛食欲，促其多采食，应按照"先干后湿，先粗后精，先喂后饮"的饲喂顺序，坚持少喂勤添、循环上料，同时要看牛的食欲、消化等方面的变化，及时做出调整。

（4）饲料更换　在育肥牛的饲养过程中，随着牛体重的增加，各种饲料的比例在更换时应采取逐渐更换的办法，应该有 3～5 天的过渡期。在饲料更换期间，饲养管理人员要勤观察，发现异常，应及时采取措施。

（5）饮水　育肥牛采用自由饮水法最为适宜。在每个牛栏内装有能让牛随意饮到水的设施，最好设在牛栏粪尿沟的一侧或上方。冬季北方天冷，只能定时饮水，但每天至少 3 次。

（6）新引进牛只的饲养　对新引进牛只的饲养，重点是解除运输应激，使其尽快适应新环境。牛经过长距离、长时间的运输，胃肠食物少，体内缺水严重，因此对牛补水是首要的工作。方法是：第一次补水，饮水量限制在 15～20kg，切忌暴饮，每头牛补人工盐 100g；间隔 3～4h 后，第二次饮水，此时可自由饮水，水中掺些麸皮效果会更好。日粮逐渐过渡，育肥开始时，只限量饲喂一些优质干草，每头牛 4～5kg，加强观察，检查是否有厌食、下痢等症状。第二天起，随着食欲的增加，逐渐增加干草喂量，添加青贮类饲料和精饲料，经 5～6 天后，可逐渐过渡到育肥日粮。创造舒适的环境，牛舍要干净、干燥，不要立即拴系，宜自由采食。

（7）育肥期的分阶段饲养　生产中常把育肥期分成两个阶段，即生长肥育阶段和成熟肥育阶段。具体饲喂方法如下所述。

① 生长肥育阶段　饲喂富含蛋白质、矿物质、维生素的优质粗料、青贮饲料，保持良好生长发育的同时，使消化器官得到锻炼。此阶段精饲料喂量要限制，喂量为架子牛活重的 1.5%～1.6%。该阶段日增重不宜追求过高，每头日增重 0.7～0.8kg 为宜。

② 成熟肥育阶段　肉牛日粮中粗饲料的比例不宜超过 30%～40%，日采食量达到牛活重的 2.1%～2.2%，在屠宰前 100 天左右，日粮中增加大麦粉或饲喂啤酒糟，进一步改善牛肉品质。

2. 常规管理技术

（1）合理分群　育肥前应根据育肥牛的品种、体重大小、性别、年龄、体质强弱及膘情等情况合理分群。采用圈舍散养时，肉牛头数 15～20 头为宜。牛群过大易发生争斗，过小不利于劳动生产力的提高。临近傍晚时分群易成功，同时要有工作人员进行不定时的观察，防止争斗。

（2）及时编号　编号对生产管理、称重统计和防疫治疗工作都具有重要意义。编号应在犊牛出生时进行，也可在育肥前进行。采用异地育肥时，应在牛购进场后立即编号，换缰绳。编号方法多采用耳标法。

（3）定期称重　为合理分群和及时了解育肥效果，要进行肥育前称重、肥育期称重及出栏称重。肥育期最好每月称重 1 次，既不影响育肥效果，又可及时挑选出生长速度慢甚至不长的牛，随时处理。称重一般是在早晨饲喂空腹时进行，每次称重的时间和顺序应基本相同。

（4）限制运动　到肥育中、后期，每次喂完后，将牛拴系在短木桩或休息栏内，缰绳系短，长度一般不超过 80cm，以牛能卧下为宜，减少牛的活动消耗，提高育肥效果。牛在运动场的目的，主要是接受阳光和呼吸新鲜空气。

（5）每天刷拭牛体　随着肉牛肥育程度加大，其活动量越来越小。坚持每天上、下午各刷拭牛体 1 次，每次 5～10min。

（6）定期驱虫　肉牛转入育肥期之前，应做一次全面的体内外驱虫和防疫注射；育肥过程中及放牧饲养的牛都应定期驱虫。外购牛经检查健康后方可转入生产牛舍。在进行大规模、大面积驱虫工作之前，必须先小群试验，取得经验并肯定其药效和安全性后，再开展全群的驱虫工作。

（7）加强防疫、消毒工作　每年春、秋检疫后对牛舍内外及用具进行消毒；每出栏一批肉牛，都要对牛舍进行彻底清扫消毒；严格防疫卫生管理，谢绝参观；结合当地流行情况，进行免疫接种。

（8）适时去势　2 岁前的公牛肥育，生长快、瘦肉率高、饲料报酬高；2 岁以上的公牛，宜去势后肥育，否则不便管理，会使肉脂有膻味，影响胴体品质。

（9）及时出栏　肉牛及时出栏，对提高养殖经济效益及保证牛肉品质都具有极其重要的意义。活牛体重达到 500kg 以上，胸部、腹肋部、腰部、坐骨部、下肷部内侧脂肪沉积良好，就可以出栏。

3. 肉牛肥育技术

（1）犊牛的育肥　又称小肥牛肥育或小白牛肉生产。

① 小白牛肉生产。小白牛肉是指犊牛出生后完全用全乳、代用乳或脱脂乳培育 3 个月，体重达 100kg 左右时所产的肉。小白牛肉肉质细嫩，带有乳香味，鲜美多汁，蛋白质比一般牛肉高 27.2%～63.8%。需选择优良的肉用品种、兼用品种犊牛，乳用品种或杂交种也可选用。以乳牛公犊为主要来源，一般选择初生重不低于 35kg、健康状况良好的初生公犊牛。

小白牛肉生产采用封闭式饲养，牛舍地板尽量采用漏缝地板，控制牛与泥土、草料的接触，出生后实行人工哺喂，每天喂 3 次。喂完初乳后转喂常乳或代乳品，1 月龄前每头每日 4～6kg，30～60 日龄每头每日 6～8kg，60～100 日龄每头每日 8～11kg。

② 小牛肉肥育。小牛肉指犊牛出生后 12 月龄以前，体重达到 450～500kg 所产的牛肉。

犊牛出生后喂足初乳，5～7 天转为常乳，1 月龄内可按体重的 8%～10% 饲喂。7～10 天开始调教犊牛采食精料，开始时每日每头喂 20～30g，以后逐渐增加到 0.5～0.6kg。生后 10 天开始训练犊牛采食青干草。1 月龄以后喂乳量基本保持不变，精料量则要逐渐增加到 1～1.5kg，青干草或青草自由采食。育肥至 7～8 月龄即可出栏，如犊牛长势良好，也可育肥到 12 月龄出栏。

（2）青年牛的育肥　一般分为适应期、增重期和催肥期三个阶段。

① 适应期。刚断乳的犊牛，转入育肥舍后对环境不适应，一般要有 1 个月左右的适应期。应让其自由活动，充分饮水。日粮参考配方为：酒糟 5～8kg，玉米面 1～2kg，麸皮

1～1.5kg，食盐 30～35g，干草 5～10kg 或自由采食。

② 增重期。一般为 7～8 个月，分为增重前期和增重后期。

前期日粮参考配方：酒糟 10～15kg，玉米面 2～3kg，饼类 1kg，麸皮 1kg，尿素 50～60g，食盐 40～50g，干草 5～10kg 或自由采食。尿素要拌在精料中饲喂，切忌溶于水中给牛饮用，以免中毒。

后期日粮参考配方：酒糟 15～20kg，玉米面 3～4kg，饼类 1kg，麸皮 1kg，尿素 60～80g，食盐 50～60g，干草 4～8kg 或自由采食。

③ 催肥期。主要是促使牛体膘肉丰满，沉积脂肪，一般为 1.5～2 个月。

日粮参考配方：酒糟 20～25kg，玉米面 4～5kg，饼类 1.5kg，麸皮 1.5kg，尿素 100～130g，食盐 60～70g，干草 2～3kg。

青年肉牛采取舍饲强度育肥，要短缰拴系（缰绳长 0.5m）、先粗后精、先喂后饮、定时定量饲喂的原则。每日饲喂 2～3 次、饮水 2～3 次。喂料时应先取酒糟用水拌湿，或干、湿酒糟各半混匀，再加麸皮、饼类和食盐等。牛吃到最后时加入少量玉米面，使牛将料吃净。饮水在给料后 1h 左右进行，冬季饮 10℃ 以上的温水，夏季饮清洁凉水。

（3）架子牛育肥技术　架子牛育肥又称后期集中育肥，是指犊牛断乳后，在较粗放的饲养条件下饲养到 1～2 岁，体重达到 300kg 以上时，再采用强度育肥方式集中育肥 3～4 个月，充分利用牛的补偿生长能力，达到理想体重和膘情后屠宰。该方式育肥成本低，精料用量少，经济效益较高，应用较普遍。

① 架子牛的选购。架子牛的优劣直接决定着育肥效果与效益。

a. 品种：应选择夏洛来牛、西门塔尔牛、皮埃蒙特牛等优良品种与本地黄牛的杂交后代，或秦川牛、南阳牛、晋南牛、鲁西牛等地方良种黄牛。

b. 年龄和体重：架子牛育肥最好选 14～18 月龄的杂种牛或 18～24 月龄的地方良种黄牛，体重在 300kg 以上。此时牛的生长停滞期已过，育肥时增重速度快，饲料报酬高，再晚则增重变慢，饲料报酬下降。

c. 性别：如选择已去势的架子牛，则早去势为好，3～6 月龄去势的牛可以减少应激，提高出肉率和肉的品质。如生产普通牛肉，主要追求产肉量时，优先选择公牛育肥。

d. 体型外貌：应选择体型大、皮松软、胸宽深、眼睛明亮有神、鼻镜湿润、性情温驯的牛。

② 架子牛的育肥。架子牛购入后应立即进行驱虫。驱虫后，架子牛应隔离饲养 2 周，其粪便需集中后做无害化处理。为了增加食欲，改善消化功能，驱虫 3 天后进行一次健胃。常用的健胃药物是人工盐，口服剂量为每头每次 60～100g。

架子牛育肥分为过渡期、增重期和催肥期三个阶段。

a. 过渡期：15～20 天。主要是使牛适应新的环境，进行驱虫和健胃，逐渐加料，锻炼采食精料的能力。精、粗料比例可控制为 40∶60，精料日喂量 1.5～2kg。

b. 增重期：一般为 2 个月左右。此期牛已适应各方面的条件，采食量增加，干物质采食量可达到 8～9kg，精、粗料比为 60∶40。精料参考配方：玉米面 70%，麸皮 10%，饼类 18%，食盐 1%，添加剂 1%。

c. 催肥期：一般为 1 个月。主要是增加肌间脂肪沉积，提高肉的品质。精、粗料比 75∶25，干物质采食量达到 10kg 以上。

实际生产中，可根据各地饲料资源合理选择粗饲料，以降低饲养成本。常用的方法有：酒糟育肥法、青贮料育肥法、氨化秸秆育肥法等。精料配方也应因地制宜，在饲喂酒糟时，为防止酸中毒，提高增重效果，可在精料中加入 $1\% \sim 2\%$ 的碳酸氢钠，或每头每天添加商品瘤胃素 $3 \sim 5g$。

架子牛的管理：架子牛应采用短缰拴系，以限制活动。饲喂要定时定量、先粗后精、少喂勤添。刚入舍的牛因对新的饲料不适应，头一周应以干草为主，适当搭配青贮饲料、给或不给精料。育肥前期，每日饲喂 2 次，饮水 3 次；育肥后期每日饲喂和饮水 $3 \sim 4$ 次。冬季水温不能低于 $10^\circ C$。每天上、下午各刷拭一次。定期清扫和消毒牛舍。观察牛的健康状况，发现问题及时处理。

（4）成年牛育肥技术　成年牛一般指 30 月龄以上的牛，大多来源于肉用母牛、淘汰的奶牛及老弱黄牛。这类牛骨架已经长成，但是膘情差，如果不经育肥就屠宰，则产肉品质差，效益低。

① 育肥牛的选择。成年牛育肥之前，应严格进行选择，淘汰过老、过瘦、采食困难、常患病或不易治愈的牛只，否则会浪费人力和饲料，得不偿失。挑选后的育肥牛，驱虫、健胃、编号，以便掌握育肥效果。育肥期一般以 $2 \sim 3$ 个月为宜。

② 育肥牛的饲养。成年牛育肥以体脂肪增加为主，肌肉增加极少。因此，日粮要求较高的能量物质。初期为过渡期，不需要较大增重，可采用低营养物质饲料饲喂，以防弱牛、病牛或膘情差的牛消化紊乱。待短期适应后，逐渐调整配方，提高能量饲料比例。现提供一例精料配方供参考：玉米 70%，饼类 15%，麸皮 10%，骨粉 1%，食盐 1%，添加剂 2%，尿素 1%。精料日喂量以体重的 1% 为宜，粗饲料为自由采食。在牧区可充分利用青草期进行放牧饲养，使牛复壮后再育肥，可降低饲料成本。也可采用酒糟育肥法，即日粮中酒糟 $15 \sim 20kg$，再配以玉米、少量饼类、食盐及添加剂，也能取得良好的育肥效果。

③ 育肥牛的管理。按体重、品种及营养情况将牛群分组。肥育前对牛群进行驱虫，成年公牛在肥育前 $15 \sim 20$ 天去势。舍饲肥育要注意温度，冬季牛舍要保温，夏季牛舍要通风，舍温以 $18 \sim 20^\circ C$ 为宜。饲养在光线较暗的牛舍内，采用短缰拴系或者小围栏饲养，减少活动空间，降低能量消耗，以利增膘。

4. 肉牛产肉性能的评定

（1）初生重　即犊牛出生时首次哺乳前实际称量的体重。影响初生重的主要因素有品种、年龄、体重、体况等。早熟型初生重占成年母牛体重的 $5\% \sim 5.4\%$，大型品种为 $5.5\% \sim 5.6\%$。

（2）断乳重　此为肉牛生产的重要指标之一，不仅反映母牛的泌乳性能、母性强弱，同时在某种程度上决定犊牛的增重速度。由于犊牛断乳时间不一致，断乳前的增重速度受母牛的年龄和犊牛性别的影响，因此，在比较犊牛断乳重时必须进行校正，其公式为：

校正断乳体重＝[（断乳重－初生重）÷实际断乳日龄×校正的断乳日数＋初生重]×　　　　　　　母牛年龄系数

母牛年龄校正，可用母牛产犊年龄系数乘以犊牛的断乳重。母牛产犊年龄系数 2 岁为 1.15，3 岁为 1.1，4 岁为 1.05，$5 \sim 10$ 岁为 1.0，11 岁以上为 1.05。

（3）断乳后增重　肉用牛从断乳到性成熟，体重增加很快，是提高产肉性能的关键期，要抓住这个时期提早肥育出栏。为了比较断乳后的增重情况，通常采用校正的 1 岁（365天）的体重。计算公式为：

$$校正的\ 365\ 天体重 = \frac{实际最后体重 - 实际断乳体重}{饲养头数} \times (365 - 校正断乳天数) + 校正断乳重$$

如果 18 月龄（1.5 岁）肥育出栏，可以比较 550 天的增重性能。

$$校正的550天体重 = \frac{实际最后体重-实际断乳体重}{饲养头数} \times (550-校正断乳天数)+校正断乳重$$

（4）平均日增重 断乳至肥育结束屠宰时，整个肥育期间的平均日增重。其计算公式为：

$$平均日增重 = \frac{期末重-期初重}{期初至期末的饲养天数}$$

（5）饲料利用率 饲料利用率与增重速度之间存在着正相关，是衡量牛对饲料的利用情况及经济效益的重要指标。其计算公式为：

$$增重1kg消耗饲料干物质(kg) = \frac{饲养期内消耗饲料干物质总量}{饲养期内绝对增重量}$$

$$生产1kg净肉需饲料干物质(kg) = \frac{饲养期内消耗饲料干物质总量}{屠宰后的净肉量}$$

【注意事项】 本实训需在肉牛场参加生产实践，可结合顶岗实习进行。

【实训报告】

1. 架子牛分哪些等级？
2. 架子牛选择的原则是什么？
3. 根据当地饲料资源的特点，选择合适的方法进行肉牛肥育，做好日常记录。

实训十九 奶牛场管理制度的制定

【实训目标】 通过实训，学会奶牛场管理制度的制定。

【实训材料】 实训奶牛场。

【实训内容与操作步骤】

1. 建立健全规章制度

为充分调动职工的工作积极性，保证各项工作有章可循，奶牛场必须建立一套简明的规章制度，如职工守则、考勤制度、安全制度、卫生制度、防疫及医疗保健制度、饲养管理制度等，并遵照执行。

（1）考勤制度 由班组负责，由专人逐日登记出勤情况，如迟到、早退、旷工、休假等，作为发放工资、奖金和评选先进的重要依据。

（2）劳动纪律 劳动纪律应根据各工种劳动特点加以制定，凡影响安全生产和产品质量的一切行为，均应制定出详细的奖惩办法。

（3）防疫及医疗保健制度 建立健全牛场防疫消毒制度，同时对全场职工定期进行职业病检查，对患病者进行及时治疗，并按规定发给保健费。

（4）学习制度 为提高职工的思想与技术水平，应制定和坚持干部、职工学习制度。定期交流经验或派出进修、学习。每周安排一定时间交流工作情况或学习有关技术理论知识。

（5）饲养管理制度 对养牛生产的各个环节，提出基本要求，制定简明的养牛生产技术操作规程。制定的规程要符合实际，切实可行，根据发展情况，每年适当增减。牛饲养管理操作规程拟定见本单元实训十二。

（6）建立日报、月报制度 奶牛档案、生产记录及各项统计是奶牛场的一项基础工作。生产中的各项测定、记录汇总等材料是制订计划、检查生产、考查业绩、分析经济活动及进行财务核算等的第一手资料。

2. 制定岗位责任制

责任制是在生产计划指导下，以提高经济效益为目的，实行责、权、利相结合的生产经营管理制度。建立健全牛场生产岗位责任制，可加强牛场经营管理、提高生产管理水平，调动职工生产积极性。牛场生产责任制的形式可因地制宜，可以承包到牛舍、班组或个人，实行大包干；也可以实行目标管理，超产奖励。实行目标管理时应注意工作定额的制定要科学合理，做到责、权、利相结合。

3. 制定岗位职责

牛场的所有工作岗位都应制定相应的岗位职责，主要工作人员的岗位职责有：牛场场长的主要职责、畜牧技术人员的主要职责、牛场兽医的职责、人工授精员的职责、饲养员的职责、挤奶员的职责以及清洁工的职责等。

【注意事项】　牛场的各项制度会因规模大小及机械化程度的高低有所不同，生产中应根据实际情况，细化各项制度。

【实训报告】

1. 制定奶牛场的各项管理制度。

2. 制定奶牛场各岗位的主要职责。

实训二十　奶牛场的卫生防疫

【实训目标】　熟悉牛场卫生防疫工作内容，能做好奶牛场常规卫生防疫工作。

【实训材料】　牛场常用消毒药，牛常用疫苗，消毒棉球，喷雾器，注射器等。

【实训内容与操作步骤】　在牛场生产中应坚持"防病重于治病"的方针，防止和消灭奶牛疾病，特别是传染病、代谢病，使奶牛更好地发挥生产性能，延长使用年限，提高养牛的经济效益。

1. 传染病和寄生虫病的防疫工作

（1）日常的预防措施

① 奶牛场应将生产区与生活区分开。生产区门口应设置消毒池和消毒室（内设紫外线灯等消毒设施），消毒池内应常年保持2%～4%的氢氧化钠溶液等消毒液。

② 严格控制非生产人员进入生产区，必须进入时应更换工作服及鞋帽，经消毒室消毒后才能进入。

③ 生产区不准解剖尸体，不准养狗、猪及其他畜禽，定期灭蚊蝇。

④ 每年春秋季各进行一次结核病、布氏杆菌病、副结核病的检疫。检出阳性或有可疑反应的牛要及时按规定处置。检疫结束后，要及时对牛舍内外及用具等彻底进行一次大消毒。

⑤ 每年春秋各进行一次疥癣等体表寄生虫的检查，6～9月份，焦虫病流行区要定期检查并做好灭蜱工作，10月份对牛群进行一次肝片吸虫等的预防驱虫工作，春季对犊牛群进行球虫的检查和驱虫工作。

⑥ 新引进的牛必须持有法定单位的检疫证明书，并严格执行隔离检疫制度，确认健康后方可入群。

⑦ 饲养人员每年应至少进行一次体格检查，如发现患有危害人、牛的传染病者，应及时调离，以防传染。

（2）发生疫情时的紧急防制措施

① 应立即组成防疫小组，尽快做出确切诊断，迅速向有关上级部门报告疫情。

② 迅速隔离病牛，对危害较重的传染病应及时划区封锁，建立封锁带，出入人员和车辆要严格消毒，同时严格消毒污染环境。解除封锁的条件是在最后一头病牛痊愈或屠宰后两

个潜伏期内再无新病例出现，经过全面大消毒，报上级主管部门批准，方可解除封锁。

③ 对病牛及封锁区内的牛只实行合理的综合防制措施，包括疫苗的紧急接种、抗生素疗法、高免血清的特异性疗法、化学疗法以及增强体质和生理机能的辅助疗法等。

④ 病死牛尸体要严格按照防疫条例进行处置。

2. 代谢病的监控工作

由于奶牛生产的集约化和高标准饲养及定向选育的发展，提高了奶牛的生产性能和饲养场的经济效益，推动了营养代谢问题研究的进展，但与此同时，若饲养管理条件和技术稍有疏忽，就不可避免地导致营养代谢疾病的发生，严重影响了奶牛的健康及乳产量和利用年限，因此必须重视奶牛代谢病的监控工作。

① 代谢抽样试验（MPT）。每季度随机抽 30～50 头奶牛血样，测定血中尿氮含量、血钙、血磷、血糖、血红蛋白等一系列生化指标，以观测牛群的代谢状况。

② 尿 pH 和酮体的测定。产前一周至分娩后 2 个月内，隔日测定尿 pH 和酮体 1 次，对测出阳性或可疑牛只及时治疗，并关注牛群状况。

③ 调整日粮配方。定时测定平衡日粮中各种营养物质含量；对高产、消瘦、体弱的奶牛，要及时调整日粮配方增加营养，以预防相关疾病的发生；高产奶牛群在泌乳高峰期，应在精料中适当加喂碳酸氢钠、氧化镁等添加剂。

3. 乳房、蹄部的卫生保健

① 经常保持牛舍、牛床、运动场、牛体及乳房的清洁，牛舍、牛床及运动场还应保持平整、干燥、无污物（如砖块、石头、炉渣、废弃塑料袋等）。

② 挤乳时必须用清水清洗乳房，然后用干净的毛巾擦干，挤完乳后，必须用 3%～4% 的次氯酸钠溶液等消毒液浸泡每个乳头数秒。

③ 停乳前 10 天、3 天要进行隐性乳房炎的监测，反应阳性牛要及时治疗，两次均为阴性反应的牛可施行停乳。停乳后继续药浴乳头 1 周，并定时观察乳房的变化。预产期前 1 周恢复药浴，2 次/天。

④ 每年的 1 月、3 月、6 月、7 月、8 月、9 月、11 月份都要进行隐性乳房炎的监测工作。对有临诊表现的乳房炎的牛采取综合性防治措施，对久治不愈的乳牛应及时淘汰，以减少传染来源。

⑤ 每年春秋季各检查和整蹄一次，对患有肢蹄病的牛要及时治疗。蹄病高发季节，每周用 5% 硫酸铜溶液喷洒蹄部 2 次，以减少蹄病的发生，对蹄病高发牛群要关注整个牛群状况。

⑥ 禁用有肢蹄病遗传缺陷的公牛精液进行配种。

⑦ 定期检测各类饲料成分，经常检查、调整、平衡奶牛日粮的营养，特别是蹄病发生率达 15% 以上。

【注意事项】 根据《中华人民共和国动物防疫法》及相关法律法规的规定，结合本地区发生传染病的种类、季节、流行规律，牛的生产、饲养、管理和流动等情况，按需要制订牛场相应的免疫程序及具体的预防接种计划，适时进行预防接种也是牛场的一项重要工作，本实训的进行需结合动物防疫与检疫的相关知识。

【实训报告】

1. 根据当地疫情调查结果有针对性地写出奶牛场疫病预防计划。

2. 制订牛群发生传染病时的扑灭计划。

养牛生产技能考评方案

一、考评方法

1. 在考试前 10min，采取随机抽签方式，确定考生参加技能操作的考试题目。

2. 将参加技能操作的考生分为若干小组，每组 2～4 名，可同时参加操作考试。

3. 每组考生操作考试完成后，分别对每名考生进行口试，题目由主考教师确定。

4. 根据考生操作和口试的结果，给出每名考生的技能考评分数等级。

二、考评人员

考评人员要求必须有"双师型"教师或技术员至少 2 名，对学生进行实训技能的考评。

三、考场要求

现场操作、口试、笔试要求学生独立完成，实训报告要真实。

四、考评内容及评分等级标准

1. 考评内容

考评内容包括技术操作、规程制订、新技术引进与实施和养殖场的规划设计等。

2. 评分等级标准

(1) 技术操作：操作规范且熟练；回答问题全面正确。

(2) 规程制订：科学、合理、全面和可操作性强。

(3) 新技术引进方案与实施：方案设计科学、合理，分析准确到位，可操作性强。

(4) 养殖场的规划设计：规划设计科学，内容全面，方法规范，结论准确。

实训技能考评表

序号	考评项目	考评要点	评分等级与标准	考评方法
1	牛场建设项目的可行性论证	1. 牛的品种选择 2. 牛的体型外貌评定 3. 牛场的设计和规划	优：能独立完成各项考评内容，能完成牛场的规划设计、分区合理；能结合当地条件正确选购适宜品种牛 良：能独立完成各项考评内容，有一项操作不够规范熟练 及格：在指导老师帮助下完成各项考评内容，某一项操作规范熟练 不及格：在指导老师帮助下仍不能完成各项考评内容，操作不规范，回答问题多有错误	在规模化牛场或实验室进行，根据实际操作情况与口述综合评定 实训报告 口试 笔试
2	牛生产常规饲养管理技术	1. 牛的体尺测量与体重估测及年龄鉴别 2. 奶牛体型线性评定 3. 牛的编号、打号和去角 4. 乳牛泌乳曲线的绘制与分析 5. 泌乳奶牛的日粮配方制定 6. 青贮饲料的制作与使用 7. 奶牛的挤乳技术	优：能独立完成各项考评内容，能准确进行牛的体尺测量、年龄鉴别；准确对奶牛体型进行线性评分；完成牛的编号、打号、去角和奶牛挤奶等工作，操作规范熟练；泌乳曲线绘制正确；饲料青贮完成好；日粮配方设计方法正确，各项指标基本符合配方要求 良：在指导老师帮助下完成各项考评内容，某三项操作规范熟练；泌乳曲线绘制正确；饲料青贮完成较好；日粮配方设计方法基本正确，50%指标基本符合配方要求 及格：在指导老师帮助下完成各项考评内容，某两项操作规范熟练；泌乳曲线绘制基本正确；饲料青贮完成较好；日粮配方设计方法有小错误 不及格：在指导老师帮助下仍不能完成各项考评内容，操作不规范，回答问题多有差错；日粮配方设计方法错误	在规模化牛场或实验室进行，根据实际操作情况与口述综合评定 实训报告 口试 笔试

序号	考评项目	考评要点	评分等级与标准	考评方法
3	牛生产繁育技术	1. 乳用种公牛的后裔测定 2. 母牛的发情鉴定、人工授精 3. 母牛分娩与接产技术	优:在规定时间内能独立完成各项考评内容,操作规范熟练;后裔测定结果正确;回答问题无错误 良:在规定时间内能独立完成各项考评内容,某一项操作规范但不熟练;后裔测定结果基本正确;回答问题基本正确 及格:在指导老师帮助下完成各项考评内容,操作规范但不熟练;后裔测定结果基本正确;回答问题有差错 不及格:在指导老师帮助下仍不能完成各项考评内容,操作不规范;态度不认真,回答问题多有差错	在规模化牛场或实验室进行,根据实际操作情况与口述综合评定 实训报告 口试 笔试
4	牛场经营管理	1. 配种产犊计划的编制 2. 牛群周转计划的编制 3. 牛群产奶计划的编制 4. 牛群饲养管理操作规程 5. 奶牛场管理制度的制定	优:能独立完成编制牛场各种计划,制定牛群饲养管理操作规程,各项管理制度制定合理;回答问题全面 良:能完成编制牛场各种计划,制定牛群饲养管理操作规程,各项管理制度制定基本合理;回答问题较好 及格:在老师指导下完成编制牛场各种计划,制定牛群饲养管理操作规程,管理制度制定有误;回答问题有误 不及格:在指导老师帮助下仍不能完成各项考评内容,多处有错误	在规模化牛场或实验室进行,根据实际操作情况与口述综合评定 实训报告 口试 笔试
5	牛场卫生防疫	1. 牛场卫生防疫 2. 牛的免疫接种计划和免疫程序制订 3. 牛场防疫制度和防疫计划的制订	优:能独立完成各项考评内容,操作规范熟练;编制的各种制度和程序科学、合理、全面且可操作性强 良:能独立完成各项考评内容,某三项操作规范熟练;编制的各种制度基本符合要求 及格:在指导老师帮助下完成各项考评内容,某两项操作规范熟练;编制的部分制度基本符合要求 不及格:在指导老师帮助下仍不能完成各项考评内容,操作不规范;回答问题多有差错	在规模化牛场或实验室进行,根据实际操作情况与口述综合评定 实训报告 口试 笔试

考评结果:　　　　　　　　　　　　　　　考评人:

模块四 羊 生 产

单元一 基本技能

实训一 羊品种的识别

【实训目标】 了解常见品种羊的产地、外貌特征及生产性能；能够根据本地特点，选择、培育优秀羊品种。

【实训材料】 不同绵羊、山羊品种的图片、照片、幻灯片、录像带或实训基地羊群。幻灯机、放像机、多媒体课件等。

【实训内容与操作步骤】 利用品种图片、相关课件或羊群，对羊的品种做简要介绍。主要介绍产地及分布、外貌特征、生产性能以及主要优缺点等。

1. 山羊品种

（1）我国主要山羊品种 崂山奶山羊、关中奶山羊、中卫山羊、济宁青山羊、辽宁绒山羊、内蒙古绒山羊、南江黄羊、新疆山羊等。

（2）国外主要山羊品种 萨能山羊、吐根堡山羊、安哥拉山羊、波尔山羊等。

2. 绵羊品种

（1）我国地方绵羊品种 蒙古羊、西藏羊、哈萨克羊、小尾寒羊、湖羊、滩羊、岷山黑裘皮羊等。

（2）我国培育的绵羊品种 新疆细毛羊、中国美利奴羊、东北细毛羊、内蒙古细毛羊、云南半细毛羊等。

（3）国外优良的绵羊品种 澳洲美利奴羊、德国美利奴羊、波尔华斯羊、罗姆尼羊、林肯羊、考力代羊、萨福克羊、无角陶赛特羊、夏洛来羊、德克塞尔羊、杜泊绵羊、卡拉库尔羊。

3. 山羊和绵羊在形态结构上的主要区别（表4-1）

表4-1 山羊和绵羊在形态结构上的主要区别

区别项目	绵 羊	山 羊
性情	温驯懦弱	活泼好动，勇敢顽强
体型	丰满	清瘦
头形	颜面隆起	颜面平直
角	有角或无角，公羊角呈螺旋形，多为向下旋转	有角，呈弓形或镰刀形，向外侧或向后上方伸延
颚须和肉垂	没有	下颚有长须，颈上大多有一对肉垂
皮毛	皮薄而柔软，绒毛多或全是绒毛，富油脂	皮粗厚，毛粗直，绒毛少或无绒毛，缺乏油脂
尾形	长而下垂或肥大下垂	短小，呈水平状或竖起
脂腺	有眼窝腺、鼠蹊腺、趾间腺	三种脂腺均没有

【注意事项】 本实训依靠活体羊只识别外貌部位，各不同品种的特征介绍主要凭借图片、视频等资料进行。

【实训报告】

1. 简述本地品种羊外貌特征、生产性能、主要优缺点。

2. 简述引入本地品种羊外貌特征、生产性能、主要优缺点及在本地的地位和作用。

实训二　羊的外貌部位识别与体尺测量

【实训目标】 熟知羊的外貌部位名称，利用羊的外貌部位识别与体尺测量技术，能正确选择羊只。

【实训材料】 实训基地羊群，羊用测杖、卷尺、圆形测量器等。

【实训内容与操作步骤】 主要进行羊的外貌部位识别。羊体部位名称如图 4-1 和图 4-2 所示。

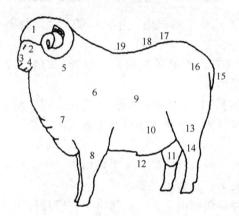

图 4-1　绵羊外貌各部位名称

1—头；2—眼；3—鼻；4—嘴；5—颈；6—肩；7—胸；8—前肢；9—体侧；
10—腹；11—阴囊；12—阴筒；13—后肢；14—飞节；15—尾；16—臀；
17—腰；18—背；19—鬐甲

进行测量时，被测羊端正站立于宽敞、平坦的场地上，四肢直立，头自然前伸，姿势正常，然后按要求将下列各主要部位分别进行测量。每项测量 2 次，取其平均值，做好记录。测量时应准确，操作宜迅速、细心。测定项目根据目的而定，但必须熟悉主要的测量部位和基本的测量方法。羊的体尺测量如图 4-3 所示。

(1) 体高　又称鬐甲高，是由鬐甲最高点至地面的垂直距离。

(2) 体长　由肩端最前缘至坐骨结节后缘的距离。

(3) 胸围　由肩胛骨后缘绕胸一周的长度。

(4) 管围　前肢掌骨上 1/3 处（最细处）的周径。

(5) 腰高　又称十字部高，是由两腰角的中央至地面的垂直距离。

(6) 腰角宽（十字部宽）　两侧腰角外缘间距离。

【注意事项】 羊的体尺测量时的姿势及测量人的读数容易造成误差，测量时对同一个部位应多测几次，求其平均值，以减少误差。

【实训报告】

1. 将羊的体尺测量结果填入表 4-2 中，完成实训报告。

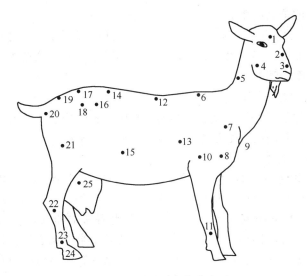

图 4-2 山羊外貌各部位名称

1—头；2—鼻梁；3—鼻；4—颊；5—颈；6—鬐甲；7—肩部；8—肩端；

9—前胸；10—肘；11—前肢；12—背部；13—胸部；14—腰部；15—腹部；

16—肷部；17—十字部；18—腰角；19—尻；20—坐骨端；21—大腿；

22—飞节；23—系；24—蹄；25—乳房

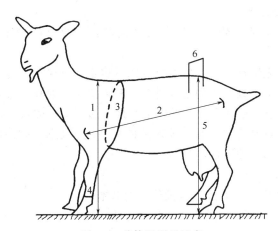

图 4-3 羊体尺测量示意

1—体高；2—体长；3—胸围；4—管围；5—十字部高；6—腰角宽

表 4-2 羊体尺测量统计表

羊号	体高	体长	胸围	十字部高	腰角宽	管围

2. 羊体各部位分别具有哪些特征？

3. 羊的体尺测量部位主要有哪些？试述基本的测量方法。

实训三 羊毛纤维组织学构造观察

【实训目标】 本实训通过观察构成羊毛纤维的鳞片层、皮质层和髓质层的细胞形态及排列状态，了解不同类型羊毛纤维在组织上的特点。比较不同类型羊毛纤维外部形态上的差别，能识别不同类型的羊毛纤维。

【实训材料】 实习用毛样、显微镜、载玻片、盖玻片、尖镊子、剪刀、吸水纸、明胶、美蓝溶液、乙醚、甘油、17％氢氧化钠、浓硫酸、蒸馏水、95％酒精等。

【实训内容与操作步骤】

1. 实习用毛样的洗涤

将毛样用镊子夹住下端，放入盛有乙醚的烧杯中，轻轻摆动，切勿弄乱毛纤维。洗净后取出毛样，挤掉溶液，并用吸水纸吸去残留溶液，待干后备用。

2. 羊毛纤维鳞片的观察

① 直接观察法 取毛纤维数根，剪成 2～4mm 长的短纤维，并将其置于载玻片上，滴一滴甘油，再覆以盖玻片，即可在显微镜下观察。

② 明胶印模法 取 1g 明胶加水 3～5ml，放在水浴锅中加热，滴加少许美蓝使呈浅蓝色明胶溶液。将明胶用玻璃棒均匀涂于载玻片上，待其呈半干状态时，再将洗净的毛纤维直径的一半嵌入胶中，等明胶干后取下毛纤维，不加盖玻片置于显微镜下观察，可清晰地观察到明胶表面印有鳞片的痕迹。

3. 羊毛纤维皮质层细胞的观察

取无髓毛数根，剪成 1～2mm 的短纤维，置于载玻片上。滴一滴浓硫酸，立即盖上盖玻片。待浓硫酸与皮质层细胞间质作用 2～3min 后，用镊子将盖玻片稍加力磨动，此时皮质层细胞即可分离出来。然后将此载玻片置显微镜下观察。

4. 羊毛纤维的髓层观察

选有髓毛、两型毛及死毛数根，分别以甘油制片，置显微镜下观察其髓质的形状和粗细。

羊毛纤维的髓层中充满空气，所以在显微镜下观察时呈黑色。为了较清晰地看到髓层细胞的形状，观察前需将髓层细胞中的空气排除。其方法是：取死毛数根，用小剪刀剪到最短程度（1mm 以内），置于载玻片中央，并在毛纤维上滴一滴蒸馏水，再覆以盖玻片。然后由盖玻片的一端用吸水纸吸取流水，并在盖玻片的另一端不断滴无水酒精，如此连续约 5min 后，置显微镜下观察，髓层细胞即清晰可见。

【注意事项】

1. 进行本实训，学生需要掌握显微镜使用的基本知识。

2. 羊毛纤维皮质层观察所用浓硫酸为高浓度浓硫酸，应注意实训安全。

【实训报告】

1. 绘图比较有髓毛、两型毛和无髓毛的组织学构造。

2. 绘图并说明羊毛皮质层细胞及髓层细胞的情况。

实训四　羊肉品质的测定

【实训目标】 了解羊肉的营养价值及化学组成，掌握感官检查、理化检验进行羊肉品质的测定技术。

【实训材料】 新鲜羊肉，冰箱、酸度计、感量分别为 0.001g 和 0.1g 的天平、圆形取样器、定性中速滤纸、压力计、蒸锅及蒸屉、电炉、C-LM 型肌肉嫩度计等。

【实训内容与操作步骤】

（1）肉色 肉色是指肌肉的颜色，是由组成肌肉中的肌红蛋白和肌白蛋白的比例所决定。

评定方法：在现场多用目测法，取最后一个胸椎处背最长肌为代表，新鲜肉样于宰后1～2h、冷却肉样于宰后24h在4℃左右冰箱中存放。在室内自然光下，用目测评分法评定新鲜切面。可用美式或日式肉色评分图对比，凡评为3分或4分者属正常颜色。

（2）大理石纹　指肉眼可见的肌肉横切面红色中的白色脂肪纹状结构。

评定方法：取第一腰椎部背最长肌鲜肉样，置于0～4℃冰箱中24h后，取出横切，以新鲜切面观察其纹理结构，并借用大理石纹评分标准图评定。只有大理石纹的痕迹评为1分，有微量大理石纹评为2分，有少量大理石纹评为3分，有适量大理石纹评为4分，若是有过量大理石纹的评为5分。

（3）羊肉酸碱度（pH）的测定　羊肉酸碱度是指肉羊宰杀停止呼吸后，在一定条件下，经一定时间所测得的pH。

测定方法：用酸度计测定，直接测定时，在切开的肌肉面用金属棒从切面中心刺一个孔，然后插入酸度计电极，使肉紧贴电极球端后读数；捣碎测定时，将肉样加入组织捣碎机中捣3min左右，取出装在小烧杯中，插入酸度计电极测定。

评定标准：鲜肉pH为5.9～6.5；次鲜肉pH为6.6～6.7；腐败肉pH在6.7以上。

（4）羊肉失水率测定　失水率是指羊肉在一定压力条件下，经一定时间所失去的水分占失水前肉重的百分数。

测定方法：截取第一腰椎以后背最长肌5cm肉样一段，平置在洁净的橡皮片上，用直径为2.532cm的圆形取样器（面积约5cm²），切取中心部分眼肌样品一块，其厚度为1cm，立即用感量为0.001g的天平称重，然后放置于吸水性好的定性中速滤纸上，肉块上下各放滤纸18层，肉样连同滤纸一同放在压力计（35kgf/cm²，1kgf/cm²＝98.0665kPa）上，加压5min，撤除压力后，立即称量肉样重量，然后计算出失水率。

$$失水率＝\frac{肉样压前重量－肉样压后重量}{肉样压前重量}×100\%$$

（5）熟肉率　指肉熟后与生肉的重量比率。

测定方法：于宰杀后12h内进行测定。取一侧腰大肌中段约100g，剥离肌外膜所附着的脂肪后，用感量0.1g的天平称重（W_1），将样品置于铝蒸锅的蒸屉上用沸水在2000W的电炉上蒸煮45min，取出后吊挂于室内无风阴凉处，30min后称重（W_2）。计算公式为：

$$熟肉率＝\frac{W_2}{W_1}×100\%$$

（6）羊肉的嫩度　指肉的老嫩程度，是人食肉时对肉撕裂、切断和咀嚼时的难易，嚼后在口中留存肉渣的大小和多少的总体感觉。

评定方法：通常采用仪器评定和品尝评定两种方法。仪器评定目前通常采用C-LM型肌肉嫩度计，以kg为单位表示；其数值愈小，肉愈细嫩，数值愈大，肉愈粗老。口感品尝法通常是取后腿或腰部肌肉500g放入锅内蒸60min，取出切成薄片，放于盘中，佐料任意添加，凭咀嚼碎裂的程度进行评定，易碎裂则嫩，不易碎裂则表明粗硬。

【注意事项】　进行羊肉品质测定时，要做好组织工作，确保实训效果。

【实训报告】　将所测定结果填入表4-3，对所测肉质做简要的评价。

表4-3　羊肉品质鉴定表

肉号	肉色	pH	失水率	熟肉率	嫩度	大理石纹	评价

2. 从哪些方面对羊肉进行品质评定？

实训五　肉用羊的屠宰测定

【实训目标】　通过实际操作，熟悉羊屠宰测定方法，操作技术及肉用性能统计方法。为科学评定羊的产肉性能和肉的品质打下良好基础。

【实训材料】　肉羊，放血刀、宰羊刀、剥皮刀、砍刀、剔骨刀、秤、硫酸纸、求积仪等。

【实训内容与操作步骤】

1. 宰前准备

屠宰前 12h 停止饲喂和放牧，仅供给充足的饮水，宰前 2h 停止饮水，以免肠胃过分胀满，影响解体和清理肠胃。宰前还应进行健康检查，确诊为患病羊和注射炭疽疫苗未超过 2 周的羊均不能宰杀。宰前的羊要保持在安静的环境中。

2. 活体测量体尺、称重及评定膘度。

3. 保定

4. 屠宰

（1）宰杀　在羊颈部将毛皮纵向切开 17cm 左右，然后用力将刀插入颈部挑断气管，再把主血管切断放血。注意不要让血液污染毛皮，放完血后，要马上进行剥皮。

（2）剥皮　最好趁羊体温未降低时进行剥皮。把羊只四肢朝上放在洁净的板子或地面上，用刀尖沿腹部中线先挑开皮层，并继续向前沿着胸部中线挑至下颚的唇边。然后沿中线向后挑至肛门外，再从两前肢和两后肢内侧切开两横线，直达蹄间垂直于胸腹部的纵线。接着用刀沿着胸腹部挑开的皮层向里剥开 5～10cm 左右，然后一手拉开胸腹部挑开的皮边，另一手用拳头捶肉，一边拉、一边捶，很快就可将羊皮整张剥下来。

（3）内脏剥离　沿腹侧正中线切开羊的胴体，左手伸进骨盆腔拉去直肠，右手用刀沿肛门周围一圈环切，并将直肠端打结后顺势取下膀胱。然后取出靠近胸腔的脾脏，找到食管并打结后将胃肠全部取出。再用刀由下而上砍开胸骨，取出心、肝、肺和气管等。

（4）胴体修整　切除头、蹄，取出内脏后的胴体应保留带骨的尾、胸腺、横隔肌、肾脏和肾脏周围的脂肪及骨盆中的脂肪；公羊应保留睾丸。然后对胴体进行检查，如发现小块的瘀血和疤痕，可用刀修除，然后用冷水将胴体冲洗干净并晾干。

（5）胴体分割　用砍刀从脊椎骨中间把胴体砍开，分成左右两半，每半边胴体应包括一个肾脏和肾脏脂肪、骨盆脂肪。尾巴留在左半边。胴体分为腹肉、胸肉、肋肉、腰肉、后腿肉，见图 4-4。

① 腹肉：整个腹下部分的肉。

② 胸肉：包括肩部及肋软骨下部和前腿肉。

③ 肋肉：第 12 对肋骨处至第 4～5 根肋骨间横切。

④ 腰肉：从第 12 对肋骨与第 13 对肋骨之间至最后腰椎处横切。

⑤ 后腿肉：从最后腰椎处横切。

⑥ 肩肉：肩胛骨后缘及第 4 对肋骨前的整个部分。

（6）产肉性能的测定

① 宰前活重：屠宰前 12h 的活体重。相同年龄、性别和肥育措施的肉羊，宰前活重越大，说明生长越快，产肉性能越好。

② 胴体重：指屠宰放血后剥去毛皮以及去头、内脏及前肢腕关节和后肢关节以下部分，整个躯体（包括肾脏及其周围脂肪）静置 30min 后的重量。

图 4-4　羊胴体剖分

③ 净肉重：胴体上全部肌肉剔下后的总肉重。

④ 屠宰率：即胴体重与宰前活重的比值。

⑤ 胴体净肉率：胴体净肉重与胴体重的比值。

⑥ 肉骨比：胴体净肉重与骨重的比值。

⑦ 眼肌面积：测倒数第 1 和第 2 肋骨间脊椎上的背最长肌的横切面积，因为它与产肉量呈正相关。测量方法为：用硫酸纸描绘出横切面的轮廓，再用求积仪计算面积。如无求积仪，可用以下公式估测。

$$眼肌面积（cm^2）＝眼肌高（cm）×眼肌宽（cm）×0.7$$

⑧ GR 值：胴体第 12 与第 13 肋骨之间，距背中脊线 11cm 处的组织厚度，作为代表胴体脂肪含量的标志。

⑨ 胴体品质：主要根据瘦肉的多少及颜色、脂肪含量以及肉的鲜嫩度、多汁性与味道等特性来评定。上等品质的羔羊肉，应该是质地坚实而细嫩味美，膻味轻，颜色鲜艳，结缔组织少，肉呈大理石状，背脂分布均匀而不过厚，脂肪色白、坚实。

【注意事项】　肉羊屠宰测定应选择健康无病的成年羊，实训过程注意安全。

【实训报告】　将屠宰测定结果记录于表 4-4 中，进行肉用性能统计。

表 4-4　肉羊屠宰测定结果记录

羊号	宰前活重/kg	胴体重/kg	屠宰率/%	后腿比例/%	腰肉比例/%	GR值/mm	眼肌面积/cm²	净肉重/kg	净肉率/%	骨肉比

实训六　羊毛长度的测定

【实训目标】　羊毛长度是羊毛的主要物理特性之一，是毛纺工业的重要指标。由于品种、个体特性、气候环境和饲养管理条件不同，羊毛生长速度不一致，长度也就不一样。羊毛长度一般分为自然长度和伸直长度两种。本实训的主要目的，是使学生掌握测定羊毛长度的技术。

【实训材料】　供测羊毛样品，尖头小镊子、黑绒板、载玻片、钢尺（15cm 长）、计算器等。

【实训内容与操作步骤】　羊毛长度指标有两种，一种是羊毛长度集中性指标，如自然长度、伸直长度等；另一种是离散性指标，如羊毛长度的均方差、整齐度、短毛率等。本实训仅介绍自然长度和伸直长度的测定方法。

1. 自然长度测定

(1) 测定部位　自然长度是指羊毛在自然弯曲状态下，两端间的直线距离。在羊体上是指毛丛的自然垂直高度，以厘米（cm）为单位，精确到 0.5cm，测量部位通常以体侧部的毛丛高度为代表。种公羊及特一级公羊必须测定肩部、体侧部、股部、背部、腹部 5 个部位，母羊一般只测左侧鉴定部位，将数据填入表 4-5 中。

表 4-5　现场测量羊毛长度统计表　　　　　　　　　单位：cm

自然长度					伸直长度					粗毛羊绒层高度	备注
体侧	肩部	背部	股部	腹部	体侧	肩部	背部	股部	腹部		

（2）测定程序

① 测定细羊毛、半细羊毛时，可在测定部位一手轻按毛丛，另一手将毛丛分开，然后测定未被拨乱的毛丛长度。钢尺必须与毛丛生长方向平行并紧贴毛根。

② 细羊毛、半细羊毛除以上述方法测定外，还应测定在自然环境中羊毛的伸长度，即轻拉毛股，使其弯曲消失时所测得的长度。

③ 异质毛应测量毛股长度（粗毛长度）及绒毛层高度。

④ 精确度以 0.5cm 为单位，采用三进二舍制，如记录 6.5、7.0 等。

实验室测定时是将已剪下的毛样平铺在实验台上，从其中随意选取有代表性的毛丛 10 个，不加任何张力，不拉伸，不洗涤，不破坏原毛自然弯曲形态，置于黑绒布板上，用钢尺按毛丛平行方向测量由根部到尖部的距离。

2. 伸直长度的测定

伸直长度是指将羊毛纤维拉伸至弯曲刚刚消失时的两端的直线距离，也称真实长度。

（1）将待分析的毛样分作试验、对照、备用 3 个样品，每一样品约 0.5g。

（2）测定程序

① 将毛样和钢尺顺直放在黑绒布板上。

② 左手用载玻片轻压在毛样的上方，载玻片一端应与毛样一端对齐，测尺与样品平行，随后用尖头镊子随机抽拉毛样，直至纤维弯曲消失时，记录此时的长度，即为毛纤维的伸直长度。

③ 同质毛应从样品两端各抽 100 根，共测 200 根。准确度为 0.5cm，采用三进二舍制。

④ 异质毛应按纤维类型分别抽测 100 根。

⑤ 凡被拉断的纤维及过短纤维不测量。

【注意事项】　测定羊毛纤维长度时应注意不能拽断毛纤维。

【实训报告】

1. 将所测结果制表计算，并求得羊毛长度的平均数（$\overline{X}$）、标准差（S）以及变异系数（CV）。

2. 计算羊毛纤维的平均伸直率：

$$平均伸直率 = \frac{A-B}{B} \times 100\%$$

式中，A 为平均伸直长度；B 为羊毛自然长度。

实训七　羊毛纤维卷曲弹性度的测定

【实训目标】　通过实习掌握羊毛纤维卷曲度、卷曲数以及卷曲弹性率和卷曲回复率的测定方法。

【实训材料】　羊毛纤维，放大镜、卷曲弹性测试仪等。

【实训内容与操作步骤】

1. 卷曲度（J）、卷曲数（Jn）测试

（1）用上夹持器在纤维束中夹取一根纤维悬挂于张力加载器上，然后用镊子将纤维的另一端置于下夹持器钳口中部夹住。

（2）开启旋钮，加轻负荷 0.02mN/dtex❶，此时加载器横臂上翘，平衡灯灭。按〈下降〉键，下夹持器下降，下降灯亮，同时加载器横臂下降。当加载器张力平衡时，平衡灯亮，下降灯灭，下夹持器停止下降，显示器显示 0L××.×× （轻负荷伸长长度 L_0）。

（3）转动下夹持器顶部"25mm 长度指针"，通过放大镜目测 25mm 长度内纤维左右侧的峰波数，计算卷曲数 Jn。

（4）旋转读数旋钮，加重负荷 1.0mN/dtex，此时加载器横臂上翘，平衡灯灭。按〈下降〉键，下降灯亮，下夹持器继续下降，同时加载器横臂也下降。当加载器张力平衡时平衡灯亮，下降灯灭，下夹持器停止下降，显示器交替显示 1L××.××（重负荷伸长长度 L_1）、0L××.××（轻负荷伸长长度 L_0）、J××.××（卷曲度）。

（5）如果认为该数据有效需打印，按〈打印〉键，打印机自动打印出来本次测试值 J，打印结束后，下夹持器自动上升至初始位置，显示器显示"02××.××"。若不需要打印则按〈上升〉键，下夹持器自动上升至初始位置，显示器显示"02××.××"。关闭加载器制动旋钮，取下纤维，做好继续测试准备工作。

如果认为该数据无效或中途操作有误，则按〈取消〉键，下夹持器自动上升至初始位置，显示器显示"01××.××"。

（6）测试完 N 根纤维，第一次按〈打印〉键，打印本次测试值，第二次按〈打印〉键，打印 N 根统计值。当测试完成 20 根纤维，打印机自动打印 20 根纤维卷曲度 J 的统计值（平均值、均方差、变异系数）。

2. 卷曲弹性率（JD）、卷曲回复率（JW）的测试

（1）按一下〈选择〉键，JD、JW 的指示灯亮。

（2）选择定时，有 2min、1min、0.5min 三种时间循环可供选择。若选择 2min，按〈选择〉键，2min 定时灯亮。

（3）用前文 1（2）和 1（4）的方法测试 L_0 和 L_1。显示器显示 1L××.×××（L_1），2s 后进入定时 30s 状态，显示器显示"T 30"，且逐步减小。当 30s 时间结束后，下夹持器自动上升，上升指示灯亮。同时转动读数旋钮，取掉重负荷，加轻负荷 0.02mN/dtex。当下夹持器上升至上限并且返回至初始位置时，停止下降，仪器自动进入设定的 2min 定时状态，显示器显示"T 120"，且逐步减小。

（4）当定时减小到"T 0"时下夹持器自动下降，下降灯亮。当加载器张力平衡时，平衡灯亮，下降灯灭，下夹持器自动停止，显示器显示"2L ××.××"（当前纤维伸长长度 L_2）。2s 后，显示器轮流显示 J、JD、JW 值：J××.××，JD ××.××，JW××.××。

（5）如果认为该组数据有效，需要打印，按〈打印〉键，打印机自动打印出被测纤维的 J、JD、JW 值，打印结束后，下夹持器自动上升至初始位置，上升灯亮。不需要打印，则按〈上升〉键，下夹持器自动上升至初始位置。关闭加载器制动旋钮，取下一个纤维，做好继续测试准备工作。

---

❶　1mN/dtex，毫牛/分特：1dtex＝$\dfrac{g}{L\times9000}$，g 为羊毛的质量（g），L 为羊毛的长度。

（6）当测试完 N 根纤维，第一次按〈打印〉键，打印本次测试值，第二次按〈打印〉键，打印 N 根统计值。当测试完成 20 根纤维，打印机自动打印 20 根纤维 J、JD、JW 的统计值（平均值、均方差、变异系数）。

【注意事项】 测定时应注意不能拽断毛纤维。

【实训报告】 分析比较不同部位羊毛纤维的卷曲度、卷曲数以及卷曲弹性率和卷曲回复率的差异。

实训八　羊毛细度的测定

【实训目标】 通过实习使学生掌握羊毛细度的测定方法。

【实训材料】 羊毛，镊子、毛样细度标本、显微投影仪、楔形尺、载玻片、盖玻片、黑绒板、标本针、单刃刀片、甘油、乙醚、烧杯、培养皿等。

【实训内容与操作步骤】

1. 目估测法

主要用于绵羊毛的鉴定，但比较粗糙，而且很难对羊毛的细度做出全面评价。一般是在羊体侧取一束毛，仔细观察并与细度标本作对照，再判定其品质。

2. 显微投影仪法

① 选取 1～2g 待测羊毛试样，置于乙醚中洗净，晾干。

② 将晾干后的试样仔细掺合，使毛根和毛梢充分颠倒，然后用单刃刀片在毛样不同部位切取约 0.2～0.5mm 短纤维。

③ 将切好的短纤维置于载玻片上，滴适量甘油，用标本针充分掺和后覆以盖玻片。

④ 选择好与所测毛样细度接近的楔形尺，调整和校正显微投影仪的放大倍数。

⑤ 将做好的测片置于投影仪的载物台上，使纤维的影像投于实验台上，调节焦距至影像清晰为止。

⑥ 用楔形尺沿盖玻片的左上方按顺序逐渐向右下方逐根测量，不要跳跃和重复。

【注意事项】

1. 每根纤维在测量时应测其中部而避免断端；测定数量一般规定同质毛不少于 400 根，异质毛不少于 600 根。

2. 对重叠、交叉、边缘不清的纤维可不测定。

3. 同一试样，两次测定，即两样品的误差，同质毛不得超过 3%，异质毛不得超过 5%，否则应做第三样品，其结果以两个近似值的平均值计算。

4. 统计数字，小数点后第二位按四舍五入记录。

【实训报告】 根据测定记录，计算毛样细度的平均数、标准差、变异系数，并绘出细度分布频率曲线图。

实训九　羊毛净毛率的测定

【实训目标】 通过正确测定净毛率，可以比较绵羊的真实产毛量；通过本实训使学生掌握净毛率测定的技术。

【实训材料】 供测羊毛样品，八篮恒温箱、天平、洗毛盆、晾毛筐、铝制笊篱、温度计（0～100℃）、量杯（1000ml）、肥皂、洗衣粉、无水碳酸钠等。

【**实训内容与操作步骤**】 净毛率是指洗净后的净毛量占原毛量的百分比。测定净毛率的方法主要有晒干法和烘干法两种。晒干法是在缺乏电源和烘干设备的条件下所采取的一种粗糙的测定方法，而烘干法较为精确，其具体测定方法如下所述。

1. 取毛样

从供作净毛率测定的毛样袋中将基本毛样和对照毛样一并取出，取出时要轻、慢、小心，不可使毛样中的土、砂等杂物失散，以防影响结果的准确性。取出后放在 0.01g 感量天平上称重，准确度要求达到 0.01g。将称重结果记录下来。然后，把毛样放在毛筐中，同时编号。

2. 撕松抖土（开毛）

经过称重编号记录的毛样，用手仔细撕松，并尽量抖去沙土、粪块和草质等杂物，这样容易洗干净，并节省洗毛时间和皂碱。注意不应使毛丢失。将毛仍放回原筐中待洗。

3. 洗液配制及洗毛

选用碱性或中性洗毛液，并按下列程序洗毛。洗毛液的皂碱比例、浓度及洗毛时间如表 4-6 和表 4-7。

表 4-6 碱性洗毛液浓度、温度、洗涤时间表

水槽号	洗衣粉/(g/L)	碱/(g/L)	洗涤时间/min	温度/℃
1（清水）	0	0	3	40～45
2	3	3	3	45～50
3	3	4	3	50
4	3	3	3	45～50
5	2	2	3	45～50
6（清水）	0	0	3	40～45
7（清水）	0	0	3	40～45

表 4-7 中性洗毛液浓度、温度、洗涤时间表

水槽号	LS净洗剂/%	元明粉/%	洗涤剂量/L	洗涤时间/min	温度/℃
1	0	0	15	3	40～45
2	0.1	0.5	15	3	50～55
3	0.05	0.3	15	3	50～55
4	0	0	15	2	40～45
5	0	0	15	2	40～45

如采用中性洗毛液，则将撕好的毛样放入第 1 槽中，按规定时间洗涤，洗涤不能搓揉，应用手轻轻摆动，将毛抖散，避免黏结而洗不干净。毛样在第 1 槽中洗完后，捞出将水挤净，再放入第 2 槽漂洗。如此一直到第 5 槽洗完。将毛放回原筐。

4. 烘毛与称重

（1）普通烘箱烘毛与称重 把洗净的羊毛放进烘箱中以 100～105℃ 的温度烘 1.5～2h。取出放进干燥器中冷却 15～20min 后第一次称重。然后，再放入烘箱继续烘干 1～1.5h，取出放进干燥器中冷却后第二次称重，净毛绝对干重为两次称重平均值。

（2）八篮恒温烘箱烘毛与称重 毛样放在八篮烘箱中，温度为 100～105℃ 进行烘干，

2h 后第一次称重，40min 后进行第二次称重，两次称重误差不超过 0.01g，即可作为该毛样的绝对干重。误差超过 0.01g 时，每隔 20 分钟重复称一次，直至两次重量之差不超过 0.01g 为止，即为其绝对干重。

5. 计算净毛率

$$Y = \frac{C \times (1+R)}{G} \times 100\%$$

式中　Y——净毛率，%；

　　　C——净毛绝对干重，g；

　　　R——标准回潮率，%；

　　　G——原毛重，g。

注：标准回潮率按细羊毛 17%、半细羊毛 16%、异质毛 15% 计算。

【注意事项】

1. 八篮恒温箱内称重纸筒的制作与称重，纸筒的规格要合适，略小于铝篮为宜。

2. 将铝篮挂在八篮恒温箱天平钩上时，动作要轻。

【实训报告】

1. 将测定结果记录在表 4-8 中。

2. 计算净毛率。

表 4-8　净毛率测定记录表

羊号	毛样编号	原毛重/g	净毛重/g			净毛率/%
			第一次称重	第二次称重	第三次称重	
1						
2						
3						

实训十　（讨论）如何提高肉用羊的育肥效果

【实训目标】　通过查阅书籍、互联网等资源信息资讯，分组讨论影响肉羊育肥效果的因素和提高肉羊育肥效果的措施，从而提高肉羊场经济效益。

【实训材料】　羊生产的有关文献资料，国家精品资源共享课程网页，中国羊网等。

【实训内容与操作步骤】

1. 根据实训任务单，学习肉羊肥育与屠宰加工方面的知识；同时调研肉羊场，撰写资讯小结上交指导教师。

2. 指导教师批阅资讯小结，了解学生的自学、思维、综合、创造、表达等能力以及对知识和技能掌握的情况，以便在讨论时有目的地引导学生讨论，同时确定讨论的重点、疑点和难点。

3. 对资讯的信息以分组讨论，自由发言、互相交流、互相争论、互相补充的形式进行，每个小组选出代表发言交流。在讨论时，教师应注意引导和启发学生广开思路、畅所欲言，注意解答学生提出的问题，最后由教师扼要总结。

【注意事项】

1. 信息交流讨论时应紧扣岗位工作任务，结合相应工种考核，融合生产中实用的新品种、新技术、新模式。

2. 本实训实施以学生为主、教师为辅，充分调动学生学习的积极性和创造性。

【实训报告】　结合讨论课的收获和体会，写成 1000 字左右的实习报告。

单元二　综 合 实 训

实训一　羊场的设计与规划

【实训目标】　初步掌握羊场设计与规划的方法。

【实训材料】　具有一定规模的羊场。

【实训内容与操作步骤】

1. 羊场场地选择

（1）羊场地形、地势选择　羊场应建在地形开阔整齐，且有足够面积、地势高、平坦、地下水位低（2m 以下）、有一定坡度（1%～3%）、背风向阳的地方，在农区应选在生活区的下风向。

（2）保证防疫安全　羊场场址必须选择在历史上从未发生过羊传染病的地方，距离主要的交通干线 500m 以上，要建在污染源的上风向。

（3）水源充足、水质良好　水量能保证场内生活和生产用水。羊的需水量一般舍饲大于放牧，夏季大于冬季。水质必须符合畜禽饮用水的水质卫生标准。

（4）交通与供电　交通要方便，供电要满足生活和生产需求。

2. 羊场的规划

具有一定规模的羊场，通常分为四个功能区，即生活区、管理区、生产区和隔离区（图 4-5）。

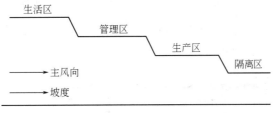

图 4-5　羊场各区按地势、风向布局示意图

（1）生活区　生活区应位于全场上风向和地势较高的地段，包括职工宿舍、食堂、文化娱乐设施等。

（2）管理区　管理区是羊场从事经营活动的功能区，包括行政和技术办公室、车库、杂品库等。管理区的位置应设在生活区的下风向，并应考虑与外界联系的方便。

（3）生产区　生产区是羊场的核心区，包括各类羊舍、饲料调制和贮存的建筑物，应设在羊场的中心地带，位于管理区的下风向。

（4）隔离区　包括兽医室、病羊隔离舍、尸坑或焚尸炉、粪便和污水处理设施等，应设在场区的最下风向和地势较低处，并与羊舍保持在 300m 以上的卫生间距，尽可能与外界隔绝。

3. 羊舍建筑

（1）羊舍设计基本参数

① 羊舍及运动场面积。羊舍面积大小应根据羊的数量、品种和饲养方式而定。一般种公羊 1.5～2m²/只；成年母羊 1.0～1.5m²/只；育成（青年）羊 0.8m²/只；羔羊0.3～0.4m²/只。室外运动场的面积为羊舍面积的 2～3 倍。

② 羊舍的温度、湿度。冬季产房温度最低应保持在 8℃以上，一般羊舍在 0℃以上；夏季舍温不应超过 30℃。羊舍应保持干燥，空气相对湿度为 50%～70%为宜。

③ 通风换气。通风换气是排出舍内污浊空气，保持舍内空气新鲜。

④ 采光。羊舍要求光线充足。采光系数为成年绵羊舍1:(15～25)，羔羊舍 1:(15～20)。

（2）羊舍的建筑类型　根据羊舍四周墙壁封闭的严密程度及羊舍屋顶的形式，可划分为开放及半开放结合的单坡式、双坡式羊舍，封闭双坡式羊舍，以及吊楼式羊舍和棚舍等。

① 开放及半开放结合的单坡式羊舍。由开放舍和半开放舍两部分组成，羊舍排列成"┐"字形，羊可以在两种羊舍中自由活动，见图4-6。适合于炎热地区或经济较落后地区。

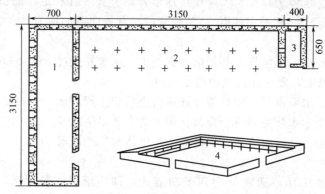

图 4-6　开放及半开放结合的单坡式羊舍（单位：cm）
1—半开放羊舍；2—开放羊舍；3—工作室；4—运动场

② 半开放的双坡式羊舍。羊舍排列成"┐"或"—"字形，羊舍长度增加，见图4-7。适合于比较温暖地区或半农半牧区。

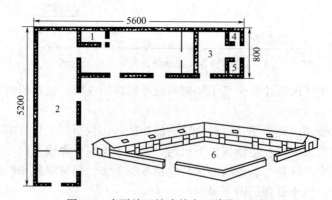

图 4-7　半开放双坡式羊舍（单位：cm）
1—人工授精室；2—普通羊舍；3—分娩栏室；4—值班室；5—饲料间；6—运动场

③ 封闭双坡式羊舍。羊舍四周墙壁封闭严密，屋顶为双坡，跨度大，排列成"—"字形，保温性能好，见图4-8。适合于寒冷地区，可作冬季产羔舍。

④ 漏缝地面羊舍　羊舍为封闭的双坡式，跨度为 6.0m，地面漏缝木条宽50mm、

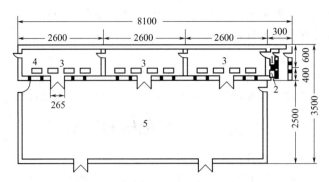

图 4-8 封闭式双坡式羊舍（可容纳 600 只母羊）（单位：cm）

1—值班室；2—饲料间；3—羊圈；4—通气管；5—运动场

厚 25mm，缝隙 15mm。双列食槽通道宽 50cm，对产羔母羊可提供相当适宜的环境条件，见图 4-9。

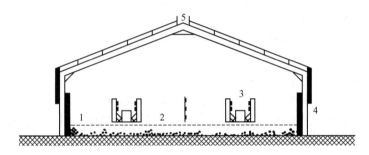

图 4-9 国外典型的漏缝地面羊舍示意图

1—羊栏；2—漏缝地板；3—饲槽通道；4—空气进气口；5—层顶排气

⑤ 塑料棚舍 这种羊舍，一般是利用农村现有的简易敞圈及简易开放式羊舍的运动场，用木杆、竹片、钢材等材料做好骨架，扣上密闭的 0.2～0.5mm 厚的白色透明塑料膜而成。这种暖棚保温、采光好，经济适用，适合于寒冷地区。

中国农业工程研究设计院研制成功 GP-D725-2H 型综合棚舍，前部塑料棚主要用于种蔬菜，后部砖砌圈舍养羊，见图 4-10。

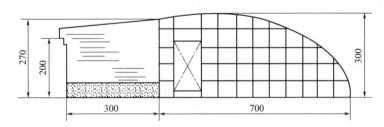

图 4-10 GP-D725-2H 型综合棚舍示意图（单位：cm）

4. 羊场建筑的附属设施及主要设备

羊场建筑的附属设施及主要设备包括人工授精室（的环境卫生条件）；青贮设备（的容积与羊只的补饲量需求是否一致）；药浴设施建筑（的形状与大小）；供水设施和饲槽、草架、活动围栏等（的配置情况）。

【注意事项】

1. 羊场规模大小要考虑饲草、饲料的供应情况以及草场的载畜量。

2. 设计羊舍类型时主要考虑当地的自然气候条件，要因地制宜。

3. 粪便、污水处理要满足环保要求。

【实训报告】

1. 根据对实习羊场的调查情况，写出调查报告。

2. 按实训要求，针对羊场在设计规划方面存在的问题，提出改进措施和建议。

实训二　羊毛毛样的采集

【实训目标】　掌握羊毛毛样的采集技术。

【实训材料】　剪毛剪、毛样袋（要求质地不渗油、不吸水、不粘土、不粘毛）、台秤、弹簧秤或天平等。

【实训内容与操作步骤】

1. 毛样采集部位

羊毛分析样品，一般规定在羊体下列部位采取。

(1) 肩部　肩胛骨的中心点。

(2) 体侧　肩胛骨后缘一掌处与体侧中线交点处。

(3) 股部　腰角与飞节连线的中点。

(4) 背部　鬐甲与十字部的中心点。

(5) 腹部　公羊在阴筒前，母羊在乳房前一掌处的左侧。

一般情况下，种公羊样应取 5 个部位，至少需采 3 个部位（肩、侧、股）；母羊仅取 1 个部位，也有采 3 个部位的。具体应根据实验要求、分析项目等确定采取部位。

2. 不同分析内容的采样要求

(1) 纤维类型分析的毛样　采样部位为肩部、体侧和股部。采样时，将每个部位被毛分开，随机取 3~5 个完整的毛辫或从根部剪取 3~5g 毛样，装入采样袋，加以标记。

(2) 细度、长度、强伸度、含脂率等分析的毛样　取肩部、体侧、股部三个部位毛样。每部位取毛样 3~5g，分别装袋，加以标记。

(3) 测定净毛率的毛样

① 从羊体 5 个部位（肩、侧、股、背、腹）各取毛 40g，共 200g 组成一个分析毛样。每个部位采 3 次，共采 3 个毛样，分别装入采样袋，加以标记。

② 从肩部、体侧、股部各取 200g 毛样，混合后分为 3 个样品进行测定。

③ 从体侧部约 10cm×10cm 的面积，采集 50~200g 毛样供分析测试用。

3. 采集的时间及数量

分析用毛样应于每年剪毛前，采集生长足 12 个月的羊毛。一般情况下，对种公羊和参加后裔测定的幼龄公羊，应全部采集。细毛和半细毛一级成年母羊及 1~1.5 岁育成母羊，可按羊群中一级羊总数的 5%~10%采样，或随机抽 10 头作为代表；同质毛杂种母羊、裘皮羊、羔皮羊在每一等级羊群中随机抽取 5%或 15 头左右采样。

4. 采样方法

在规定部位用剪刀贴近皮肤处剪下毛样，毛茬要求整齐。用手捏紧样品将其撕下，尽可能保持羊毛的长度、弯曲及毛丛的原状。

【注意事项】

1. 测定净毛率的毛样，应在采集时称重，避免抖掉杂质。

2. 测定含脂率的毛样，应用蜡纸或塑料袋包装，以防油脂损失影响测定结果。

3. 将采得的毛样按其自然状态包装好，每袋注明场名、羊号、品种、性别、等级、采样日期以及采样人等。

4. 毛样保存时应注意通风、干燥和防虫蛀。

5. 每年采集的毛样，应在秋季配种前做完分析工作。

【实训报告】 按要求完成羊毛毛样的采集。

实训三 羊的药浴技术

【实训目标】 掌握羊的药浴技术。

【实训场地与材料】 具有一定规模的羊场，常用的药浴药物及器具等。

【实训内容与操作步骤】

1. 药浴的准备

（1）药浴时间 可根据具体情况而定，在疥癣病常发地区，一年可进行两次药浴。一次是治疗性药浴，在春季剪毛后 7～10 天进行，另一次是预防性药浴，在夏末秋初进行。

（2）药物准备 蝇毒磷 20% 乳粉或 16% 乳油配制的水溶液，成年羊药液的浓度为 0.05%～0.08%，羔羊 0.03%～0.04%；杀虫脒为 0.1%～0.2% 的水溶液；敌百虫为 0.5% 的水溶液等。

（3）药浴池结构 如图 4-11 所示，用水泥筑成，一般呈长方形水沟状，深 1m，长 10～15m，底宽 40～60cm，上宽 60～100cm。池的入口端为陡坡、出口端用围栏围成储羊圈，并设有滴流台，羊出浴后，应在滴流台上停留片刻，使身上药液回流于池内。储羊圈和滴流台应修成水泥地面。

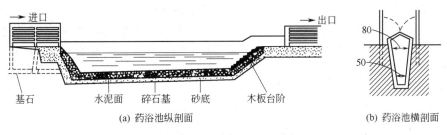

（a）药浴池纵剖面　　　　　　　　　　　　　　（b）药浴池横剖面

图 4-11 大型药浴池示意图

（4）人员防护用具 乳胶手套、口罩、防护衣、帽、胶靴。

2. 药浴的方法与技术

（1）配制药液药浴的池水容量

$$池水容量(kg)=\frac{水面长+池底长}{2}\times\frac{水面宽+池底宽}{2}\times\frac{入口水深+出口水深}{2}\times1000$$

$$用药量(kg)=\frac{所需药液量(kg)\times所需药液浓度}{药物含纯药浓度}$$

（2）池浴的方法 药浴时，工作人员手持压扶杆（带钩的木棒），在浴池两旁控制羊只从入口端徐徐前行，并使其头部抬起不致浸入药液内，但在接近出口时，要用压扶杆将羊头部压入药液内 1～2 次，以防头部发生疥癣。出浴后，使羊在滴流台停留 20min 再放出。

除此之外还有淋浴，适用于各类羊场和养羊户，有专门的淋浴场和喷淋药械，每只羊需喷淋 3～5min。一般养羊户可采用背负式喷雾器，逐只羊进行喷淋，羊体各部位都要喷到、湿透，尤其注意腹下、尾下及四肢内侧。

【注意事项】

1. 药浴应选择晴朗、暖和、无风天气日出后的上午进行，以便药浴后，中午羊毛能干燥。

2. 大群药浴前应先做小群（3~5只）安全试验。

3. 临药浴前羊停止放牧和喂料，浴前2h让羊充分饮水，以防止其口渴误饮药液。

4. 先浴健康羊，后浴病羊，有外伤的羊只暂不药浴。

5. 药液应浸满全身，尤其是头部，用压扶杆将羊的头部压入药液内两次，但需注意羊只不得呛水，以免引起中毒。

6. 药浴持续时间，治疗为2~3min，预防为1min。

7. 羊只药浴后在阴凉处休息1~2h，即可放牧。

8. 药浴期间，工作人员应注意人身保护，防止中毒。此外，羊群若有牧羊犬，也应一并药浴。

【实训报告】 根据实训羊场的具体条件对羊群进行药浴（池浴或淋浴），写出实训报告。

实训四 绵羊的剪毛技术

【实训目标】 掌握绵羊的剪毛技术。

【实训材料】 绵羊若干，剪刀（剪毛机）、磅秤等。

【实训内容与操作步骤】

1. 剪毛次数和时间

（1）剪毛次数 细毛羊、半细毛羊及其生产同质毛的杂种羊，一年内仅在春季剪毛一次。粗毛羊和生产异质毛的杂种羊，可在春、秋季节各剪毛一次。

（2）剪毛时间 具体时间依当地气候变化而定。我国西北牧区春季剪毛，一般在5月下旬至6月上旬，青海、西藏牧区在6月下旬至7月上旬，农区在4月中旬至5月上旬。秋季剪毛多在9月份进行。

2. 剪毛方法

剪毛方法主要分手工剪毛和机械剪毛两种。

（1）手工剪毛 剪毛员将羊放倒保定之后，先从体侧开始剪，从后躯至腋窝向前剪一条线，并向下腹部及胸部剪去；再剪臂部及腿部毛，一侧剪完后，翻转羊只剪另一侧羊毛；最后剪颈部和头部的被毛。

（2）机械剪毛

① 剪毛员用两膝夹住羊背，左臂把羊头夹在腋下，左手握住羊的左前肢，使腹部皮肤平直，先从两前肢中间颈部下端把毛被剪开，沿腹部左侧剪出一条斜线，再以弧线依次剪去腹毛。左手按住羊的后胯，使羊两后肢张开。先从左腿内侧向蹄剪，再从右腿内侧向蹄剪，后由蹄部往回剪，剪去后腿内侧毛。

② 剪毛员右腿后移，使羊呈半右卧势，把羊两前肢和羊头置于腋下，左手虎口卡住左后腿使之伸直，先由左后蹄剪至肋部，依次向后，剪至尾根，剪去左后腿外侧毛。从后向前剪去左臀部羊毛。然后提起羊尾，剪去尾的羊毛。

③ 剪毛员膝盖靠住羊的胸部，左手握住羊的颌部，剪去颈部左侧羊毛，接着剪去左前肢内外侧羊毛。剪毛员左手握住前腿，依次剪完左侧羊毛。

④ 使羊右转，呈半右卧势，剪毛员用左手按住羊头，左腿放在羊前腿之间，右腿放在羊两后腿之后，使羊成弓形，便于背部剪毛，剪过脊柱为止；剪完背部和头部，接着剪毛员

握住羊耳朵,剪去前额和面部的羊毛。

⑤ 剪毛员右腿移至羊背部,左腿同时向后移。左手握住羊颌,将羊头按在两膝上,剪去颈部右侧羊毛,再剪去右前腿外侧羊毛。然后把羊头置于两腿之间,夹住羊脖子,依次剪去右侧部的羊毛。

剪完一只羊后,需仔细检查,若有伤口,应涂上碘酒,以防感染。

【注意事项】

1. 为避免粗细毛混杂,应安排好剪毛顺序,先剪粗毛羊,再剪杂种羊,最后剪细毛羊;先剪幼龄羊,再剪羯羊和公羊,最后剪母羊。

2. 剪毛前12h不给羊饮水饲喂,以防剪毛时对羊来回翻转而引起疾病。

3. 剪毛时留茬高度0.3cm左右,严禁剪二刀毛。

4. 剪毛时一定按剪毛顺序进行,争取剪出完整套毛。

5. 剪毛时应手轻心细,端平电剪,遇到皮肤皱褶处,应轻轻将皮肤展开再剪,防止剪伤皮肤。

6. 剪毛后放牧时控制羊进食,以防引起消化不良。

7. 剪毛后羊只一周内严防雨淋和日光暴晒。

【实训报告】 参与羊的剪毛工作,写出羊的剪毛报告。

实训五 羔皮与裘皮的品质鉴定

【实训目标】 通过实训,对实物进行观察和具体鉴定,使学生了解我国羔皮和裘皮的品质,从中掌握评定羔皮和裘皮品质的技术要领。

【实训材料】 羔皮、裘皮样品,卷尺、直尺等。

【实训内容与操作步骤】

1. 羔皮、裘皮的识别

将毛皮一一摊开进行比较并识别。羔皮毛稀而短,皮板薄而轻,花卷结实,花案美观,皮板面积小。而裘皮毛股较长,皮板较厚而结实,底绒多,且皮板面积较大。

观察毛皮的同时,用手触摸,并不时把毛皮抖几下,使毛绒松散,便于感觉。鉴定时不能撕扯皮板或破坏毛卷。

2. 羔皮的品质鉴定

鉴定羔皮品质时,遵循以毛绒花案为主、皮板大小为辅的原则,主要从花案卷曲、毛绒空足、颜色和光泽、皮板质地、完整程度、张幅大小(皮板面积)等几方面进行。鉴定时主要凭眼看、手摸感官经验来决定,以眼看为主、手摸为辅,彼此印证。

(1) 花案弯卷 不同的品种花案弯卷的式样有不同的特征,一般要求美丽、全面和对称。标准花案面积愈大,其利用率愈大,价值也愈高。

(2) 毛绒空足 毛空是指毛绒比较稀疏,毛足是指毛绒比较紧密。一般来讲,毛足比毛空好,但要求适中为佳。毛绒过足就显得笨重,厚实有余,灵活不足,不能算是上等品质。鉴定时用手把毛皮先抖几下,使羔皮的毛绒松散开来,然后用手戗着毛去摸,毛足的会有挡手之感,或者立即恢复原状;毛空的会感到稀薄或散乱不顺。

(3) 颜色和光泽 一般毛被的颜色有白、黑、褐、花数种,其中以纯黑或纯白色的最受欢迎。羔皮的光泽也很重要,如保管不好,颜色和光泽都会发生变化。鉴定时,仔细观察毛根部,白色羔皮毛根部分洁白光润。

(4) 张幅大小 在品质相同的情况下,皮张面积越大,价值越高。在鉴定时,虽然弯卷皮板都够条件,但张幅小的要降级。

(5)皮板质地 皮板一般可分为三种情况。第一种皮板良好,厚薄适中,经得起鞣制的处理;第二种带有轻微伤残,鞣制以后,虽然仍有痕迹,但损失不大;第三种有严重伤残,如霉烂、焦板等,经过鞣制,皮板部分甚至整张皮板完全被破坏。在鉴定皮板质量时,应抓住季节特点。秋、冬季节产的皮板比较厚实,春、夏季节产的比较薄弱。对皮板的要求是厚薄适中。

(6)完整程度 羔皮的任何部分都有利用价值,因此羔皮的完整性非常重要,皮板如有空洞、伤残等都能影响皮板的结实性和利用价值。

3. 裘皮的品质鉴定

裘皮品质评定主要根据结实性、保暖性、轻软度、擀毡性、美观性、皮张面积和伤残等几方面进行。

(1)结实性 凡皮板致密肥厚、柔韧有弹性的裘皮结实耐穿、导热性小、保暖性强。裘皮的结实性与羊的宰剥季节、绵羊的营养状况和气候因素有密切关系。

(2)保暖性 裘皮的保暖性取决于毛的密度和长度,还取决于绒毛和有髓毛的比例。绒毛多于有髓毛的,其保暖性强;毛密且长的,其保暖性好。皮板致密而厚实,可防止热气散发、冷气入侵。

(3)轻软度 裘皮因为皮板厚、毛股长、毛纤维过密显得笨重。为减轻重量和降低硬度,在加工时,可以适当地削薄皮板、剪短毛股或梳去部分过密的毛纤维等,达到轻裘的要求,但必须保证具备一定的保暖能力。

(4)擀毡性 裘皮擀毡会失去保暖力和美观,穿着也不舒服。裘皮上的有髓毛密且长,擀毡性小;裘皮上的绒毛密且长,擀毡性强。在选择裘皮时,为防止擀毡且兼顾轻暖的要求,除注意皮板厚薄、松紧适度外,还要考虑毛绒的比例适当。

(5)美观性 毛股的弯曲形状、大小、多少、色泽和光亮等都和裘皮的美观性有关。我国一般以颜色全黑或全白、毛股弯曲多而整齐的为上品。

(6)皮张面积和伤残 裘皮的张幅越大,其利用价值越大。伤残越小,尤其是主要部位无伤残,其利用价值越高。

【注意事项】

1. 羊的宰杀及剥皮方法会影响毛皮和板皮的品质与利用价值。

2. 羔裘皮富含蛋白质,具有较多的脂肪,尤其是生皮,容易吸收水汽而受潮霉烂,易引起虫蛀和招惹鼠咬而被破坏,或受热皮层脂肪被分解,皮板干枯等。因此在贮存保管中应力求阴凉、干燥和通风。

3. 不同的加工、晾晒方法,对宰剥后的羔裘皮品质也有一定的影响。盐腌并任其自然收缩和干燥的方法,简单易行,便于推广,但皮板收缩程度大,在一定程度上造成优良毛卷结构的破坏,清晰度变差影响到羔裘皮的品质。淡干板则收缩程度小,对毛卷结构的影响也小,皮板薄而清洁,外形整齐、美观。

【实训报告】 将鉴定结果填入表4-9中。

表4-9 各种毛皮品质鉴定结果表

项 目	湖羊羔皮	黑紫羔皮	滩羊二毛皮	老羊皮	猾子皮	沙毛皮
花卷类型						
皮板厚度						
皮板柔软性						

续表

项　目	湖羊羔皮	黑紫羔皮	滩羊二毛皮	老羊皮	猾子皮	沙毛皮
颜色						
毛的色泽						
毛束的长度						
毛束底绒的多少						
皮张面积大小						

实训六　羊的发情鉴定与配种

【实训目标】　通过实际操作，掌握羊的发情鉴定与配种技术。

【实训材料】　发情期母羊群和试情公羊若干、消毒液、生理盐水、阴道开腔器、手电筒、高压消毒锅、输精设备、高温干燥箱、试管、镊子、解冻杯、显微镜等。

【实训内容与操作步骤】

1. 发情鉴定

(1) 外部观察法　母羊发情时，主要是兴奋不安，摇动尾部，不拒绝公羊接近或爬跨，或者主动接近公羊并接受其爬跨，外阴部有少量黏液。

(2) 阴道检查法　保定母羊，洗净并消毒外阴部，并用消毒毛巾擦干。开腔器洗净、消毒，并用生理盐水浸湿。工作人员用一手将母羊阴唇分开，另一手持开腔器缓慢侧着伸入阴道内适当深度，下转把柄并按压开腔器把柄扩张阴道，借助手电光源观察阴道变化，若阴道黏膜充血，表面光滑湿润，有透明黏液流出，子宫颈充血、开放，即为发情，反之则未发情。阴道检查时，深入开腔器要缓慢，取出时不要完全关闭，以防夹伤阴道黏膜。

(3) 试情法　将体质健壮、性欲旺盛的试情公羊（结扎输精管或腹下戴试情兜布）按公母1∶40的比例，每日清晨或早晚各一次放入母羊群中，接受公羊爬跨者即为发情母羊，要及时捕捉并送至发情母羊圈中。试情结束，清洗试情布，以防布面变硬，擦伤阴茎。

2. 配种

(1) 自由交配　在羊的繁殖季节，将公、母羊［比例为1∶(30～40)］混群放牧，任其自由交配。

(2) 人工辅助交配　公、母羊分群放牧，到配种季节每天对母羊进行试情，然后把挑选出来的发情母羊与指定的公羊进行交配；为保证受胎率，在第一次交配后间隔12h左右再复配一次。

(3) 人工授精

① 输精器械的洗涤与消毒。在输精前，所有器械必须严格消毒，然后用2.9%的柠檬酸钠盐或生理盐水反复冲洗输精枪与试管中的水珠。

② 精液的准备。使用鲜精液输精，镜检精子活力不低于0.6；液态保存的精液，需升温到30℃，镜检精子活力不低于0.5；冷冻精液需用温水解冻，镜检精子活力在0.35以上。将精液吸入输精器中。

③ 术者准备。输精员穿好操作服，将指甲剪短磨光，手洗净并消毒，再用生理盐水冲洗干净。

④ 保定待输精母羊。羊的输精保定最好采用能升降的输精架或在输精台后设置凹坑，如无此条件可采用助手保定，助手可倒骑跨在羊的背部，使羊头朝后，进行保定。

⑤ 输精。母羊外阴部用0.1%高锰酸钾液擦净消毒，操作人员将用生理盐水浸润过的开

阴器打开母羊阴道，借助光源找到子宫颈口，将输精器插入子宫颈内 0.5～1.0cm 处，缓缓注入精液，将输精器和开阴器小心取出。

【注意事项】

1. 试情公羊应单独饲喂，加强饲养管理，远离母羊群，防止偷配。

2. 试情公羊每隔一周排精一次，以刺激其性欲。

3. 参加配种的公羊，应在配种前 1 个月左右开始对其精液品质进行检查，每只种公羊至少要采集精液 15～20 次。

4. 参加人工授精的母羊，要单独组群，认真管理，防止公母羊混群偷配。

【实训报告】 根据实训的具体条件，分析如何提高羊的受胎率。

实训七 羊的分娩与接羔技术

【实训目标】 了解羊的分娩征兆，掌握羊的接产与产后护理工作。

【实训材料】 妊娠母羊和待产母羊各若干只，3％～5％碱水、10％～20％石灰乳溶液、1％来苏儿、5％碘酊和剪刀等。

【实训内容与操作步骤】

1. 产羔准备

（1）接羔棚舍及用具的准备 产羔工作开始前 3～5 天，必须对接羔棚舍、运动场、饲草架、饲槽、分娩栏等进行修理和清扫，并用 3％～5％的碱水或 10％～20％的石灰乳溶液或其他消毒药品进行彻底的消毒。

（2）饲草、饲料的准备 在牧区接羔棚舍附近，从牧草返青时开始，在避风、向阳、靠近水源的地方用土墙或铁丝网围起来，作为产羔用草地，其面积大小应够产羔母羊一个半月的放牧使用为宜。有条件的羊场及农牧民饲养户，应当为冬季产羔的母羊准备充足的青干草、质地优良的农作物秸秆、多汁饲料和适当的精料等；对春季产羔的母羊也应准备至少可以舍饲 15 天所需的饲草、饲料。

（3）接羔人员的准备 接羔是一项繁重而细致的工作，因此，每群产羔母羊除主管牧工以外，还必须配备一定数量的辅助劳动力，才能确保接羔工作的顺利进行。

（4）兽医人员及药品的准备 在产羔母羊比较集中的乡、村或场队，应当设置兽医站（点），购足可防治在产羔期间母羊和羔羊常见病的必需药品和器材。

2. 接羔技术

（1）临产母羊的特征 母羊临产前，表现乳房肿大，乳头直立；阴门肿胀潮红，有时流出浓稠黏液；肷窝下陷，尤其以临产前 2～3h 最明显；行动困难，排尿次数增多；起卧不安，不时回顾腹部，或喜卧墙角，卧地时两后肢向后伸直。

（2）产羔过程及接羔技术 母羊正常分娩时，在羊膜破后几分钟至 30min 左右，羔羊即可产出。正常胎位的羔羊，出生时一般是两前肢及头部先出，并用头部紧靠在两前肢的上面，若是产双羔，先后间隔 5～30min，但也偶有长达数小时以上的。

母羊产羔过程，非必要时一般不应干扰，最好让其自行娩出。但有的初产母羊因骨盆和阴道较为狭小，或双胎母羊在分娩第二头羔羊并已感疲乏的情况下，这时需要助产。其方法是：人在母羊体躯后侧，用膝盖轻压其肷部，等羔羊嘴端露出后，用一手向前推动母羊会阴部，羔羊头部露出后，再用一手托住头部、一手握住前肢，随母羊的努责向后下方拉出胎儿。若属胎势异常或其他原因难产时，应及时请有经验的兽医人员解决。

（3）初生羔羊的护理 羔羊产出后，首先把其口腔、鼻腔里的黏液掏出擦净。羔羊身上的黏液，最好让母羊舔净，这对母羊认羔有好处。如果母羊不舔或天气寒冷时，可用柔软干草迅速把羔羊擦干，以免受凉。一般情况下，羔羊会自行扯断脐带。人工助产的羔羊，助产者用手将脐血向羔羊脐部捋几下，然后在离羔羊肚皮 3～4cm 处剪断并用 5％碘酒消毒。

（4）假死羔羊的处理　如碰到分娩时间较长，羔羊出现假死情况时，一般采用两种方法进行抢救，一是提起羔羊两后肢，使羔羊悬起，同时拍击其背部和胸部；另一种是使羔羊平卧，用两手有节奏地推压羔羊胸部两侧，经过这种处理后，假死的羔羊即能复苏。

（5）产后母羊的护理

① 产后母羊应注意保暖、防潮、避风，保持安静休息。

② 产后 1h 给母羊饮 25～30℃ 的温水，一般为 1～15L，忌饮冷水，可加少许红糖和麦麸。

③ 母羊在产后 7 天内应加强管理，3 天内喂给质量好、易消化的饲料，减少精料喂量，以后逐渐转为饲喂正常饲料。

④ 母羊分娩后 1h 左右，胎衣会自然排出，应及时取走，防止被母羊吞食养成恶习。若产后 2～3h 母羊胎衣仍未排出，应及时采取措施。

⑤ 检查母羊乳房有无异常或硬块。

【注意事项】

1. 正确判断母羊的临产症状，防止在放牧地产羔。

2. 羔羊吃到初乳后 1～2h，有黑色黏稠的胎粪排出，若在 24h 内未排出胎粪，则用温肥皂水灌肠治疗。

3. 羔羊有采食动作后，要防止舔食粪尿、毛屑等，以免形成异食癖，影响羔羊健康。

4. 母羊产后的最初几天，要注意保暖、防潮，适当喂给些豆浆、小米粥等，促进其迅速恢复体力，增加泌乳量。

【实训报告】

1. 提高羔羊成活率的措施有哪些？

2. 参与实训羊场产羔母羊的接产过程，结合生产实际，写出分娩准备及接羔技术的报告。

实训八　羊的编号、断尾与去势

【实训目标】　通过实训，掌握羊的编号、断尾与去势技术。

【实训材料】　出生 1 月龄内的羔羊，耳标钳、耳标、记号笔、缺刻钳、橡皮圈、断尾钳或断尾铲、手术刀、去势钳、碘酒、棉球等。

【实训内容与操作步骤】

1. 羊的编号

编号对于羊只识别和选种选配是一项必不可少的基础性工作。羔羊出生后 2～3 天，结合初生鉴定，即可进行个体编号。常用的方法有耳标法、剪耳法、墨刺法和烙角法。

（1）耳标法　耳标有金属耳标和塑料耳标两种，形状有圆形和长条形，以圆形为好。

① 编号。用特制的钢字或用记号笔在耳标上编号。标记内容主要为品种、年号、个体号。品种一般以该品种的第一个汉字或汉语拼音的第一个大写字母代表；年号取公历年份的最后一位数，放在个体号前，编号时以 10 年为一个编号年度计；个体号根据羊场羊群的大小，取 3 位或 4 位，尾数单号代表公羊、双号代表母羊。如一新疆细毛羊于 2013 年 11 月出生，为该场今年出生的第 88 只羊，为母羊，则该羊编号为：X3088。

② 装耳标。在耳标钳的夹片下水平安装已编号的耳标阴牌，阳牌充分插入耳标钳的针上。

③ 消毒、打孔、固定。将装好的耳标钳和耳标一起浸泡消毒，在羊耳上缘血管较少处用碘酒消毒，一人将羊保定，操作员左手固定耳朵，右手执钳在耳部中心位置消过毒的地方，避开大血管，迅速用力下压，松开即可。

（2）剪耳法　用耳号钳在羊耳朵上剪一定缺口代表号数。其规定是：左耳为个位数，右耳为十位数，耳尖、耳中计百位，耳上缘一个缺口为3，下缘一个缺口为1。这种方法简单，但当羊的数量在1000头以上则无法表示，而且在羔羊时期剪的耳缺到成年时往往变形无法辨认，所以此法现在很少使用。

墨刺法和烙角法虽然简便经济，但都有不少缺点，如墨刺法字迹模糊，无法辨认，而烙角法仅适用于有角羊。所以，现在这两种方法使用较少。

2. 羔羊的断尾

（1）断尾的目的　细毛羊、半细毛羊及其杂种羊，具有细长的尾，为了减少粪尿污染后躯及体侧被毛，便于配种，应进行断尾。

（2）断尾的时间　羔羊生后1～2周即可断尾，体弱羔羊可适当推迟。断尾应选择晴天的早晨进行。断尾处大约离尾根4cm左右，约在第3至第4尾椎之间，母羔以盖住外阴部为宜。

（3）断尾的方法

① 烙断法。使用断尾钳或断尾铲进行，用火烧至黑红色。助手将羔羊抱起，腹部向上，另用一钉有铁皮的断尾板从应断部位挡住羔羊肛门、阴部或睾丸。把尾的皮肤向尾根处捋起，然后用烧好的断尾钳或断尾铲烙断。断尾后松开捋起的皮肤，使其包住伤口。

② 结扎法。将橡皮筋圈套在尾部第3～4尾椎之间，紧紧扎住，断绝血液流通，经十多天后下端尾部自行脱落。

3. 羔羊去势

（1）去势的目的　去势后，羊性情温顺，管理方便，节省饲料，肉的膻味小，凡不宜作种用的公羔应进行去势。

（2）去势的时间　去势时间，以公羔生后2～3周龄为宜，如遇天气寒冷或体弱的羔羊，可适当延迟。最好选择在晴天的上午进行。

（3）去势的方法

① 刀切法。由一人固定住羔羊的四肢，并使羔羊的腹部向外，另一人将阴囊上的毛剪掉，在阴囊下1/3处涂上碘酒消毒，然后用消毒过的手术刀将阴囊下方切一口，将睾丸挤出，慢慢拉断血管和精索。一侧的睾丸取出后，如法取出另一侧的睾丸，阴囊内撒20万～30万单位的青霉素，然后伤口处涂上消毒药物即可。

② 去势钳法。用特制的去势钳，在阴囊上部用力将精索夹断后，睾丸会逐渐萎缩。

③ 结扎法。将睾丸挤进阴囊里，用橡皮筋紧紧地结扎阴囊的上部，断绝睾丸的血液流通，经15天左右，阴囊和睾丸萎缩后自动脱落。

【注意事项】

1. 一个羊场羊的编号方法要一致，不能有重复编号。

2. 断尾、去势1～3天之后，应进行检查，如发现化脓、流血等情况要进行及时处理，以防进一步感染造成羊只损失。

【实训报告】　根据实训条件，完成对羔羊的编号、断尾和去势工作，并写出实训报告。

<h1 align="center">实训九　羔羊的饲养技术</h1>

【实训目标】　掌握羔羊饲养技术。

【实训材料】　哺乳期母羊、羔羊，奶瓶、牛乳、羊乳、乳粉或代乳品等。

【实训内容与操作步骤】　羔羊出生后，体质较弱，适应能力及抵抗力弱，容易生病。因此，搞好初生羔羊护理，是减少羔羊生病死亡、提高成活率的关键。羔羊护理应做到三防和四勤，即防冻、防饿、防潮，勤检查、勤喂乳、勤消毒、勤治疗。

1. 初生羔羊的护理

（1）保温防寒　初生羔羊体温调节机能不完善，保温防寒是初生羔羊护理的重要环节，羊舍保持干燥，温度要求为10～15℃。

（2）舔干黏液　为了使初生羔羊少受冻，应让母羊立即舔干羔羊身上的黏液。

（3）清洁卫生　搞好羊舍卫生，严格执行消毒隔离制度。

（4）细致观察　每天2次观察羔羊的食欲、精神状态、粪便等是否正常。有病羔羊实行隔离，及时治疗。

2. 早吃初乳，吃足初乳

初乳中含有丰富的蛋白质（17%～23%）、脂肪（9%～16%）、矿物质等营养物质和抗体，对增强羔羊体质、抵抗疾病和排出胎粪具有重要的作用。羔羊出生后，应保证在出生15～30min内吃到初乳，如不能自己吃乳的应在接产人员辅助下进行，保证羔羊吃到初乳。

对初生孤羔、缺乳羔羊和多胎羔羊，在保证吃到初乳的基础上，应找保姆羊寄养或人工哺乳。人工哺乳务必做到清洁卫生，定时、定量和定温（35～39℃）。哺乳工具最好用奶瓶，但要定期消毒，保持清洁，否则易患消化道疾病。

3. 适时补饲，满足生长需要

羔羊生后7～10日龄，在跟随母羊放牧或补饲时，会模仿母羊的采食行为，此时开始训练羔羊吃草料。在圈内安装羔羊补饲栏（仅能让羔羊进出），让羔羊自由采食。羔羊生后7～20天，晚上母仔一起饲养，白天羔羊留在羊舍内，母羊在羊舍附近草场上放牧，中午回羊舍喂乳一次。

羔羊1月龄后逐渐以采食草料为主、哺乳为辅。每日精料补喂量，1月龄内50～80g，1～2月龄100～200g，2～4月龄250～300g，青粗饲料自由采食。

4. 加强管理，顺利断乳

羔羊一般在3～4月龄断乳，根据月龄、体重、补饲条件和生产需要综合考虑。一般羔羊发育好或母羊一年两产，可以适当提前断乳，发育较差或重点培育的羔羊可适当延长哺乳期。羔羊断乳多采用一次性断乳方法，母仔隔离4～5天，断乳即可成功。

羔羊断乳后按性别、体质强弱分别组群，群的大小根据品种和地区而有不同。断乳后的羔羊可转移到专门培育育成羊的羊舍饲养，或者留在原来的羊舍，把母仔移往别的羊舍，但母仔所在的羊舍及放牧的牧场距离最好远一些。

5. 加强运动，注意防病

为增强羔羊体质，随着羔羊日龄的增长，应尽早安排运动。羔羊舍饲，10日龄在运动场内自由运动。下痢是羔羊出生后7天内最容易发生的疾病，应做好羊舍、草料和料槽等的卫生工作。

6. 做好第一个越冬期羔羊的工作

生后的第一个冬天，正是羔羊适应力弱，并且正在继续发育的时期，因此应给予良好的照管。为此，要为羔羊设置防御寒风、大雪的棚圈，以减少热量的消耗，同时备好草料和良好的牧场，在天气变化剧烈时适当补饲，以保证体质健壮，安全越冬。

【注意事项】

1. 要让所有羔羊出生后尽快吃到初乳。为了便于"对乳"，可在母仔体侧做临时编号，每天母羊放牧归来，必须仔细地对乳。

2. 要注意羔羊的防寒保暖。

3. 做好人工哺乳或寄养工作，且要注意清洁卫生。

4. 要尽早锻炼羔羊采食饲草、饲料。

5. 要对羔羊适时断乳。

【实训报告】 参与养羊场的羔羊饲养管理，并写出饲养管理报告。

实训十 羊的放牧技术

【实训目标】 掌握羊的四季牧场规划与放牧技术。

【实训场地】 具有一定规模的羊场。

【实训内容与操作步骤】

1. 四季牧场规划

羊的放牧饲养，要根据气候的季节性变化、牧草生长规律、草场的地形地势及水源等具体情况规划四季牧场。

（1）春季牧场　春季是冷季进入暖季的交替时期，牧草开始萌发，气温多变，气候不稳定。因此，春季牧场应选择坡度小、地势平坦、向阳、比较温暖的草场。这样的草场冰雪融化早，牧草最先萌发。

（2）夏季牧场　夏季气温较高，降水量较多，牧草丰茂但含水量较高。炎热潮湿的气候对羊体健康不利。夏季牧场应选择高山草原，这些地方蚊蝇少，天气凉爽，细雨蒙蒙，有利于羊只采食抓膘。

（3）秋季牧场　秋季气候凉爽，天渐变短，牧草开始枯老，草籽成熟。农田收获后有不少的穗头、茎叶、杂草，成为放牧抓膘的极好机会。秋季牧场的选择和利用，可先由山冈到山腰，再到山底，最后放牧到平滩地，此外还可利用农作物收割后的茬子地放牧抓膘。

（4）冬季牧草　冬季严寒而漫长，牧草枯黄，营养价值低。冬季牧场应选择背风向阳的丘陵、山沟和低地。

2. 四季放牧的技术

（1）春季放牧　羊群经过冬季的严寒风雪和缺草的春季时，体内的营养物质已被大量消耗，身体十分虚弱，称之为"春乏"。这时草原上仍是枯草期。而我国多数地区正值羊只的繁殖季节，母羊要哺乳、产羔或处于妊娠后期。此时气候仍然很冷，而且变化很大，稍不注意就会造成羊只大规模的死亡。

放牧时一般不宜远放，天气变化时可及时赶回圈内。放牧时要控制羊群，在青草萌发初期可放阴坡的黄草，等到其他地区青草达到一定高度时再去放青草。这样既可保护草场，使牧草生长良好，又可防止羊只跑青。等到青草稍高再多采食些青草，以恢复体质。

（2）夏季放牧　羊只已度过冬春的困难时期，体质得到初步恢复。天气较热，牧草茂盛，羊只剪毛药浴之后，正是抓膘的大好时机。

夏季要加强放牧，尽可能增加放牧时间，早出牧、晚归牧，中午可以不赶羊回圈，让羊群卧憩，要防止羊群"扎窝"。为了增加放牧时间，阴天也要出牧，早上天不太热可放阳坡，下午天热可放阴坡。早上顺风，下午逆风。

（3）秋季放牧　秋季天气凉爽，天渐变短，牧草逐渐枯黄，草籽成熟，羊的食欲旺盛，是羊群放牧抓膘的极好机会。

早秋无霜时放牧应早出晚归，尽量延长放牧时间，晚秋有霜冻时，则要适当迟出，以免羊只吃霜草生病或流产。配种以后的羊要注意保胎。因此，放牧驱赶要稳。

在夏秋放牧时，还应防止羊只进入豆科青草地。羊只在采食过量青绿豆科牧草后，会迅速产生瘤胃臌气而胀死。

（4）冬季放牧　冬季的放牧任务是保胎、保膘，使羊只安全越冬。冬季气候寒冷，牧草枯黄，牧区冬季很长，放牧地有限，草畜矛盾突出，所以应在秋季牧地延长放牧时间，推迟羊群进入冬季牧地。

对冬季草场的利用原则是：先远后近，先阴坡后阳坡，先高处后低处，先沟壑地后平地，以免下大雪后，这些先放的地段被雪封盖不便放牧。为了避免冰雪覆盖草场给放牧造成困难，距圈舍的近处要保留优良的阳坡牧场，以备大风雪天或产羔期利用。

冬季，因昼短夜长，可以实行全天放牧。有条件时，可以实行早晚补饲的方法。顶风出牧，顺风归牧。要注意收听、收看天气预报，特别注意风雪造成的损失，要贮备足够的草料。

【注意事项】

1. 合理组织羊群，组织放牧羊应根据羊只的数量、羊别（绵羊与山羊）、品种、性别、年龄、体质强弱和放牧场的地形、地貌而定。

2. 放牧员放牧时要做到"三勤"（腿勤、眼勤、嘴勤）、"四稳"（出牧稳、放牧稳、收牧稳、饮水稳）、"四看"（看地形、看草场、看水源、看天气）。

【实训报告】

1. 如何进行四季牧场的规划？

2. 通过实习总结四季放牧的技术要点。

实训十一　细毛羊和半细毛羊的外貌鉴定

【实训目标】　了解细毛羊和半细毛羊现场鉴定方法，掌握鉴定技术，了解鉴定符号的应用。

【实训材料】　细毛羊、半细毛羊若干只，直尺、羊毛细度标本、绵羊鉴定记录表等。

【实训内容与操作步骤】

1. 鉴定人员首先对羊群的来源和现状、饲养管理情况、选种选配情况、以往鉴定等级比例有一个全面的了解，并对全群进行粗略的观察，对羊群的品质特性和体格大小等有一个整体的感官比较。

2. 将鉴定羊只保定在平坦、光线好的鉴定地点，绵羊站立的姿势要端正。

3. 鉴定的内容及操作程序

（1）观察羊只整体结构是否匀称，外形有无严重缺陷，被毛中有无花斑或杂色毛，行动是否正常等。

（2）两眼与绵羊保持同高，观察头部、鬐甲、背腰、体侧、四肢姿势、臀部发育状况。

（3）查看公羊睾丸及母羊乳房发育情况，以确定有无进行个体鉴定的价值。

（4）查看耳标、年龄，观察口齿、头部发育状况及面部、颌部有无缺陷等。

(5) 以细毛羊为例，按照 NY 1—2004 细毛羊鉴定标准，规定细毛羊鉴定项目共 10 项，用汉语拼音首位字母表示，评定结果以 3 分制表示。现具体说明鉴定技术和方法。

① 头部（TX）。头毛着生眼线，鼻梁平滑，面部光洁，无死毛，公羊角呈螺旋形，无角型公羊应有角凹，母羊无角，评分 3 分（T3）；头毛多或少，鼻梁稍隆起，公羊角形较差，无角型公羊有角，评分 2 分（T2）；头毛过多或光脸，鼻梁隆起，公羊角形较差，无角型公羊有角，母羊有小角评分 1 分（T1）。

② 体型类型（LX）。正侧呈长方形，公母羊颈部有优良的纵皱褶或群皱；胸深，背腰长，腰线平直，尻宽而平，后躯丰满，脚势端正，评分 3 分（L3）；颈部皮肤较紧或皱褶较多，体躯有明显皱褶，评分 2 分（L2）；颈部皮肤紧或皱褶过多，背线、腹线不平，后躯不丰满，评分 1 分（L1）。

③ 被毛长度。被毛长度是指被毛中毛丛的自然长度。测定时，应轻轻将毛丛分开，尽量保持羊毛的自然状态，用有毫米刻度单位的直尺沿毛丛的生长方向测量其自然长度，精确度为 0.5cm，并直接用阿拉伯数字表示，如记录为 6.5、7.0、7.5、8.0 等。鉴定母羊时只测量体侧部位（肩胛骨后缘一掌处与体侧中线交点处），鉴定公羊时，除体侧外，还应测量肩部（肩胛部中心）、股部（髋结节与飞节连线的中点）、背部（背部中点）和腹部（腹中部偏左处）等部位，记录时按肩部、体侧、股部、背部、腹部顺序排列。

超过或不足 12 个月的毛长均应折合为 12 个月毛长（实测毛长/生长月数×12）。

④ 长度匀度（CX）。被毛各部位毛丛长度均匀，C3；背部与体侧毛丛长度差异较大，C2；被毛各部位毛丛长度差异较大，C1。

⑤ 被毛手感（SX）。用手抚摸肩部、背部、体侧部、股部被毛。被毛手感柔软、光滑，S3；被毛手感较柔软、光滑，S2；被毛手感粗糙，S1。

⑥ 被毛密度（MX）。被毛密度达中等以上，M3；被毛密度达中等或很密，M2；被毛密度差，M1。

⑦ 被毛纤维细度。细毛羊羊毛细度应是 60 支以上或毛纤维直径 25.0μm 以内的同质毛。

在测定毛长的部位，依不同的测定方法需要取少量毛纤维测细度，以 μm 表示，现场可暂用支数表示。

⑧ 细度匀度（YX）。被毛细度均匀，体侧和股部细度差不超过 2.0μm，毛丛内纤维直径均匀，Y3；被毛细度较均匀，后躯毛丛内纤维直径欠均匀，少量浮现粗绒毛，Y2；被毛细度欠均匀，毛丛中有较多浮现粗绒毛，Y1。

⑨ 羊毛弯曲（WX）。正常弯曲（弧度成半圆形），毛丛顶部到根部弯曲明显、大小均匀，W3；正常弯曲，毛丛顶部到根部弯曲欠明显、大小均匀，W2；弯曲不明显或有非正常弯曲，W1。

⑩ 羊毛油汗（HX）。白色油汗，含量适中，H3；乳白色油汗，含量适中，H2；浅黄色油汗，H1。

定级：以上鉴定结果可给鉴定羊只以初评，最后的等级还要用剪毛量和剪毛后体重来校正。

将鉴定结果填入表 4-10。

【注意事项】

1. 鉴定一般在春季剪毛前进行。

2. 鉴定前应制订计划，规定出鉴定时间、地点、数量、组织领导、人员分工及方法。

3. 鉴定时要求羊只站立端正、识别准确、记录清楚。

表 4-10　绵羊鉴定记录表

个体号	母号	父号	头部	体型类型	毛长					长度匀度	被毛手感	密度	细度	细度匀度	弯曲	油汗	污毛量	净毛率	净毛量	体重	等级	备注
					肩	侧	股	背	腹													

【实训报告】

1. 将鉴定结果记入鉴定表中。

2. 按照鉴定结果，参照被鉴定羊只品种等级标准，对所鉴定羊只定出等级。

实训十二　肉用羊的外貌鉴定和年龄判断

【实训目标】　掌握肉用羊的外貌鉴定技术和基本方法，为选择优良种羊奠定基础；学会根据羊的牙齿变化情况判断羊只年龄。

【实训材料】　供测量鉴定用羊若干只，测杖，鉴定记录表，鉴定标准等。

【实训内容与操作步骤】

1. 肉用羊的外貌鉴定

（1）鉴定的年龄和时间　肉用羊一般在断奶、6～8月龄、周岁和 2.5 岁时进行。

（2）鉴定的方法和技术　鉴定前要准备好鉴定圈，圈内最好装备可活动的围栏，以便能够根据羊群头数多少而随意调整圈羊场地的面积，便于捉羊。鉴定开始时，鉴定人员与羊保持一定距离，由前面→侧面→后面→另一侧面有顺序地进行，从整体看羊的体型结构、品种特征、精神表现及有无明显的损征和失格，取得一个概括性认识后再走近羊体，查看公羊是否单睾、隐睾，母羊乳房发育是否正常等，以确定该羊有无进行个体鉴定的价值。凡是应进行个体鉴定的羊只要按规定的鉴定项目、顺序以及各自的品种鉴定分级标准组织实施。

（3）肉用羊的外貌特征

① 整体结构　躯体粗圆，长宽比例协调，各部结合良好。臀、后腿和尾部丰满，其他产肉部位肌肉分布广而多。骨骼较细，皮薄而富有弹性，被毛着生良好且富有光泽。具有本品种的典型特征。

② 头、颈部　按品种要求，眼大明亮，头型较大，额宽丰满，耳纤细、灵活。颈部较粗，颈肩结合良好。

③ 前躯　肩丰满紧凑，前胸宽而丰满。前肢直立结实，腿短且间距宽，管部细致。

④ 中躯　胸部宽深，胸围大。背腰宽平，长度适中，肌肉丰满。肋骨开张良好。腹底成直线，腰荐结合良好。

⑤ 后躯　臀部长、平、宽而开展，大腿肌肉丰满，后裆开阔，小腿肥厚。后肢短直而细致，肢势端正。

⑥ 生殖器官与乳房　生殖器官发育正常，无繁殖功能障碍。乳房明显，乳头大小适中。

（4）鉴定结果整理　按照鉴定结果，参照被鉴定羊只品种标准，对所鉴定羊只定出等级。

2. 肉用羊的年龄判断

肉用羊的年龄一般根据育种记录和耳标即可了解，但在无耳标的情况下，可根据肉用羊牙齿的更换和磨损情况进行初步判定。在一般情况下，可根据表 4-11 所列内容对照判断。

表 4-11　肉用羊的年龄判断表

绵羊、山羊年龄	乳门齿的更换及永久齿的磨损	习惯叫法
1.0～1.5 岁	乳钳齿更换	对牙
1.5～2.0 岁	乳内中间齿更换	四齿
2.5～3.0 岁	乳外中间齿更换	六齿
3.5～4.0 岁	乳隅齿更换	新满口
5 岁	钳齿齿面磨平	老满口
6 岁	钳齿齿面呈正方形，外中间齿磨平	漏水
7 岁	牙齿开始松动或脱落	破口
8 岁	牙床剩点状齿	老口
9～10 岁	牙齿基本脱落	光口

【注意事项】

1. 肉用羊的外貌鉴定一般按照品种标准进行。

2. 肉用羊的牙齿更换时间及磨损程度随品种、个体及饲养条件等不同而略有差异，因此该方法仅为大体年龄识别方法。

【实训报告】　结合实训条件，对羊只进行外貌鉴定和年龄判断，将鉴定结果记入相应的鉴定表中，并写出实训报告。

实训十三　羊的育肥技术

【实训目标】　了解羊的育肥方式，并能结合当地实际情况选择合适的育肥方式；掌握羔羊和成年羊育肥技术。

【实训材料】　50 只以上规模的育肥羊场。

【实训内容与操作步骤】

1. 羔羊的育肥

羔羊育肥就是对断奶后的羔羊集中育肥，到 4～10 月龄，体重达到相应标准时屠宰上市，是当前肉羊生产的发展趋势。

(1) 羔羊早期育肥　从羔羊群中挑选体格较大、早熟性好的公羔作为育肥羊，以舍饲为主，育肥期一般为 50～60 天。羔羊要求及早开食，每天饲喂 2 次，精饲料以谷物粒料为主，搭配适量大豆饼粕，粗饲料用优质干草，让羔羊自由采食。3 月龄后体重达 25～27kg 的羔羊即可上市。

(2) 断奶后羔羊育肥　羔羊断奶后育肥是目前羊肉生产的主要方式，可分为混合育肥和舍饲育肥。

① 混合育肥　可分为育肥前期（放牧加补饲育肥）和育肥后期（舍饲强度育肥）。

a. 育肥前期　夏、秋季节，牧草生长茂盛，在有放牧条件的地方，可实行放牧加补饲的育肥方法。羊只白天以放牧为主，晚上归牧后，根据实际情况适当进行补饲，一般以干草为主，适当给一些精饲料等，补饲时间在晚上 8 点以后。补饲量可随羔羊月龄和体重的增加而增加。这种方法从羔羊断奶到 8～9 月龄，以后转入舍饲，进行短期强度育肥。

b. 育肥后期　从羔羊 10 月龄左右进入舍饲强度育肥期，这时天气转冷，进入冬季。开始舍饲时羔羊体重一般在 25kg 左右，经过 60～70 天的育肥，羔羊体重可达 40～45kg。参考日粮：干草 1.5～2.0kg，精补料 0.35～0.5kg，食盐 15g。如有青贮饲料，可每天喂给 1.5～2.0kg，干草减少到 1kg。每天分 3 次饲喂，喂后饮水。

② 舍饲育肥　在不具备放牧条件的地区，适合采用全程舍饲育肥的方式。育肥期可分为适应期和快速育肥期两个阶段。

a. 适应期　适应期大约 10～15 天。在此期间，饲料的类型不能变化太大，开始时以优质青、粗饲料为主，给以少量精料，以后精料的比例逐渐增大，适应期结束时精料的比例达到 40％以上，而且精料的组成也要逐渐改变，除粗蛋白质保持 15％外，能量要逐渐提高，使羔羊在 4 月龄后能适应高能量催肥日粮的饲喂。

b. 快速育肥期　快速育肥期大约 150～180 天。进入快速育肥期，日粮中精料的比例越来越高，1～2 个月时，精料比例可达 70％，3～4 个月时达 75％，5～6 个月时最高可达 85％左右。参考日粮：干草 1.5～1.8kg，精料 0.35～0.75kg，食盐 15g。

2. 成年羊的育肥技术

作为育肥的成年羊，一般都是从繁殖群中清理出来的淘汰羊，这类羊一般年龄较大，肉质较差，屠宰率低。这些羊经短期育肥后，使肉质得到改善，达到上市的良好膘情状态。

成年羊的育肥可分为预饲期（10～15 天）和正式育肥期（40～60 天）两个阶段。

(1) 预饲期　主要任务是让羊只适应环境、饲料和饲养方式的转变，并完成健康检查、称重、驱虫、健胃、防疫等工作。此期间应以青、粗饲料为主，适量搭配精饲料，并逐渐增加精料的比例到 40％。

(2) 正式育肥期　进入正式育肥期，精饲料的比例可提高到 60％～70％。补饲用混合精料的配方比例大致为：玉米、大麦等能量饲料占 70％左右，麸皮 10％左右，饼粕类蛋白质饲料占 20％左右，食盐、矿物质等的比例占 1％～2％。

在饲喂过程中，应避免突然变换饲料种类和饲粮类型。用一种饲料代替另一种饲料，一般要经过 3～5 天的过渡期。供饲喂用的各种青干草和粗饲料要铡短，饲喂时要少喂勤添，精饲料的饲喂每天可分两次投料。

舍饲育肥期间，要制定合理的饲养管理工作日程，补饲要先粗后精，定时定量，先喂后饮，饮水清洁；圈舍应清洁干燥，空气良好，挡风避雨，同时要定期清扫消毒，保持圈舍的安静；经常观察羊群，定期检查，发现异常，及时治疗。

【注意事项】

1. 应紧扣岗位工作任务，结合相应工种考核，融合生产中的新品种、新技术、新模式。
2. 本实训以学生顶岗实习为主、教师指导为辅，充分调动学生学习的积极性、创造性。

【实训报告】　结合实训的具体操作和体会，写出实训报告。

实训十四　羊场管理制度的制定

【实训目标】　掌握羊场的各项管理措施及制度的制定，能合理组织、安排生产。

【实训材料】　具有一定规模的羊场，原始技术档案等。

【实训内容与操作步骤】

1. 建立岗位责任制

为充分调动职工的工作积极性，羊场必须建立健全岗位责任制，内容包括职工守则、考勤制度、生产任务或饲养定额、质量指标、奖惩规定等。

2. 饲养技术操作规程

包括各类羊群（种公羊、种母羊、育成羊、羔羊、育肥羊）的饲养管理操作规程，根据不同羊群的特点和饲养管理要点，提出不同阶段的相应生产指标，制定出切合实际、简明扼要的操作规程，以及饲草料调制的操作规程。

3. 日常管理制度

羊的个体编号、断尾；不宜留种的公羔适时去势；绵羊的剪毛、山羊的抓绒；制定科学、正确的挤乳操作程序，防止因操作不当造成羊乳房疾病。

4. 卫生防疫制度

羊舍、场地的定期消毒，粪便、污物的无害化处理，饲草、饮水的保护和预防中毒措施，羊及产品进出厂、运输、屠宰检疫制度，定期驱虫、药浴，预防体内外寄生虫，计划免疫接种制度，入场人员、车辆消毒制度，及时隔离和扑杀传染病制度。

5. 物品保管制度

包括饲草、饲料、药品及其他物品进出库管理制度。

6. 统计报表制度

包括产羔报告制度，羊群变动报告制度，配种报告制度，转群报告制度，死亡报告制度，饲草、饲料消耗月报告制度等。

【注意事项】

1. 坚持实事求是，根据羊场具体情况制定管理制度，使生产能够达到预定的指标和水平。

2. 管理制度不是一成不变的，随着企业的发展、技术的更新与管理水平的提高，管理制度也要不断完善。

3. 管理制度一经颁布就要切实贯彻执行，并坚持严格的检查与考核。

【实训报告】

1. 根据对实训羊场各项制度的调查，写出调查报告。

2. 按照实训要求，针对羊场存在的问题，提出改进措施及建议。

实训十五　羊场的卫生防疫

【实训目标】　通过本实训使学生掌握羊场的日常卫生防疫与疫病扑灭措施。

【实训材料】　50 只以上规模的羊场，2%～3%氢氧化钠、5%来苏儿、10%～20%石灰乳等常用的消毒药，羊常用的疫苗，消毒棉球，结核菌素，布氏杆菌病标准抗原，喷雾器、注射器和针头等。

【实训内容与操作步骤】

1. 日常卫生防疫措施

（1）隔离

① 建立隔离带　羊场四周要建立围墙等隔离带，与外界隔离。

② 防疫标识　羊场大门口要设有醒目的防疫标识。

③ 分群饲养　不同羊群要实行分群饲养，一旦发生疫情便于隔离。

④ 自繁自养　羊场自养公羊、母羊，繁殖羔羊，以免引进羊带入疫病。

⑤ 隔离检疫　如必须从外面引进羊只，只能从非疫区引进，并经当地兽医部门检疫，签发合格证明，再经本厂兽医验证、检疫，隔离观察 1 个月以上，确为健康者，经驱虫、消毒，未注射疫苗者补注疫苗后方可混群饲养。

⑥ 结核病、布氏杆菌病每年春秋两季各进行一次检疫，凡阳性反应的羊，一律淘汰。

（2）消毒

① 场门口的消毒 为了防止将病原体带入场区或羊舍内，需要在羊场大门口设置消毒池，在池内放置消毒剂（2％～3％氢氧化钠，或5％来苏儿，或10％～20％石灰乳），对于进出车辆进行消毒；羊场门口要设有更衣室，室内安装紫外线消毒灯，进场人员必须更换工作服、鞋帽，并且消毒；羊舍入口处设置消毒槽，人员出入时从槽内走过，对足底进行消毒。

② 场区的消毒

a. 日常消毒 即预防性消毒，是根据生产的需要采用各种消毒方法在生产区和羊群中进行的消毒。主要有定期对圈舍、设备用具、道路、羊群的消毒，定期向消毒池投放消毒剂。当羊群出售羊舍空出后，必须对羊舍及设备、设施进行全面清洗和消毒，以彻底消灭病原微生物，使环境保持清洁卫生。

b. 即时消毒 当有个别或少数羊发生一般性疫病或突然死亡时，立即对其所在圈舍、设备用具进行局部强化消毒。

c. 终末消毒 是发病羊场消灭了某种传染病，在解除封锁前，为了彻底消灭病原体而进行的最后消毒。不仅要对病羊周围一切物品及羊舍进行消毒，而且要对痊愈羊只的体表、羊场的其他环境进行消毒。

（3）预防接种

① 口蹄疫O、A型灭活疫苗 皮下或肌内注射，4月龄以下羔羊不注射，4～12个月注射0.5ml，12个月以上注射1ml。免疫注射后14天产生免疫力，免疫期为4～6个月。

② Ⅱ号炭疽芽孢苗 皮下注射1ml，14天后产生免疫力，免疫期为1年，山羊为半年。

③ 布氏杆菌猪型2号冻干苗 预防布氏杆菌病，免疫期羊为3年。口服接种，羊为100亿活菌。

④ 羊厌气菌五联苗 预防羊快疫、羔羊痢疾、羊猝狙、羊肠毒血症和黑疫，不论羊只年龄大小，均皮下或肌内注射5ml，注射后14天产生可靠的免疫力，免疫期为1年。

⑤ 羊痘冻干苗 预防羊痘，注射前按瓶签注明头份数，每头份数用0.5ml生理盐水稀释，摇匀后不论绵羊大小，一律在尾内侧或股内侧皮内注射0.5ml。注射后4～6天产生免疫力，免疫期为1年。

2. 疫病扑灭措施

（1）发现疑似传染病时，应及时隔离，尽快确诊并迅速上报有关部门。

（2）确诊为传染病时，应迅速采取措施，立即对全群进行检疫，病羊隔离治疗或淘汰屠宰及深埋，对假定健康羊进行紧急预防接种或进行药物预防。

（3）被病羊和可疑羊污染的场地、用具、工作服及其他污染物等，必须彻底消毒，吃剩的草料应烧毁或做其他无害化处理。

（4）病羊场在封锁期间，要控制羊的流动，禁止放牧，严禁外来车辆、人员进场，每周全场用2％氢氧化钠大消毒一次。

（5）屠宰病羊应在远离羊舍的地点进行，屠宰后的尸体要做无害化处理或焚烧、深埋，屠宰后的场地、用具及污染物，必须进行严格消毒。

（6）解除封锁应在最后一头病羊痊愈、屠宰或死亡后，经过两周再无新病羊出现，全场经终末大消毒后，报请上级有关部门批准后方可执行。

【注意事项】

1. 正确使用各种消毒药物和疫苗，一定要遵循使用说明，严格操作程序。

2. 羊场大门、羊舍入口处的消毒池应定期更换药液（每周更换1～2次）。

3. 不能随意丢弃废弃疫苗和疫苗包装物，要按国家规定进行无害化处理。

4. 消毒和免疫接种时要做好个人防护。

【实训报告】

1. 结合实训条件，完成羊场日常卫生防疫措施的制定与实施。
2. 简述羊场常用疫苗的使用。

羊生产技能考评方案

一、考评方法

1. 将参加技能操作的考生分为若干小组，每组 4～5 名，可同时参加操作考试。

2. 在考试前 10min，采取随机抽签的方式确定考生参加技能操作的考试题目（根据现场条件部分题目可采取笔试）。

3. 每组考生操作考试完成后，分别对每名考生进行口试，题目由主考教师确定。

4. 根据考生操作和口试的结果，给出每名考生的技能考评分数等级。

二、考评人员

考评人员要求有 2 名或以上"双师型"教师或生产技术人员参与，对学生进行实训技能的考评。

三、考场要求

要求学生独立完成现场操作、口试、笔试，并写出实训报告。

四、考评内容及评分等级

1. 考评内容：包括分析测试、技术操作、规程制定和养羊场的规划设计等。

2. 评分等级：分为优秀、良好、及格、不及格。

实训技能考评表

序号	考评项目	考评要点	评分等级与标准	考评方法
1	羊毛品质分析	1. 羊毛品质分析样的采集 2. 羊毛纤维组织学构造的观察 3. 羊毛种类及纤维类型的识别 4. 羊毛细度的测定 5. 羊毛长度的测定 6. 羊毛密度的测定 7. 净毛率的测定	优秀:能独立完成各项考评内容,操作规范熟练;分析结果正确 良好:能独立完成各项考评内容,其中 4 项以上(含 4 项)操作规范熟练;分析结果正确 及格:在指导老师帮助下完成各项考评内容,其中 1～3 项操作规范熟练;分析结果基本正确 不及格:在指导老师帮助下仍不能完成各项考评内容,操作不规范;回答问题多有差错;分析结果错误	在规模化羊场与实验室进行,根据实际操作情况与口述综合评定 实训报告 口试 笔试
2	羊生产繁育技术	1. 羊的发情鉴定与配种 2. 产羔准备与接羔技术	优秀:在规定时间内能独立完成各项考评内容,操作规范熟练;回答问题无差错 良好:在规定时间内能独立完成各项考评内容,操作规范但不够熟练;回答问题基本正确 及格:在指导老师帮助下完成各项考评内容,操作规范但不够熟练;回答问题有差错 不及格:在指导老师帮助下仍不能完成各项考评内容,操作不规范,态度不认真,回答问题多有差错	在规模化羊场或实验室进行,根据实际操作情况与口述综合评定 实训报告 口试 笔试

序号	考评项目	考评要点	评分等级与标准	考评方法
3	羊的选择(个体表型选择)	1. 羊外貌特征及主要部位的识别 2. 绵羊鉴定(细毛羊与半细毛羊、肉用绵羊与肉用山羊个体鉴定) 3. 我国主要羔皮、裘皮的识别与品质评定	优秀:在规定时间内能独立完成各项考评内容,操作规范熟练;回答问题无差错 良好:在规定时间内能独立完成各项考评内容,操作规范但不熟练;回答问题基本正确 及格:在指导老师帮助下完成各项考评内容,操作规范但不熟练;回答问题有差错 不及格:在指导老师帮助下仍不能完成各项考评内容,操作不规范;态度不认真,回答问题多有差错	在规模化羊场或实验室进行,根据实际操作情况与口述综合评定 实训报告 口试 笔试
4	羊的饲养管理	1. 饲料的调制与日粮配合 2. 羊的放牧饲养技术 3. 各类羊的饲养管理(包括种公羊、繁殖母羊、羔羊、育成羊及育肥羊的饲养管理) 4. 羊的一般管理技术(编号、断尾、去势、剪毛与抓绒、驱虫与药浴、修蹄)	优秀:能独立完成各项考评内容,操作规范熟练;饲料调制与日粮配方设计正确,各项指标符合配方要求 良好:能独立完成各项考评内容,操作规范但不熟练;饲料调制与日粮配方设计正确,各项指标基本符合配方要求 及格:在指导老师帮助下完成各项考评内容,操作规范但不熟练;饲料调制与日粮配方设计正确,50%指标基本符合配方要求 不及格:在指导老师帮助下仍不能完成各项考评内容,操作不规范;回答问题多有差错;饲料调制与日粮配方设计方法错误	在规模化羊场或实验室进行,根据实际操作情况与口述综合评定 实训报告 口试 笔试
5	养羊场建设	1. 羊场建设项目的可行性研究 2. 羊舍的建筑设计	优秀:能独立完成羊场建设项目的可行性论证,且论证科学,内容全面,结论准确,报告规范;羊舍建筑设计合理 良好:能基本独立完成羊场建设项目的可行性论证,且论证科学,内容较为全面,结论较为准确,报告比较规范;羊舍建筑设计较为合理 及格:在指导老师的帮助下能完成羊场建设项目的可行性论证与羊舍的建筑设计 不及格:不能完成养羊场建设项目的可行性论证与羊舍的建筑设计	在规模化羊场或实验室进行,根据实际操作情况与口述综合评定 实训报告 口试 笔试
6	羊场卫生防疫	1. 羊场防疫制度的制定 2. 羊场的消毒 3. 羊的免疫接种计划的制订	优秀:能独立完成各项考评内容,操作规范熟练;编制的各种制度科学、合理、全面且可操作性强 良好:能独立完成各项考评内容,操作规范熟练;编制的各种制度基本符合要求 及格:在指导老师帮助下完成各项考评内容,操作规范但不够熟练;编制的部分制度基本符合要求 不及格:在指导老师帮助下仍不能完成各项考评内容,操作不规范;回答问题多有差错	在规模化羊场或实验室进行,根据实际操作情况与口述综合评定 实训报告 口试 笔试

考评结果:　　　　　　　　　　　　考评人:

参 考 文 献

[1]　潘琦主编．科学养猪大全．第 3 版．合肥：安徽科技出版社，2015.

[2]　周建强，潘琦主编．科学养鸡大全．第 2 版．合肥：安徽科技出版社，2015.

[3]　周贵等主编．畜禽生产学实验教程．北京：中国农业大学出版社，2006.

[4]　杨宁主编．家禽生产学．第 2 版．北京：中国农业出版社，2013.

[5]　莫放主编．养牛生产学．第 2 版．北京：中国农业大学出版社，2010.

[6]　王福兆，孙少华主编．乳牛学．第 4 版．北京：科学技术文献出版社，2010.

[7]　朱宽佑，潘琦主编．猪生产．第 2 版．北京：中国农业大学出版社，2011.

[8]　王锋主编．动物繁殖学．北京：中国农业大学出版社，2012.

[9]　张忠诚主编．家畜繁殖学．第 4 版．北京：中国农业出版社，2007.

[10]　赵有璋主编．羊生产学．第 2 版．北京：中国农业出版社，2002.

[11]　刘太宇主编．畜禽生产技术．北京：中国农业大学出版社，2004.

[12]　黄国清，吴华东主编．猪生产．北京：中国农业大学出版社，2016.